Jahresbericht 1910

(1. April 1910 bis 31. März 1911)

des

Königlichen Materialprüfungsamtes

der Technischen Hochschule zu Berlin

in

Groß-Lichterfelde West.

(Unter den Eichen 87.)

Springer-Verlag Berlin Heidelberg GmbH 1911

ISBN 978-3-662-24528-6
DOI 10.1007/978-3-662-26673-1

ISBN 978-3-662-26673-1 (eBook)

Sonderabdruck

aus den

Mitteilungen aus dem Königlichen Materialprüfungsamt zu Groß-Lichterfelde West.
1911.

(Verlag von Julius Springer in Berlin.)

Jahresbericht 1910

(1. April 1910 bis 31. März 1911).

Aufgaben des Amtes[1].

Das Königliche Materialprüfungsamt hat die Aufgabe:

a) **Die Verfahren, Maschinen, Instrumente und Apparate** für das Materialprüfungswesen der Technik im öffentlichen Interesse auszubilden und zu vervollkommnen;

b) **die Prüfung von Materialien und Konstruktionsteilen**

    1. **im öffentlichen oder wissenschaftlichen Interesse,** soweit die Mittel durch den Etat oder durch Auftraggeber zur Verfügung gestellt werden, oder

    2. **gegen Bezahlung nach der Gebührenordnung** für Antragsteller (Behörden und Private) auszuführen und über den Befund amtliche Zeugnisse und Gutachten auszustellen;

c) **auf Verlangen beider Parteien als Schiedsrichter in Streitfragen über die Prüfung und Beschaffenheit** von Materialien und Konstruktionsteilen der Technik zu entscheiden.

Aufgaben.

---

[1] Über die geschichtliche Entwicklung des Amtes, seine Dienstgliederung, seine Räumlichkeiten und Betriebseinrichtungen ist im Verlag von **Julius Springer,** Berlin, eine von M Guth und A. **Martens** verfaßte ausführliche Denkschrift: „Das Königliche Materialprüfungsamt der Technischen Hochschule Berlin" (380 Seiten, 359 Abbildungen im Text und 5 Tafeln, Preis 10 M) erschienen. Auch die „Vorläufigen Vorschriften für die Benutzung des Königlichen Materialprüfungsamtes" enthalten alle für die Antragsteller wissenswerten Angaben über die Betriebseinteilung, Betriebsmittel, Verwaltungsgrundsätze, über die Beschaffenheit der einzusendenden Probestücke und die zurzeit gültige Gebührenordnung.

1*

Zu den Obliegenheiten des Amtes gehört ferner, soweit seine Inanspruchnahme dies zuläßt:

d) Der Unterricht und die Abhaltung von Übungen für die Studierenden der Technischen Hochschule;

e) die Ausbildung von jungen Leuten aus der Praxis im Materialprüfungswesen sowie

f) die Unterstützung der Sonderforschung auf bestimmten Gebieten des Materialprüfungswesens durch Gewährung der Mitbenutzung von Einrichtungen an fremde Forscher[1]).

Entscheidung in Streitfällen. In Streitfällen bei Materiallieferungen an Behörden ist das Amt durch die folgenden Erlasse als entscheidende Stelle eingesetzt worden:

1. Durch Erlaß des Herrn Ministers der öffentlichen Arbeiten vom 16. August 1880 bei Streitigkeiten zwischen Baubeamten und Zementfabriken über die Güte gelieferter Zemente. Dieser Vorschrift hat sich auch der Herr Minister der geistlichen, Unterrichts- und Medizinal-Angelegenheiten angeschlossen („Mitteilungen aus den Königlichen Technischen Versuchsanstalten" 1883 S. 50).

2. Auf Antrag der Aufsichtskommission vom 7. November 1881 wurden die Königlichen Eisenbahndirektionen, die Königlichen Oberbergämter und die Königlichen Regierungspräsidenten u. a. m. ersucht und angewiesen, in allen Fällen, in denen außergewöhnliche Brüche oder andere Zerstörungen von Material eingetreten sind, besonders wenn Unglücksfälle damit verbunden waren, Probestücke an die technischen Versuchsanstalten einzusenden, um durch chemische und mechanische Untersuchungen die Ursachen der Zerstörungen festzustellen; für die zur Kenntnis des Seeamtes kommenden Brüche an Dampferwellen hat der Herr Reichskanzler in ähnlichem Sinne verfügt. In den Fällen, in denen bei der Abnahme der Lieferung von Materialien Meinungsverschiedenheiten über die Genauigkeit der Prüfungen oder der bei den Prüfungen verwendeten Maschinen entstehen, sollen die Versuche der Anstalten entscheidend sein („Mitteilungen" 1883 S. 15).

In die „Allgemeinen Vertragsbedingungen für die Ausführung von Staatsbauten" ist die Bestimmung aufgenommen:

„Entstehen zwischen der Verwaltung und dem Unternehmer Meinungsverschiedenheiten über die Zuverlässigkeit der bei der Prüfung der Materialien angewendeten Maschinen oder Untersuchungsarten, so kann der Unternehmer eine weitere Prüfung in der Königlichen Versuchsanstalt zu Charlottenburg (jetzt Königliches Materialprüfungsamt zu Groß-Lichterfelde West) verlangen, deren Festsetzung endgültig entscheidend ist. Die hierbei entstehenden Kosten trägt der unterliegende Teil."

Der Herr Minister der öffentlichen Arbeiten hat im Jahre 1894 angeordnet, daß die Untersuchung der Submissions- und Lieferungsproben von Schmierölen, soweit sie

---

[1]) Die Bedingungen für die Zulassungen zu e und f insbesondere auch für die in der Abteilung 3 für papier- und textiltechnische Prüfungen eingerichteten Lehrkurse für junge Papiertechniker werden auf Verlangen vom Direktor mitgeteilt.

nicht durch eigene Beamte oder Laboratorien der Eisenbahnverwaltungen erfolgt, der Abteilung für Ölprüfung übertragen werden („Mitteilungen" 1894 S. 137).

Das Königliche Kriegsministerium hat das Amt als entscheidende Stelle in Streitfällen über die Beschaffenheit und bedingungsgemäße Lieferung von Schnürschuh-, Brotbeutel- und Zeltstoffen eingesetzt („Mitteilungen" 1902 S. 234).

Nach dem Erlaß des Königlichen Staatsministeriums („Mitteilungen" 1903 S. 211 bis 215) sind für alle Papierlieferungen an Behörden die Zeugnisse des Amtes ausschlaggebend.

Die Kontrolle des Normensandes für die Prüfung von Portlandzement, die Kontrolle des Normenkalkes für die Prüfung von Traß, sowie des Normalbenzins für die Prüfung von Ölen auf Asphaltgehalt ist dem Amt übertragen worden.

Der Herr Justizminister hat durch das Justiz-Ministerialblatt Nr. 40 vom 26. Oktober 1906 auf Seite 386 nachstehende Verfügung seinen nachgeordneten Behörden zur Kenntnis gebracht:

Allgemeine Verfügung vom 18. Oktober 1906 betreffend das Materialprüfungsamt in Groß-Lichterfelde West.

Das Arbeitsgebiet des Königlichen Materialprüfungsamts in Groß-Lichterfelde West scheint nach gelegentlichen Wahrnehmungen nicht allen Justizbehörden ausreichend bekannt zu sein. Ich mache daher darauf aufmerksam, daß das Materialprüfungsamt mit seinen Abteilungen

    1. für Metallprüfung,
    2. „ Baumaterialprüfung,
    3. „ papier- und textiltechnische Prüfungen,
    4. „ Metallographie,
    5. „ allgemeine Chemie,
    6. „ Ölprüfung,

alle in diese Gebiete fallenden Untersuchungen über Materialeigenschaften usw. ausführt und Gutachten sowie Obergutachten, insbesondere auch gerichtliche Gutachten über hierher gehörige Fragen abgibt. Der letzte Jahresbericht des Amtes, der über dessen Tätigkeit nähere Auskunft gibt, wird in nächster Zeit den Oberlandesgerichtspräsidenten und den Oberstaatsanwälten, sowie den Landgerichtspräsidenten und den Ersten Staatsanwälten, diesen zugleich zur Verteilung an die Amtsgerichte des Landgerichtsbezirkes, in einer entsprechenden Zahl von Abdrücken unmittelbar zugehen.

Berlin, den 18. Oktober 1906.

Der Justizminister: Dr. Beseler.

Gliederung des Betriebes.

Außer dem allgemeinen technischen und Verwaltungsbetriebe[1]) bestehen zwei versuchstechnische Betriebszweige, die sich in je drei Abteilungen gliedern. Glieder A

Der mechanische Betriebszweig[1]) umfaßt:

Abteilung 1 für Metallprüfung, in der vornehmlich Materialien und Konstruktions-

---

[1]) Die Oberleitung des Amtes und der allgemeine Betrieb unterstehen dem Direktor Geheimen Oberregierungsrat Professor Dr. Ing. A. Martens. Der mechanische Betriebszweig ist dem Direktor Geheimen Regierungsrat Professor Rudeloff, der chemische Betriebszweig dem Direktor Professor Heyn unterstellt; diese sind zugleich Vorsteher der Abteilungen 1 und 4. Vorsteher der Abteilungen 2, 3, 5 und 6 sind die Professoren Gary, Herzberg, Rothe und Dr. Holde.

teile für den Maschinenbau geprüft und Festigkeitsuntersuchungen aller Art, physikalische Prüfungen, Untersuchungen von Prüfungsmaschinen, Apparaten usw. ausgeführt werden.

Abteilung 2 für Baumaterialprüfung, in der Materialien und Konstruktionsteile für das Baufach, Steine, Bindemittel, Mörtel, Beton usw. auf Beschaffenheit und Festigkeit geprüft, Belastungsproben, Brandproben, Abnutzungsversuche, Gefrierversuche usw. vorgenommen und Einrichtungen und Geräte zur Baumaterialprüfung untersucht und verglichen werden.

Abteilung 3 für papier- und textiltechnische Prüfungen, in der Papier- und Textilfaserstoffe (Rohstoffe, Halbstoffe und Erzeugnisse) auf ihre Art und Eigenschaften untersucht werden und namentlich die Prüfung des Papiers für amtliche Zwecke durchgeführt wird.

Der chemische Betriebszweig[1]) umfaßt:

Abteilung 4 für Metallographie, in der besonders metallographische, mikroskopische, chemische und physikalische Untersuchungen des Eisens und anderer Metalle ausgeführt werden.

Abteilung 5 für allgemeine Chemie, in der die chemisch-analytische Untersuchung der Materialien für die Technik besorgt wird, insbesondere Heizwertbestimmungen, Wasser-Analysen, Erz- und Metalluntersuchungen, Baumaterial-, Anstrichfarben-, Kautschuk- und Tintenprüfungen usw. vorgenommen und Zollstreitfragen u. a. m. behandelt werden.

Abteilung 6 für Ölprüfung, in der die chemischen und physikalischen Untersuchungen von Ölen, Fetten, Wachsen, Kerzenmaterialien, Seifen, Petroleumprodukten, Teeren, Asphalten usw. ausgeführt und Zollstreitfragen u. a. m. behandelt werden.

Geschäftsführung.

Über die Grundsätze, nach denen die Geschäfte im Materialprüfungsamte geführt werden, sei hier kurz wiederholt, was in der mehrfach angezogenen „Denkschrift" S. 114 bis 115 gesagt worden ist:

Die Arbeiten sollen so schnell, so vollkommen, wie möglich, und vor allem unparteiisch, zwar genau nach dem Antrage oder vereinbarten Plan, aber auch unter Wahrung der öffentlichen Interessen ausgeführt werden.

Das Amt gibt demgemäß aus freien Stücken, oder auf Wunsch dem Antragsteller wohl Rat über zweckmäßigste Art und Umfang des Antrages, Art der Probenentnahme und Art der Versuchsausführung; da aber jedermann das Recht hat, das Amt als öffentliche Prüfungsanstalt, auf Grund der Gebührenordnung nach seiner eigenen Wahl in Anspruch zu nehmen, so führt es die Prüfungen auch dann antragsmäßig aus, wenn es selbst den Antrag nicht für erschöpfend genug hält, um die Eigenschaften des geprüften Gegenstandes völlig klarzulegen. In solchen Fällen, in denen es wegen nicht einwandfreier Auswahl der Proben, wegen nicht ausreichender Probenzahl, wegen der vom Antragsteller vorgeschriebenen Ausführungsart oder aus anderen Gründen Bedenken hegt, teilt das Amt seine Bedenken zunächst dem Antragsteller mit und behält sich vor, sie, nötigenfalls unter besonderer Begründung, im Prüfungszeugnis anzugeben und öffentlich zu erörtern. Ebenso

Geschäftsführung.

---

[1]) Siehe die Note auf der vorigen Seite.

werden alle bei der beantragten Prüfung sich ergebenden Beobachtungen in das Prüfungszeugnis aufgenommen, wenn sie nach Meinung des Amtes von Einfluß auf die Beurteilung des Prüfungsgegenstandes sein können.

Da die Zeugnisse des Amtes bei Angeboten und Lieferungen vielfach zum Nachweis der Beschaffenheit der geprüften Gegenstände benutzt werden, so ist es mit Rücksicht auf das Obengesagte notwendig, daß der Empfänger sich davon überzeugt, ob der Umfang der Prüfung und das bescheinigte Ergebnis im besonderen Falle ausreichend sind, um die Eigenschaften (Güte oder Wert) der Ware erschöpfend beurteilen zu können [1]). Prüfungszeugnisse.

Da Hebung und Förderung der wirtschaftlichen Tätigkeit Ziel der öffentlichen Anstalten sein muß, kann gegen die ordnungsmäßige Benutzung der von ihnen ausgegebenen Zeugnisse zur Warenanpreisung kein Einwand erhoben werden; gegen den unlauteren Wettbewerb mit Hilfe der Zeugnisse ist die gesetzliche Handhabe gegeben. Nichtsdestoweniger werden die Zeugnisse des Amtes so objektiv, wie möglich abgefaßt, sie enthalten tunlichst nur Maßwerte und vermeiden, soweit angängig, allgemeine Ausdrucksweise über die Beschaffenheit der Ware. Im übrigen wird über die Versuchsausführung usw. in den Zeugnissen alles das angegeben, was nicht allgemein bekannt oder in den „Mitteilungen" schon ausführlich besprochen ist und was für die Beurteilung der Versuchsausführung von Wert sein kann.

Für die Benutzung des Amtes durch die Antragsteller ist dem Herrn Minister eine umfangreiche Gebührenordnung zur Genehmigung vorgelegt, deren einzelne Sätze sich auf die verschiedenartigsten Prüfungen beziehen, wie sie sich im Laufe der Jahre herausbildeten. Die Gebührenordnung wird auch zugleich eine Übersicht über die Hilfsmittel des Amtes geben, so daß aus ihr erkannt werden kann, in welchem Maße und in welcher Weise man seine Hilfe auch in außergewöhnlichen Fällen in Anspruch nehmen kann. Die Gebührenordnung wird später auf Begehr vom Amt kostenfrei abgegeben werden. Gebührenordnung.

Der allgemeine Betrieb umfaßt die allgemeine Verwaltung, das Bureau mit Kassen-, Registratur- und Kanzleiwesen, die Haus- und Materialverwaltung, die Kraftzentrale mit Kessel- und Akkumulatorenbetrieb und Zentralheizung, die Werkstatt für Reparatur und Probenbearbeitung, die Bücherei und die Sammlung. Allgemeiner Betrieb.

Der versuchstechnische Betrieb ist in sechs Abteilungen gegliedert, die ihre Geschäfte so viel wie möglich selbständig, aber nach einheitlich geregelten Grundsätzen führen. Es wird Wert darauf gelegt, daß dies auch nach außen hervortritt, und die Abteilungsleiter als Spezialfachmänner in engster Fühlung mit ihrem Wirkungskreise bleiben. Abteilungsbetrieb.

In der Leitung der Abteilung werden die Vorsteher durch die ständigen Mitarbeiter unterstützt, denen die Assistenten, Techniker usw. unterstellt sind.

Die Vorsteher führen den technischen Betrieb nach den bestehenden Grundsätzen in ihrer Abteilung selbständig, sind aber für sachgemäße, schnelle und gute Ausführung der

---

[1]) Vielfach werden zum Ausweise der Eigenschaften von angebotenen oder gelieferten Materialien mehrere Jahre alte Zeugnisse vorgelegt, die für die fragliche Ware gar nicht mehr maßgebend sein können, oder Auszüge aus Zeugnissen, die nicht den vollen Umfang der Prüfungszeugnisse enthalten. Man wird also auf diese Punkte achten müssen und in wichtigen Fällen gut tun, sich die Originalzeugnisse oder beglaubigte Abschriften vorlegen zu lassen. Um übrigens dem Unwesen einigermaßen zu steuern, gibt das Amt Abschriften nur von Zeugnissen, die nicht älter sind, als etwa ein Jahr. Werden die Prüfungsergebnisse ohne die Bezeichnung „Auszug" gekürzt oder entstellt und falsch in Abschriften oder Drucksachen verbreitet, so geht das Amt gegen den Verbreiter öffentlich vor, wenn seine Verwarnung ohne Erfolg bleibt; es nimmt grundsätzlich jede mit Namensunterschrift versehene Anzeige über solchen Mißbrauch als Anlaß zum Einspruch.

Arbeiten dem Unterdirektor und dem Direktor des Amtes verantwortlich; sie führen auch geschäftsordnungsmäßig den zur Abwicklung der Anträge erforderlichen Verkehr mit den Antragstellern.

Die Mitarbeiter sollen die Vorsteher in der Geschäftsführung, ganz besonders aber auch wissenschaftlich unterstützen, und sie in Behinderungsfällen vertreten. Ihnen werden vom Abteilungsvorsteher besondere Zweige der Arbeiten zugewiesen; unter ihrer Leitung werden die Versuchsarbeiten ausgeführt.

Amtsver-schwiegenheit.   Allen Beamten, sowie den Gehilfen und Arbeitern, ist die Pflicht der strengen Wahrung der Amtsverschwiegenheit auferlegt, damit die Antragsteller mit Vertrauen ihre Interessen in jeder Weise klarlegen und so die Hilfe des Amtes möglichst vollkommen ausnützen können.

Personal.

Personalbestand.   Während des Berichtsjahres 1910 waren im Amt tätig: 3 Direktoren (davon 2 gleichzeitig Abteilungsvorsteher), 4 Abteilungsvorsteher, 16 ständige Mitarbeiter, 6 ständige Assistenten, 43 Assistenten, 7 ständige Techniker, 38 Techniker, 1 Bureauvorsteher, 1 expedierender Sekretär und Kalkulator, 1 Rendant, 2 Bureauassistenten, 1 Materialienverwalter, 1 Kanzleisekretär, 2 Kanzlisten, 2 Kanzleidiätare, 5 Kanzleihilfsarbeiter, 1 Amtsmechaniker, 8 Diener, 1 Pförtner, 47 Gehilfen, Handwerker und Arbeiter, 1 Maschinist, 2 Heizer, 6 Laboranten, 15 Laboratoriumsburschen, 1 Gärtner, 1 Wächter, 5 Frauen, zusammen 222 Personen, davon 72 akademisch gebildete Techniker.

Allgemeiner Betrieb.

Verkehr mit der Praxis.   Der Verkehr mit der Praxis ist auch im abgelaufenen Betriebsjahr, wo immer möglich, gesucht und gepflegt worden. Die Direktoren, die Vorsteher und Beamten der Abteilungen haben jede Gelegenheit benutzt, um durch Gedankenaustausch die Erfahrungen im Amt zu mehren und den gewonnenen Schatz so ergiebig wie möglich nach außen wirken zu lassen.

Besprechungen mit Einzelpersonen und Vertretern von Industrie, technischen Vereinen und Gesellschaften wurden gepflegt, Versammlungen besucht, und in Ausschüssen mitgearbeitet, vielfach zur Förderung gemeinsamer Arbeiten[1]).

---

[1]) Das Amt nimmt gerne jede Gelegenheit wahr, die Bedürfnisse der Praxis kennen zu lernen und seine Hilfe und Erfahrungen bei Schwierigkeiten im Betriebe und im Verkehr zur Verfügung zu stellen. Es ist zu Besprechungen über solche Fälle, sowie auch über Wünsche und Anregungen für seine eigene Tätigkeit stets gerne bereit, so daß es den Interessenten möglich wird, auf die Arbeiten und Betriebsweise Einfluß zu nehmen, wenn Einzelpersonen oder Vertreter von Industriezweigen persönliche Fühlung suchen wollen. Durch solche Verhandlungen wird der Anschauungskreis der Beamten erweitert, das Verantwortlichkeitsgefühl gehoben und der Wert des Amtes für Industrie und Gewerbe gemehrt. Man wird freilich bei diesem Verkehr nicht außer acht lassen dürfen, daß das Amt sich eine gewisse Zurückhaltung auferlegen muß, weil es neben der Wohlfahrt der Erzeuger aber auch die Wohlfahrt der Verbraucher im Auge behalten soll. Diese Zurückhaltung ist bei dem oft scharfen Kampf zwischen einzelnen Firmen und Industriezweigen geboten, weil die Zeugnisse und Äußerungen des Amts oft einseitig in den Kampf geführt werden.

Da mehrfach gelegentliche private Meinungsäußerungen von Beamten dem Amte unterschoben wurden, so wird hiermit erklärt, daß das Amt solche Vorgänge grundsätzlich nicht anerkennt.

Für das Amt verbindliche Äußerungen sind nur Äußerungen, die vom Direktor abgegeben und schriftlich bestätigt sind. Zugleich wird auch darauf hingewiesen, daß es zweckmäßig ist, Schriftstücke nicht an einzelne Beamte, sondern an das Amt zu richten. Ordnung und schnelle Erledigung ist nur auf diese Weise zu erzielen.

Wie im Vorjahre („Mitteilungen" S. 363; Jahresbericht 1909, S. 7) ist auch in diesem Jahre wieder darauf zu verweisen, daß es an absprechenden Urteilen über die Amtstätigkeit keineswegs gefehlt hat. Ich darf die Versicherung wiederholen, daß auch diese Auslassungen gewissenhaft beachtet werden und man Lehren aus ihnen ziehen wird, selbst dann, wenn sie sachlich nicht für berechtigt gehalten werden.

Eine Firma hatte ein Kautschukregenerat zur Prüfung eingesandt mit dem Auftrag, es auf seinen Gehalt an Reinkautschuk, anorganischen und organischen Füllstoffen zu untersuchen, soweit dies an der Hand der in der Literatur beschriebenen Verfahren angängig ist.

Das Prüfungszeugnis stellte fest, daß sich auf Grund der Analyse als Differenz gegen 100 ein Gehalt von 69% an Stoffen ergab, die sich der Löslichkeit nach wie Kautschuk verhalten. Die Untersuchung dieser Stoffe in Anisollösung ergab jedoch neben kleinen Mengen mineralischer Basen das Vorhandensein von Stoffen, die sich wie Säuren weichharzartiger Beschaffenheit verhielten, so daß die obengenannten 69% löslicher Stoffe nur etwa zu 40% als Kautschuk angesprochen wurden, was auch mit der unmittelbaren Bestimmung des Kautschuks als Tetrabromid nach Axelrod übereinstimmte.

Die Firma erhob gegen diesen Befund Einspruch, und behauptete 70% Kautschuk zur Mischung verwendet zu haben. Sie ging hierbei von der Voraussetzung aus, daß die Kautschuksubstanz durch die Verfahren bei der Regeneration in keiner Weise chemisch verändert wird, und daß Kautschuk und Regenerat ohne weiteres identisch seien.

Der Einspruch wurde gewissenhaft nachgeprüft, es ergab sich aber kein Anlaß an der Richtigkeit des Ergebnisses zu zweifeln. Der Firma wurde dies mitgeteilt. Ihr wurde ferner zugesagt, daß die Richtigkeit ihrer Voraussetzung betreffend Identität von Kautschuk und Regenerat nachgeprüft werden könne, wenn sie die zur Herstellung der geprüften Mischung verwendeten Rohmaterialien mit genauen Angaben über die Art ihrer Verarbeitung einsende.

Die Firma ging auf diesen Vorschlag nicht ein, und entzog sich somit der Prüfung ihrer Voraussetzung über die Identität ihres Regenerates mit Kautschuk.

Nichtsdestoweniger fuhr sie aber fort, diese Voraussetzung als bewiesene Tatsache zu betrachten, und ließ sich sogar dazu hinreißen, auf diesen unlogischen Unterbau die Behauptung aufzubauen, daß das Amt für solche Untersuchungen nicht die wissenschaftliche Befähigung besitze. Sie brachte schließlich diesen Standpunkt in einer Streitschrift zum Ausdruck, die sie in alle Welt versendete.

Das Amt hat keine Veranlassung, die nutzlose Polemik weiter zu führen, da der Zweck, den die Firma mit ihrer Streitschrift verfolgte, aus der Einleitung derselben deutlich erhellt, und der unbefangene Beurteiler sich hieraus und aus dem in der Druckschrift vollständig abgedruckten Briefwechsel zwischen Amt und Firma seine Ansicht selbst bilden kann.

Das Amt steht den Kautschukregeneraten ebenso objektiv gegenüber wie dem natürlichen Kautschuk. Der Sache des Regenerates dürfte aber mehr als durch solche Streitschriften und mehr als durch die oft wiederholte, unbewiesene Behauptung, daß Kautschuk und Regenerat identisch seien, durch mechanische Prüfung und Untersuchungen über die Haltbarkeit der Regeneraterzeugnisse genützt werden. Aus Vergleichsversuchen mit Mischungen, die mit und ohne Verwendung von Regenerat hergestellt sind, dürfte sich zahlenmäßig nachweisen lassen, ob und inwieweit Regenerat den natürlichen Kautschuk in Kautschukmischungen vollwertig zu ersetzen imstande ist. Das Amt ist gern bereit, an einer solchen objektiven Feststellung mitzuwirken.

Bei einem derartigen Vorgehen würde sich sehr bald zeigen, auf welcher Seite der Fehler oder Irrtum tatsächlich liegt und es hätte nicht der bösen Worte bedurft, die Voreinge-

Unrichtige
Urteile über
das Amt.

Einspruch gegen
Kautschuk-
prüfung.

nommenheit in die Feder legte, oder Mißmut beim Amt erzeugen konnten, wenn hier weniger objektiv gedacht worden wäre. Es erscheint nicht kaufmännisch klug, wenn die Firma der objektiven Feststellung des Tatbestandes aus dem Wege geht und statt dessen die Herabsetzung der Prüfstelle mit Redensarten betreibt. Wo soll sich der Abnehmer der Ware noch Rat holen, wenn nicht an uninteressierter Stelle. Natürlich können gelegentlich auch bei den im Amt ausgeführten Prüfungen Fehler unterlaufen, wenn dies auch bei der strengen Kontrolle und dem Zusammenwirken einer ganzen Reihe von Beamten nur ausnahmsweise der Fall ist. Werden die Fehler als solche erkannt, so wird stets der Fehler freimütig eingeräumt und das ursprüngliche Zeugnis richtiggestellt werden.

Hier sei auch noch darauf aufmerksam gemacht, daß das Amt, um seine objektive Stellung zu wahren, ganz allgemein nicht ohne weiteres Angaben über Zusammensetzung und Eigenschaften der von ihm geprüften Materialien als tatsächlich zutreffend annehmen darf. In diesem Falle würde sich die Prüfung erübrigen und es genügen, wenn das Amt seine Zeugnisse auf Grund der Angaben seiner Auftraggeber anfertigen wollte. Diesen Zustand wird aber niemand befürworten wollen.

Das vorbesprochene Vorgehen des Amtes ist aus seinen Erfahrungen gezeitigt, die es leider veranlassen müssen, auf Zeugenaussagen in Dingen, die sich objektiv nachweisen lassen, wenig Gewicht zu legen, und es ist wohl anzunehmen, daß ein gleicher Standpunkt von allen staatlichen Ämtern eingenommen wird.

Das Amt Groß-Lichterfelde weist auf Grund seiner Erfahrungen Feststellungen aus Fabrikationsbüchern oder von Angestellten der Auftraggeber stets zurück, denn diese Zeugenaussagen beweisen im Grunde nichts, als daß die Absicht bestanden hat, eine bestimmte Zusammensetzung zu erzeugen; sie können aber nicht beweisen, daß diese Absicht tatsächlich auch erreicht worden ist. Derjenige, der den Befehl gegeben hat, weiß in der Regel nicht, ob dieser tatsächlich ausgeführt worden ist; er weiß sehr oft auch nicht, welche Veränderungen der Fabrikationsgang tatsächlich ausgeübt hat.

Die Prüfstelle, die solche Angaben gelten läßt, und ohne Nachprüfung als Grundlage für ihre Zeugnisse benutzt, würde leichtsinnig handeln und öffentlichen Glauben nicht verdienen.

Die oben gekennzeichnete Streitschrift ist auch ins Ausland gewandert und hat in Frankreich ein Echo in der Zeitschrift „Le Caouchouc et la Gutta-Percha" ausgelöst, auf das ich die Leser dieses Berichtes hinweisen will, weil es ein interessantes Bild davon gibt, wie weit sich ein Interessent hinreißen läßt, wenn er beim Amt nicht das findet, was er wünscht. Bei dem Herausgeber genannter Zeitschrift, der (vergl. die Annonce auf der ersten Umschlagseite des Blattes) einen mechanischen Gummiprüfer vertreibt, den er in Deutschland wahrscheinlich schwer absetzen kann, hat die vorhin gekennzeichnete Streitschrift einen Schmerzensschrei ausgelöst, der einer früheren geschmackvollen Äußerung des gleichen Blattes folgt, die anderen deutschen Lesern wahrscheinlich ebensoviel Spaß machen dürfte wie mir.

Die hier zurückgewiesenen Urteile zeigen wiederum, wie wenig die Grundsätze und Absichten, die in Deuschland zur Errichtung öffentlicher Materialprüfungsämter geführt haben, erkannt und beachtet werden. Ich wiederhole deswegen aus dem Vorjahresberichte:

„Welche andere Stelle kann mehr als die öffentlichen Materialprüfungsämter geeignet sein, im Prüfungswesen gerade die praktischen Verhältnisse im Auge zu behalten und mehr als sie zu fördern? In den Ämtern sind alle technischen Fächer, Chemie, Physik, Maschinenbau, Bauwesen, Metallurgie, Metallographie, Textil- und Papiertechnik durch Sonderfachleute vertreten, die das Prüfungswesen zu ihrer alleinigen Aufgabe machen und vielfach führend in ihrem Fache hervorgetreten sind. Die Staatsämter stehen ferner noch viel mehr unter der öffentlichen Kontrolle der Fachwelt, als die privaten Prüfstellen, um so mehr als sie ja auch diese noch zu ihren Aufpassern haben.“

„Außerdem ist zu gunsten der Materialprüfungsämter auch noch der Umstand in Anspruch zu nehmen, daß sie viel besser und auch erfolgreicher die Vermittelung der Interessen zwischen Erzeuger und Verbraucher, besonders auch zwischen Staatsbehörden und Lieferern, ausgleichen können, als irgend eine andere Stelle. Auf freie interesselose Stellung der Ämter wird also besonderer Wert zu legen sein; sie kann ein beachtenswerter Faktor im Verkehrsleben werden. Die Ämter werden daher mit größtem Eifer bestrebt sein, diese Stellung zu wahren und ihre Leistungsfähigkeit stetig zu verbessern. Die Industrie und die Kreise, denen die Ämter zu dienen haben, werden gut tun, ihrerseits dieses Streben zu unterstützen und die Ämter in ihrem eigenen Interesse voll auszunutzen.

Es wird allerorts eifrig dafür gesorgt werden, daß die führenden Männer der Anstalten _Fühlungnahme mit der Industrie._ mit den technischen Hochschulen sowie mit der Industrie in engster Fühlung bleiben; bisher ist denn auch gleiches Streben bei allen Materialprüfungsämtern zu bemerken gewesen. Die Ämter und ihr Personal nehmen gern jede Gelegenheit wahr, Nutzen für die Förderung des Materialprüfungswesens aus möglichst engem Verkehr mit der Praxis zu ziehen; die Industrie hat dieses Streben bisher immer unterstützt. Industrie und Handel erkennen sehr wohl die Vorteile, die sie aus enger Beziehung zum staatlichen Materialprüfungswesen schöpfen können; sie benutzen die Ämter vielfach und die Beziehungen werden von Jahr zu Jahr enger; oft ist der Rat der Anstalten für die Ausbildung des Prüfungswesens in Fabriken erbeten worden.

Wie ich im vorjährigen Berichte die Herren Kritiker freundlichst bat, aus eigenem Augenschein die Ämter in ihren Einrichtungen und ihrem Wesen kennen zu lernen, damit sie zu gerechter Beurteilung der Verhältnisse in der Lage sind, so möchte ich diese Einladung, den Ämtern ihren Besuch zu schenken, auch an die Herren gerichtet haben, die in den Volksvertretungen der Bundesstaaten sich mit dem öffentlichen Materialprüfungswesen befassen. Sie können der öffentlichen Wohlfahrt viel mehr dienen, wenn sie die Ämter und ihre Einrichtungen aus eigener Anschauung kennen, als wenn sie sich durch mehr oder weniger interessierte Privatquellen unterrichten lassen. Die Herren könnten sich um das deutsche Wirtschaftsleben hoch verdient machen, wenn sie durch ihren Einfluß es den Ämtern erleichtern wollten, den Bedürfnissen von Gewerbe und Handel immer mehr gerecht zu werden, indem sie auf Grund eigener Erkenntnis vorhandenes Streben kräftigen. Ich stehe nicht an, namens der deutschen Prüfämter die Versicherung abzugeben, daß sie aus allen Kräften das Beste für ihr Land leisten wollen.

Zuweilen wird über die Höhe der Gebühren für die Prüfungen im Amt geklagt und _Höhe der Gebührensätze._ Anträge werden zurückgezogen, wenn die Verhandlungen über die Gebühren beginnen.

Man geht meistens von einer falschen Voraussetzung aus, indem man erwartet, daß der Staat seine Leistungen umsonst hergeben müsse, wenn es auf die Förderung von Handel und Gewerbe ankommt. Es wird gut sein, hier darauf aufmerksam zu machen, daß die Staatsverwaltung in Zukunft die Deckung des bisher für das Amt erforderlichen Staatszuschusses durch das Amt erwartet; das Amt soll sich aus seinen Einnahmen erhalten. Das ist aber nur erreichbar, wenn die Gebührensätze so bemessen werden, daß sie nicht nur die unmittelbaren Aufwendungen an Gehältern und Löhnen decken, sondern auch die Generalunkosten, die aus der allgemeinen Verwaltung des Amtes, aus den Betriebsunkosten, aus der Erhaltung der Anlage und der Verzinsung des Anlagekapitals sich ergeben. Solange dieser Grundsatz besteht und solange nicht zugestanden wird, daß dem Amt auch seine idealen Leistungen, die in der Förderung von Handel und Gewerbe bestehen, als Einnahmen gutgeschrieben werden, wird es nicht möglich sein, die Gebühren herabzusetzen, denn das Verhältnis zwischen Einnahme und Ausgabe bewegt sich bisher immer nach den Linien Abb. 1 und 2. Das ist zwar ein äußerst günstiges Verhältnis, wenn man die Abschlüsse anderer Anstalten dagegen hält, aber von dem verlangten Zustande der nackten Selbsterhaltung weicht es dennoch beträchtlich ab.

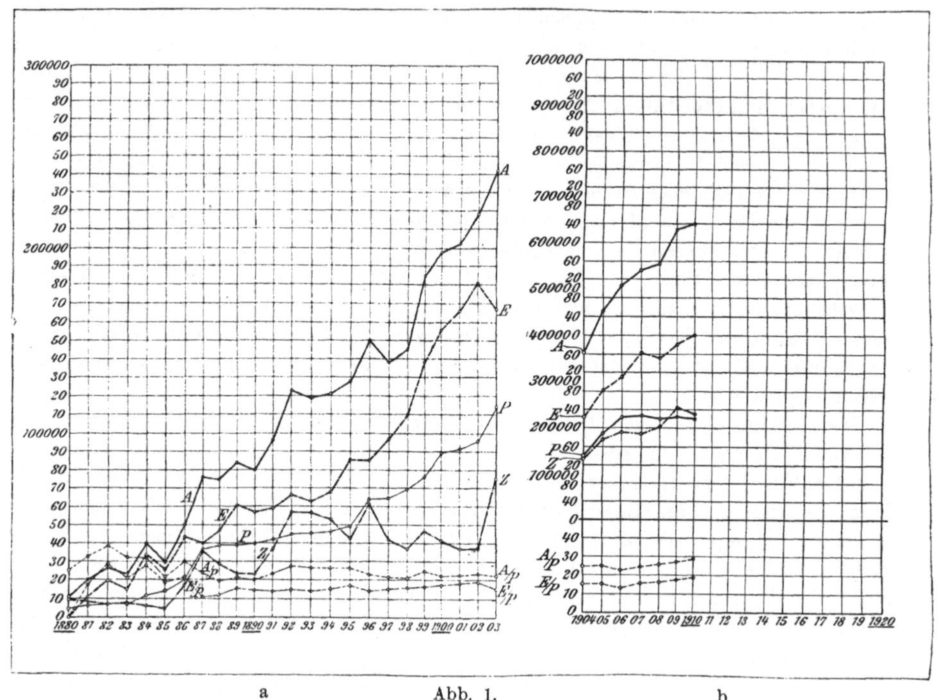

a   Abb. 1.   b

Wachstum des Betriebs

a) der Königlichen Mech.-Techn. Versuchs-   b) des Königlichen Materialprüfungsamtes
anstalt Charlottenburg.   Groß-Lichterfelde.

Zeichenerklärung: E = Einnahme, A = Ausgabe, Z = Staatszuschuß, P = Personenzahl × 1000.

Das Amt würde schwerlich mit den bestehenden staatlichen und privaten Anstalten konkurrieren können, wenn es plötzlich seine Gebühren erhöhen müßte, das wäre auch selbst dann nicht zu erwarten, wenn seine Leistungen und der Nutzen seiner Prüfungen höher veranschlagt würden, als diejenigen anderer Prüfstellen; der kaufmännische Geist der Auftraggeber würde doch die Stellen bevorzugen, die billiger arbeiten[1]). Daß die Gebührenhöhe

---

[1]) Beleg hierfür gibt folgender Vorgang: Auf die Mitteilung, daß die Prüfungsgebühren für die Untersuchung eines Asphaltkittes in dem beantragten Umfange voraussichtlich 100 bis 120 M. betragen würden, schreibt der Antragsteller: „Ich werde hier vom gerichtlichen vereidigten Chemiker um 400 % billiger bedient." 120 − 120 × 400/100 = −360 M. Das ist jedenfalls kein glänzendes Geschäft für den Privatchemiker; könnte er sein Vermögen nicht vorteilhafter anlegen?

mit den Leistungen des Amtes im richtigen Verhältnis steht, beweist ein Blick auf Abb. 1 und 2 dieses Berichtes, woraus einleuchten wird, daß die Inanspruchnahme durchaus in erfreulicher Weise stetig gestiegen ist. Das Verhältnis zwischen Einnahme und Ausgabe hat sich immer auf gleicher Höhe erhalten; die Personalkosten sind zwar durch die inzwischen eingetretene allgemeine Aufbesserung der Gehälter im Staatsbetriebe gestiegen, aber das Verhältnis $\frac{E}{P}$ hat sich doch ständig günstig gestaltet; dies geht aus den Linien $\frac{A}{P}$ und $\frac{E}{P}$, Abb. 1 hervor.

Die Leitung des Amtes muß m. E. den Gesichtspunkt der besten Ausnutzung des Personals höher stellen, als den rein finanziellen, wie er oben gekennzeichnet wurde. Sie muß dahin streben, daß bei Erhaltung des gegenwärtigen Standes und bei seiner langsamen Besserung, vom Amt stets die beste Arbeit im Lande geleistet wird;

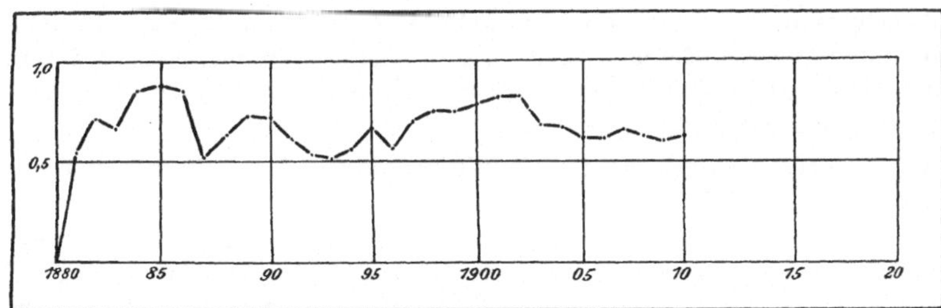

Abb. 2.
Verhältnis zwischen Einnahmen und Ausgaben in den Jahren 1880—1910.

daraus wird mehr Nutzen geschaffen, als aus billiger und oberflächlicher Arbeit um jeden Preis. Solange beim Streben nach dieser Richtung die Aufträge stetig wachsen, muß man doch wohl schließen, daß der Wert der Amtstätigkeit im Lande Anerkennung findet. Ich schöpfe aus dieser Erkenntnis die Kraft zum weiteren Ringen in dieser Richtung, und gewinne die Hoffnung, daß das Amt sich immer mehr zum Nutzen der Allgemeinheit entwickeln wird, weil ich auch weiß und sehe, daß die führenden Männer im Amt mein Streben teilen.

Neueinrichtungen und neue Aufgaben.

An Neueinrichtungen für den Betrieb war eine Anlage für die Bestimmung des Durchschlagswiderstandes von Isoliermaterialien gegen Ströme von sehr hoher Spannung in Aussicht genommen. Aus mehrfachen Anfragen und aus Verhandlungen mit Vertretern der Elektrotechnik wurde erkannt, daß in der Technik der Wunsch besteht, neben der Untersuchung der Materialfestigkeit, der Sprödigkeit, der Hitzebeständigkeit, der Wetterbeständigkeit und der Widerstandsfähigkeit gegen den Angriff von Chemikalien, auch die elektrischen Materialeigenschaften von einer einzigen Stelle aus geprüft zu sehen. Für die erforderliche Hochspannungsanlage wurde ein Entwurf und Kostenanschlag aufgestellt und die erforderlichen Summen zum Staatshaushalt angemeldet; es war aber leider nicht angängig, den Posten in den Etat einzusetzen, so daß die Ausführung abermals auf fernere Zeiten verschoben werden mußte.

Ähnlich erging es mit einer anderen Anlage, die zur Förderung der Bedürfnisse der Tonindustrie geplant war und mit der vorgenannten Anlage unter einem Dache vereinigt werden sollte. Es handelte sich um ein Laboratorium zur Untersuchung der Rohmaterialien für die Ton-, Zement- und Kalkindustrie auf ihren technischen Wert. Darin sollten Einrichtungen für die Aufbereitung der Rohmassen für Brennversuche zur Herstellung von Glasuren usw. untergebracht werden.

Aus den laufenden Mitteln konnten folgende Einrichtungen beschafft und verbessert werden.

Die Prüfung von Kautschuk und von Isoliermaterialien für elektrische, bauliche und thermische Zwecke wurden im Betriebsjahre 1909 aufgenommen und im Berichtsjahre wesentlich gefördert. Die vorhandenen Kräfte und Einrichtungen wurden wesentlich stärker in Anspruch genommen als im Vorjahre; die Anträge auf Kautschukprüfungen vermehrten sich in starkem Maße. Hierin und in der freundlichen Aufnahme der literarischen Arbeiten seiner Angehörigen (Tabelle b), die vom Kolonial-Museum zu Haarlem (Holland) mit einer goldenen und mit einer silbernen Medaille ausgezeichnet wurden, erblickt das Amt eine Anerkennung seines Strebens und schöpft daraus den Anlaß, die Erweiterung der Kautschukprüfung mit großem Eifer zu betreiben.

Aus laufenden Mitteln wurden die Einrichtungen zum Waschen und Vulkanisieren von Rohkautschuk und zur Herstellung von Gummimischungen erweitert. Zu dem Zwecke wurde auch Gelegenheit gesucht und gefunden, Beamte in Fabrikbetriebe zu entsenden, damit sie handwerksmäßige Herstellung von Gummimischungen und andere Dinge durch praktische Unterweisung kennen lernen. Den Betrieben, die dieses Streben unterstützten, sei hiermit bester Dank gesagt.

Zur Ausführung von Festigkeitsprüfungen mit Gummi wurde die Festigkeitsprobiermaschine von L. Schopper in Leipzig weiter vervollkommnet, ebenso die Dauerversuchsmaschine Martens-Schopper, ferner wurden einige Maschinen für mechanische Abnutzungsversuche aufgestellt (vergl. Tabelle c, S. 85). Die beiden erstgenannten Maschinen sind bereits in regelmäßigem Betrieb, die letztgenannten dienten bisher für Vorversuche und bedürfen noch des weiteren Ausbaues.

Neue Entwürfe liegen vor, z. B. eine Maschine von Martens zur gleichzeitigen Prüfung von 10 Gummiringen durch den Dauerversuch, die ebenfalls von L. Schopper, Leipzig gebaut und vom Amt in London ausgestellt worden ist. Eine andere Form von Dauerversuchsmaschinen ist noch im Bau begriffen. Im Berichtsjahre wurde ferner versucht, auch eine Dauerversuchseinrichtung mit ruhiger mechanischer Anspannung zu erproben, bei der Gummiringe über breite Glasplatten gezogen wurden, so daß sie in mehr oder minder stark gespanntem Zustande in die Einrichtung für die Aufbewahrung von Gummiproben unter verschiedenen äußeren Umständen untergebracht werden konnten (vergl. Tabelle b). Diese Versuche erstreckten sich auf die Aufbewahrung im feuchten und im trockenen Raum, und zwar bei Zimmerwärme und höheren Wärmegraden, im Licht und im Dunkeln. Es soll festgestellt werden, welche Änderungen die Proben verschiedener Mischung und von verschiedenem Vulkanisationsgrade durch die Zeitdauer der Aufbewahrung unter den vorgenannten Umständen erleiden. Da diese Untersuchungen neben dem laufenden Betriebe ausgeführt werden müssen, so wird ihr Abschluß erst in einigen Jahren erfolgen können. Die Teilergebnisse sollen aber baldigst veröffentlicht und für die Praxis nutzbar gemacht werden.

Auf der diesjährigen Kautschukausstellung in London hat das Amt mit gutem Erfolg seine Prüfungsvorrichtungen für Kautschuk, sowie einige Ergebnisse seiner wissenschaftlichen Untersuchungen und die aus seinem Kreise hervorgegangenen literarischen Arbeiten ausgestellt. Der Erfolg der Ausstellung gibt sich bereits durch die aus dem Auslande einlaufenden Anfragen und Aufträge zu erkennen. *(Kautschukausstellung in London.)*

Die ständigen Mitarbeiter Professor Dr. Hinrichsen und Dipl.-Ing. Memmler hielten auf dem Internationalen Kautschukkongreß in London mit Beifall aufgenommene Vorträge. In den Kautschukkommissionen des deutschen und des internationalen Verbandes für die Materialprüfungen der Technik ist das Amt durch seine führenden Beamten auf diesem Gebiete vertreten, so daß es auch hier enge Fühlung hält mit den Vorgängen in der Außenwelt.

Für die Prüfung von Luftballonstoffen ist ein Zerplatzapparat von Gradenwitz geliefert und ein anderer für Selbstaufzeichnung von Druck und Wölbhöhe nach einem Entwurf von Martens im Amt hergestellt worden; letzterer gestattet Zerplatzversuche mit Stoffproben von 0,3, 0,2, 0,1, 0,05 qm Fläche anzustellen. Diese Einrichtungen sind noch durch einen von E. Heyn entworfenen Apparat zur Bestimmung der Gasdurchlässigkeit und durch eine von O. Bauer entworfene Vorrichtung zur Ermittelung der Wärmedurchlässigkeit (Strahlung) vervollständigt. *(Ballonstoffprüfung.)*

Die Einrichtungen zur Prüfung der Ballonstoffe auf Faserart, Festigkeit, Wetterbeständigkeit und Verhalten gegen Sonnenlicht und Feuchtigkeit waren bereits in der Abteilung für Papierprüfung vorhanden, so daß Ballonstoffe jetzt nach jeder Richtung hin geprüft werden können.

Durch die mit den Luftschifferkreisen lebhaft geführten Verhandlungen wurde der Plan für eine große Untersuchung von Ballonstofftypen festgelegt, so daß die Eigenschaften der neuen Stoffe übersichtlich ermittelt werden und es möglich wird, durch spätere Nachprüfungen die Eigenschaften des lange Zeit im Betriebe gewesenen Stoffes, d. h. den Einfluß des Alterns unter der Wirkung von Wetter und mechanischen Beanspruchungen während der Fahrt und beim Landen, zu erforschen. *(Ausdauerfähigkeit von Ballonstoffen.)*

Eine große Firma machte von dieser Möglichkeit ausgiebigen Gebrauch, als sie wegen der Lieferung einer Ballonhülle mit einer anderen in Streit geraten war. Es kam darauf an, festzustellen, in welchem Maße die Ballonstoffe durch langes Lagern und durch mehrfaches Verpacken Eigenschaftsänderungen erlitten hatten.

Auch die Verhandlungen mit dem Verband Deutscher Elektrotechniker haben zur Aufstellung eines großen Planes für eingehende Versuche mit Isoliermaterialien für Spannungen bis zu 500 Volt geführt. Eine Reihe von Fabriken hat die erheblichen Mittel zur Durchführung der Versuche bewilligt, die unter anderem auch bezwecken, die Ersatzstoffe für Hartgummi in ihren Eigenschaften zu erforschen und ihren Gebrauchswert gegenüber den Kautschukprodukten festzulegen. Demgemäß ist geprüft worden die Bearbeitungsfähigkeit in der Werkstatt, die Festigkeit und Sprödigkeit bei Zug-, Druck- und Biege-Beanspruchung, sowie die Härte. (Alles bei verschiedenen Wärmegraden). Auch die Wetterbeständigkeit und die Widerstandsfähigkeit gegen chemische Einflüsse wurden geprüft. *(Isoliermaterial (elektrisches).)*

Die sehr lehrreichen Ergebnisse dieser Versuche werden zurzeit von der Kommission des Verbandes bearbeitet, um für die Aufstellung von Normalien für Isoliermaterialien verwendet zu werden. Es ist zu erwarten, daß hierbei auch die Ersatzstoffe für Hartgummi zu ihrem Recht kommen werden.

Normalien für
Motor-Benzin.

Aus lebhaften Verhandlungen mit einem großen Staatsbetriebe schien sich zu ergeben, daß die Großverbraucher von Benzin für Motorfahrzeuge ein erhebliches Interesse daran haben würden, den Bezug von zuverlässig gleichbleibenden Benzinmarken an allen Orten im Deutschen Reich zu sichern. Das Amt nahm sich der Sache an, stellte aber durch Umfragen in Erzeuger- und Verbraucherkreisen fest, daß vielfach entgegengesetzte Interessen bestehen, und daß es schwer sein wird, diese Interessen zu vereinigen. Es hat aber trotzdem die Überzeugung, daß die Zeit dennoch auch auf diesem Gebiet die Vereinheitlichung und die Klärung der Interessen ganz von selbst herbeiführen wird.

Normalien für
Isolierasphalte.

Aus der Industrie wurde die Anregung gegeben, das Amt möge Vorschläge für die Anforderungen aufstellen, nach denen Asphalte für Isolierzwecke zu liefern sind. Das Amt muß es ablehnen, von sich aus solche Vorschläge zu machen; es wird vielmehr Sache der freien Vereinbarung zwischen den Erzeugern und Verbraucherkreisen bleiben müssen, Normalien zu vereinbaren, wie dies mit bestem Erfolg auf anderen Gebieten geschehen ist (Zement, Papier u. a. m.); selbstverständlich stehen aber sein Rat und seine Erfahrungen stets gern zur Verfügung.

Normaltinten.

In der eben angedeuteten Form haben zwischen dem Amt und einer Reihe von Tintenfabrikanten Verhandlungen darüber stattgefunden, wie die veralteten Tintennormalien abzuändern seien, um sie den heutigen Bedürfnissen anzupassen. Diese Verhandlungen haben zu einem Vorschlage geführt, der der Staatsregierung unterbreitet worden ist.

Amtliche
Probenentnahme.

Bei allen diesen Verhandlungen ergab sich immer wieder die Erkenntnis, daß es zur vollkommenen Durchführung der aufgestellten Normalien in den meisten Fällen notwendig wird, auch bestimmte Prüfungsverfahren zu vereinbaren und womöglich die Kontrolle auf eine oder wenige Stellen zu verlegen (vergl. auch S. 8 u. 15 dieses Berichtes). Aber damit werden die zu vereinbarenden Maßnahmen noch nicht erschöpft sein. Es bedarf durchaus auch der Vereinbarungen über die Art der Probenentnahme; und um diese anzuregen, will ich hier abdrucken, was ich in meiner Arbeit über den „Zuverlässigkeitsgrad" aussprach.

„Die Kunst der Probenahme will achtsam geübt sein und bedarf wohlerwogener Maßnahmen, die ebenso sorgsam durchdacht sein müssen als das Vorgehen bei der Versuchsausführung selbst. Und doch ist gerade die Probenahme derjenige Teil im Materialprüfungswesen, der heute am stiefmütterlichsten behandelt wird. Man begnügt sich allenfalls damit, daß ein Beamter bei der Probenentnahme zugegen ist und die Bescheinigung abgibt, daß die Proben aus einem bestimmten Betriebe stammen, vielleicht mit dem Hinzufügen, daß sie in seiner Gegenwart entnommen wurden. Daß die Proben mit Sachverstand und unter welchen Vorsichtsmaßregeln sie entnommen wurden, wird meistens gar nicht erwähnt. Es ist nicht wahrscheinlich, daß ein Notar, Amtsvorsteher oder Polizeibeamter für sich ein besonderes Maß von Sachverständnis in Anspruch nehmen wird. Nachdem von den deutschen Staatsregierungen die Zweckmäßigkeit, wenn nicht die Notwendigkeit erkannt worden ist, das Materialprüfungswesen in besonderen Prüfämtern ausführen zu lassen, um der Bevölkerung die Möglichkeit zu geben, den Wert der Materialien unbeeinflußt von Sonderinteressen feststellen zu lassen, ist es eigentlich eine ebenso große Notwendigkeit und für den technischen Fortschritt in jeder Weise förderlich, daß die Probenentnahme unter die gleiche Möglichkeit gestellt wird. Das Materialprüfungsamt in Groß-Lichterfelde, und sicherlich auch die übrigen Staatsanstalten, entsenden daher auf Antrag und unter Berechnung der hierfür angesetzten Gebühren ihre sachverständigen Beamten, um die Proben aus den Betrieben oder aus den Lieferungen entnehmen zu lassen."

Auch im abgelaufenen Jahr ist das Amt von einer großen Reihe von Vereinen, Teilnehmern an Lehrkursen, Vertretern von Behörden und Privaten, Personen des In- und Auslandes zum Zwecke des Studiums seiner Einrichtungen besucht worden. Eine Liste der Besucher findet sich im Anhang, Tabelle e. *Besuche.*

Die Beamten haben zur Vertretung des Amtes in Versammlungen und bei feierlichen Gelegenheiten zum Zwecke des Studiums oder zur Abnahme von Proben für die Versuche, zur Besprechung von Versuchsreihen auf Grund genauer Einsichtnahme in den Betrieb, zum Austausch der Erfahrungen, zur Untersuchung von Materialprüfungsmaschinen und Vorkehrungen zur Ausführung von Abnahme- und Belastungsproben an Bauwerken und aus anderen Gründen, Reisen in die Industriebezirke und selbst ins Ausland unternommen. *Reisen.*

Eine Zusammenstellung über diese Vorgänge findet sich im Anhang Tabelle d.

Allen denjenigen, die bei diesen Gelegenheiten dem Materialprüfungsamt und seinen Angehörigen ihr freundliches Entgegenkommen bewiesen haben, ist an dieser Stelle öffentlich zu danken; sie haben nicht nur die Beamten persönlich gefördert, sondern haben hiermit ganz besonders auch das Amt selbst geeigneter gemacht, seinen hohen und wichtigen Aufgaben immer besser gerecht werden zu können. *Dank.*

Das Amt würde es mit Freude begrüßen, wenn dieser Jahresbericht Anlaß zu Anregungen aus der Praxis geben würde, wie das Amt seinen Nutzen für das deutsche Gewerbe immer mehr heben kann. Jede Anregung wird gewissenhaft erwogen werden. *Anregungen aus der Praxis.*

Die allgemeinen Betriebsmittel haben, wie schon gesagt, keine nennenswerte Vermehrung erfahren, hingegen sind für die Abteilungsbetriebe Neuanschaffungen zu verzeichnen, über die die Tabelle c Auskunft gibt. *Betriebsmittel.*

Insgesamt sind an maschinellen Hilfsmitteln zurzeit im Betriebe:

   3 Dampfkessel (je 70 qm Heizfläche) mit Speisepumpen, Injektor usw.,
   2 Dampfmaschinen (je 90 PS) mit Kondensation und Rückkühlanlage,
   2 Gleichstrom-Nebenschluß-Dynamomaschinen (je 60 KW),
   3 Zusatz- und Umformerdynamos,
 39 Gleichstrom-Nebenschlußmotoren,
 55 Arbeits- und Werkzeugmaschinen,
   4 Laufkrane (3 elektrisch, einer von Hand betrieben),
   4 Fahrstühle (elektrisch betrieben),
   3 Hochdruck-Hydraulik-Pumpwerke mit je einem Hydraulik-Akkumulator (2 Dampf-, 1 Gewichtsakkumulator),
104 Prüfungsmaschinen für Materialprüfung (teils hydraulisch, teils mechanisch betrieben),
   2 Eismaschinen (schweflige Säure).

Der Bücherbestand umfaßt zurzeit 4681 Bände fachwissenschaftlichen und allgemein technischen Inhalts; im Berichtsjahre belief sich der Zuwachs auf 278 Bände; 142 technische Fachzeitschriften, darunter 110 in deutscher, 20 in englischer, 7 in französischer, 3 in schwedischer, 1 in norwegischer und 1 in russischer Sprache wurden regelmäßig gehalten. Das in ihnen enthaltene Literaturmaterial wird, soweit es die Fachwissenschaften des Amtes berührt, auf Auszugskarten ausgezogen; diese Auszüge werden nach Stoff geordnet, in einem Zettelregister gesammelt. Mit der Zeit wird also auf diese Weise eine reichhaltige ge- *Bücherei.*

ordnete Sammlung von Literaturauszügen über alle das Materialprüfungswesen betreffenden Fragen geschaffen werden.

Da die Literatur über die einzelnen Sondergebiete des Materialprüfungswesens außerordentlich umfangreich, mannigfaltig und weit zerstreut ist, so wird das Amt die berufenste Stelle bleiben, um die einschlägige Literatur regelmäßig zu verfolgen. Um diese Sammlung der Allgemeinheit zuzuführen, ist beabsichtigt, sie durch Beantwortung entsprechender Anfragen von Behörden und Privaten im öffentlichen Interesse nutzbar zu machen.

In ähnlicher Weise werden später auch die Sammlungen des Amtes für wissenschaftliche Arbeiten und für Interessenten nutzbar gemacht werden können.

Dauerversuchs-anlage.   In der aus Reichsmitteln errichteten Anlage für Dauerversuche, deren Entwurf in der „Denkschrift" S. 231 ff. beschrieben ist und über deren Ergänzungen und Verbesserungen schon in den vorjährigen Jahresberichten gesprochen wurde, ist der regelmäßige Betrieb mit Versuchen an 20 Maschinen bei Zimmerwärme, sowie bei 100, 200, 300 und 400 C⁰. weiter durchgeführt, so daß jetzt schon einzelne Versuchsstäbe über 25 Millionen Beanspruchungen ausgesetzt gewesen sind.

Um schneller zu Versuchsergebnissen zu gelangen, wird seit dem 1. Dezember 1908 die Anlage täglich 17 Stunden (von früh 7 Uhr bis nachts 12 Uhr) in Betrieb gehalten, so daß jeder Stab täglich rund 35—40000 Belastungen erfährt. Auch die Frage der Erwärmung der Probestäbe durch elektrische Öfen sowie die Messung der Wärme mittels Thermoelemente ist soweit gelöst worden, daß sich ein ordnungsmäßiger Dauerbetrieb durchführen läßt. Über die hierbei gemachten Erfahrungen ist eine Arbeit in den „Mitteilungen" veröffentlicht (Tabelle b, Nr. 6), die auch eine ausführliche Beschreibung der gesamten elektrischen Heiz- und Wärmemeßeinrichtungen der Dauerversuchsanlage enthält.

Erfahrungen mit Meßdosen.   Die als Kraftmesser an den Dauerversuchsmaschinen verwendeten Meßdosen[1]) haben sich auch im abgelaufenen Jahre trotz der ungewöhnlich häufigen Dauerbeanspruchung als durchaus betriebssicher erwiesen. An 8 von 20 Maschinen sind noch die ersten Dosenbleche (Messingblech von 0,35 mm Dicke mit aufgeklebter Paragummischeibe von 1 mm Dicke) nun bereits 4 Jahre im Betrieb, was etwa einer Gesamtzahl von 25—30 Millionen Anstrengungen entspricht.

Weiter fortgesetzt wurden ferner die seinerzeit beim Umzuge des Amtes von Charlottenburg nach Groß-Lichterfelde unterbrochenen Dauerbiegeversuche mit verschiedenen Flußeisenmaterialien auf der Maschine von Martens, bei der ein Normalrundstab an den beiden verlängerten Enden durch Federkraft belastet und ständig in Umdrehung (rund 60 pro Minute) versetzt wird, so daß die Angriffsebene für die Biegung ständig wechselt.

Isolierungs-material für Bauzwecke.   Eine Untersuchung der Isoliermaterialien für Bauzwecke ist von dem Herrn Minister der öffentlichen Arbeiten angeregt worden. Diese Anregung hat zu sehr lebhaften Verhandlungen des Amtes mit Erzeugern und Verbrauchern dieser Stoffe geführt; die Grundsätze, nach denen Versuche zur Feststellung der vorhandenen Eigenschaften und die Förderung der Güte der Erzeugnisse zu bewirken sind, sind bereits vereinbart und es ergibt sich auch hier für das Amt eine viel versprechende Gelegenheit zur Förderung deutschen Gewerbefleißes (vgl. S. 11 dieses Berichtes).

---

[1]) Vergl. „Denkschrift" S. 231 und Zeitschrift des Vereines deutscher Ingenieure 1906 S. 1310 sowie Mitteilungen über Forschungsarbeiten auf dem Gebiete des Ingenieurwesens. Herausgegeben vom Verein Deutscher Ingenieure 1907 Heft 38: A. Martens. Die Meßdose als Kraftmesser in der Materialprüfmaschine, sowie Zeitschrift des Vereines Deutscher Ingenieure 1909 Heft 18 unter: Prüfung der Druckfestigkeit von Portlandzement.

Die im Vorjahre in Aussicht gestellte wissenschaftliche Untersuchung der Leicht- *Leichtmetalle.*
metalle auf ihre mechanischen Eigenschaften hat, wie manches andere, wegen Mangel an
Mitteln und wegen Arbeitsüberhäufung leider nicht in dem Maße gefördert werden können,
wie es wünschenswert erscheint. Die Sache wird aber im Auge behalten werden, da
diese Untersuchung zur Förderung der deutschen Luftschiffahrt beizutragen vermag.

Mehrfach ist im Betriebsjahre mit Interessenten die Frage erörtert worden, ob es an- *Fabrikations-*
gängig sei, daß das Amt Fabrikationskontrollen über gewisse Erzeugnisse übernehme. *kontrolle.*
Diese Frage ist nicht grundsätzlich zu verneinen, denn das Amt hat auch früher schon gelegentlich auf diesem Gebiet gearbeitet, und vor kurzem haben Verhandlungen mit den
Vereinigten Fabriken für isolierte Leitungen zum Abschluß eines Vertrages über
die Kontrolle der Kautschukhülle von Zimmerleitungskabeln geführt, wonach vereinbart
wurde, daß das Amt die Kautschukmasse auf ihre Zusammensetzung, insbesondere darauf
prüfen soll, ob sie den von den Fabrikanten aufgestellten Bedingungen entspricht. Die
Prüfungsanträge können von jedem Käufer solcher Kabel an das Amt gerichtet werden.
Wenn die Leitungen mit den Kennfäden der vereinigten Fabriken versehen sind, so zahlt
die Vereinigung $\frac{1}{3}$ der Prüfungsgebühren, während der Rest dem Antragsteller zur
Last fällt.

Diese Abmachungen sind häufig in Anspruch genommen worden und ihr Erfolg ist
deutlich daran zu verspüren, daß die ersten Prüfungen zahlreiche Beanstandungen zur Folge
hatten, die jetzt immer mehr im Verschwinden begriffen sind, so daß tatsächlich Besserung
eingetreten sein dürfte. Ein Beweis dafür, wie die deutsche Industrie mit Erfolg bestrebt
ist, ihre Leistungen aus sich selbst heraus zu heben.

Der märkische Ziegeleibesitzerbund E. V. zu Berlin, sowie der Verein Deut- *Ziegel- und Kalk-*
scher Kalksandsteinfabrikanten haben die umfangreiche Prüfung der Erzeugnisse *sandsteine.*
ihrer Mitglieder durch das Amt fortgeführt. Es ist dies gewiß ein freudig zu begrüßendes
Vorgehen der Industrie, denn es kann, abgesehen von dem sicherlich auch fördersamen
Wettbewerb zwischen Ziegel- und Kalksandstein, wohl keinem Zweifel unterliegen, daß auch
in den Kreisen der beiden Vereinigungen ein lebhaftes Streben nach gleichem Vollkommen-
heitsgrade innerhalb der einzelnen Betriebe eintreten wird. Das Vorgehen wird also zur
Hebung der Baumaterialgüte sicherlich beitragen. Diese Prüfungen gaben aber nicht nur
die Gelegenheit, die Leistungen der Einzelbetriebe miteinander zu vergleichen, sie gaben
dem Amt vielmehr auch Anlaß, einige gute Lehren für das Materialprüfungswesen daraus
zu ziehen, worüber im Jahrgang 1911 der „Mitteilungen" berichtet werden wird.

Das Amt kann nach der durch diese Arbeit gewonnenen Erkenntnis in Zukunft nicht *Zuverlässigkeit*
Prüfungen mit weniger als 10 Ziegel- oder Kalksandsteinen übernehmen und wird jeden- *von Festigkeits-*
falls im Zeugnis auf die Unzulänglichkeit der Mittelwerte aus einer geringeren Zahl hin- *prüfungen.*
weisen, da dann keinerlei Gewähr dafür übernommen werden kann, daß die wiederholte
Prüfung der Steine gleicher Fabrikation angenähert gleiche Mittelwerte liefern wird. Es
ergibt sich auch die Überzeugung, daß außer auf den im Zeugnis angegebenen Mittelwert
auch auf den Gleichförmigkeitsgrad bei der Beurteilung der Druckfestigkeit von Bausteinen zu achten ist.

Wenn es vielleicht auch für die Entwicklung der Mauerfestigkeit nicht von allzu *Festigkeit des*
großer Bedeutung sein mag, ob der eine oder der andere Stein von dem Mittelwert der *Mauerwerks.*
Druckfestigkeit mehr oder weniger abweicht, so kann es doch kaum einem Zweifel unterliegen, daß man immer gut tun wird, auf ein gleichmäßiges Material Wert zu legen. Jedenfalls sollte man die Festigkeitsfrage durch den Versuch mit großen Mauerwerks-

3*

körpern klären. Die deutschen Prüfämter sind sehr wohl darauf eingerichtet, solche Versuche zu übernehmen.

Bis dies geschehen sein wird, wird das Amt die Anordnung treffen, daß in seinen Zeugnissen die Mittelwerte der Druckfestigkeit in Klammer gesetzt werden, sobald in einer Versuchsreihe mit 10 Proben Abweichungen von mehr als $\pm 25\,\%$ gegen das Mittel vorkommen, oder sobald der mittlere Fehler $\triangle_m$ größer als $\pm 12\,\%$ wird. Außerdem wird der Mittelwert noch rot durchstrichen, wenn die Abweichung vom Mittelwert $\pm \triangle$ mehrmals größer als $\pm 25\,\%$ wird. Das Amt hofft, hiermit seine Schuldigkeit gegenüber der Bauwelt zu tun und hofft auch, daß es der Industrie immer mehr gelingen wird, diese Maßnahmen überflüssig zu machen.

Diese bereits im Vorjahre ausgesprochene Erwartung scheint sich zu erfüllen, denn man glaubt jetzt schon eine Erhöhung der Zuverlässigkeit der Erzeugnisse erkennen zu können.

Kontrolle der Fabrikerzeugnisse.

Es gibt eine Reihe von Erzeugnissen, bei denen der Nachweis, daß die Lieferung gewissen Bedingungen entspricht, vielleicht noch sicherer und erfolgreicher erbracht werden kann, als in den vorgenannten Fällen, und deshalb ist es zu erwarten, daß das Vorgehen der vorhin genannten Industrien Nachfolge haben wird. Es wird zuweilen möglich sein, aus einer großen Masse von Waren, die einheitlich nach bestimmten Vorschriften erzeugt worden sind, durch amtliche Probenentnahme und Prüfung den mittleren Zustand der Ware festzustellen, dann die Ware Stück für Stück mit einem amtlichen Kennzeichen zu versehen, aus dem die Tatsache der Kontrolle hervorgeht, so daß die Ware, mit diesem Kennzeichen auf den Markt gebracht, öffentlichen Glauben findet. Auch hierdurch könnte wohl deutschen Erzeugnissen ein guter Weg erschlossen werden. Der deutsche Normensand für die Zementprüfungen wird bereits nach diesem Verfahren vom Amt geprüft und in von ihm plombierten Säcken in den Handel gebracht.

Seidenindustrie.

Die im Vorjahre angeknüpften Verhandlungen mit der Seidenindustrie sind fortgesetzt. Sie haben vorläufig zu Maßregeln innerhalb der Textilindustrie geführt.

Durch das Bekanntwerden dieser Bestrebungen sind dem Amt schon im Berichtsjahre zahlreiche Aufträge zugeflossen und die bisher im Amte ausgeführten Untersuchungen auf diesem Gebiet haben ziemlich großen Umfang erreicht (vgl. S. 39 u. f. dieses Berichtes).

Mehrfach sind auch Bestrebungen zutage getreten, die auf Gründung eines besonderen Prüfamtes für die Textilindustrie oder auf Erweiterung des Materialprüfungsamtes hinzielen; Bestrebungen, die nicht nur in der Fachliteratur, sondern auch im deutschen Reichstage zu eifrigen Verhandlungen führten; mögen sie der deutschen Industrie das Beste bringen.

Eichung der Festigkeitsprobiermaschinen.

Auch im verflossenen Berichtsjahr ist dem Amt mehrfach Gelegenheit geboten worden, sich zu der Frage der Eichung der Prüfungsmaschinen und der Prüfungseinrichtungen zu äußern.

Ich verweise auf das hierüber in den Jahresberichten 1908 S. 3—5 und 1909 S. 13 („Mitteilungen" 1909 S. 377f. und 1910 S. 369) Gesagte und besonders auf das, was ich in meiner Arbeit über den „Zuverlässigkeitsgrad von Festigkeitsprüfungen" in Heft 5 1911 anführte. Die Erfahrungen des Amtes haben die dort gegebenen Gründe nur verstärkt und ihm die Überzeugung geliefert, daß die empfohlenen Maßregeln auf die Dauer nicht zu umgehen sind, weil sie eine logische Notwendigkeit sind. Ich bin überzeugt, daß gerade die Industrie es sein wird, die oft wiederholte Kontrolle der Maschinen und ihre Eichung fordern wird, je mehr die Behörden und die Großabnehmer dazu übergehen werden die Prüfung der Lieferungen auf eigenen Maschinen vorzunehmen.

Was nützen alle Vorschriften über die Festigkeitseigenschaften der Materialien, wenn es jedermann frei steht, diese Eigenschaften mit falschen Maschinen festzustellen?

Die Einsicht von der Unzuträglichkeit dieses Zustandes und der Wunsch, sich aus ihm herauszuziehen, hat merkwürdige Gedanken gezeitigt. Es wurde im Ernst überlegt, daß, um Widersprüchen bei der Nachprüfung zu begegnen, vorzuschreiben sei, daß die Prüfung auf Erfüllung der Lieferbedingungen auf derselben Maschine geschehen müsse, die zur Prüfung der Angebotsprobe diente. Was nun, wenn beide Prüfungen in gleichem Maße falsch sind, weil die Maschine vielleicht um 10 bis 20 % falsche Anzeige lieferte? Wäre es dann nicht besser, die Festigkeitsversuche überhaupt fallen zu lassen?

Abteilung 1 für Metallprüfung.

In der Abteilung 1 für Metallprüfung wurden insgesamt 560 Anträge (490 im Vorjahre) erledigt, von denen 131 auf Behörden und 429 auf Private entfallen; diese Anträge umfassen etwa 10 000 Versuche.

Die geprüften Kontrollstäbe und Meßapparate sind in nachstehender Tabelle aufgeführt.

Antragsteller	Kontrollstäbe		Spiegelapparate und andere Meßapparate	Spannungsmesser	Manometer
	für Kraftleistung	Stück			
	t		Stück	Stück	Stück
Staatsprüfungsanstalt in Kopenhagen . . .	120	1	—	—	—
Materialprüfungsanstalt in Stockholm . . .	10	1	1	—	—
Geschützgießerei in Spandau	—	—	1	—	—
Artilleriewerkstatt Straßburg	30	1	1	—	—
Artilleriewerkstatt Lippstadt	25	1	—	—	—
Gelsenkirchener Bergw. Akt. Ges. Aachen-Rothe Erde.	10 u. 50	2	—	—	—
K. K. mont. Hochschule Pribram	50	1	—	—	—
R. Heiser, Gr.-Lichterfelde W.	—	—	1	—	—
Bergische Stahl-Industrie Remscheid . . .	—	—	1	—	—
Feuerwerks-Laboratorium Spandau	20	1	—	—	—
Eisenbahndirektion Altona	—	—	—	1	—
Letmather Kettenfabrik H. Görke, Letmathe	—	—	—	—	2
W. Prünte jr., Fröndenberg	—	—	—	—	2
J. D. Theile, Schwerte i. W.	—	—	—	—	3
Gebr. Heimann, Ergste i. W.	—	—	—	—	2

An Prüfungsmaschinen sind im Berichtsjahre 1910 folgende untersucht worden:

Antragsteller	Bestimmung	Bauart	Leistung	Geprüft bis	Stück
			t	t	
O. A. Richter, Dresden	Zementpresse	Martens	50	50	17
Maschinenfabrik Augsburg-Nürnberg . .	"	"	50	50	5
Kgl. Eisenb.-Dir. Saarbrücken	"	"	50	50	1
Kgl. Eisenb.-Bauabtlg. Ruhrort	Betonpresse	"	300	300	1
Hafenbau-Abteilung Helgoland	"	Losenhausen	300	300	1
Fortifikation Cuxhaven . . . . . . a)	"	Martens	300	300	1
b)	"	Amsler-Laffon	33	30	1
c)	Festigkeit	Losenhausen	75	75	1
d)	Zugfestigkeit (Zement)	Frühling-Michaelis	0,5	0,5	1

Übertrag 29

Antragsteller	Bestimmung	Bauart	Leistung t	Geprüft bis t	Stück
Übertrag					29
B. Schneider, Berlin	Betonpresse	Schneider	20	20	1
Letmather Kettenfabrik Heinrich Görke	Kettenprüfung	Mengeringhausen	80	56	1
Duisburger Maschinen Akt.Ges. . . . a)	„	—	350	350	1
b)	Tauprüfung	—	100	100	1
Benrather Maschinenfabrik A.-G. . . .	Festigkeit	Amsler-Laffon	50	50	1
W. Prünte jr., Fröndenberg	Kettenprüfung	Losenhausen	80	80	1
Feuerwerks-Laboratorium Spandau . . .	Festigkeit	Schenck	30	20	1
Panzer Akt.-Ges. Wolgast	„	Losenhausen	30	30	1
J. D. Theile, Schwerte i. W.	Kettenprüfung	Mengeringhausen	40	40	1
Gebr. Heimann, Ergste i. W.. · . . .	„	„	100	100	1
Bismarckhütte O.-S.	Festigkeit	Pohlmeyer	100	100	1
Friedenshütte O.-S.	„	„	100	100	1

Summe 41

Die vorstehende Tabelle läßt im Vergleich mit den Berichten über die Vorjahre eine beträchtliche Zunahme der Maschinenprüfungen gegen die früheren Jahre erkennen, was besonders auf die größere Anzahl der geprüften Zement- und Betonpressen zurückzuführen ist. Die bisher größte Zahl der in einem Jahre geprüften Maschinen betrug 18 Stück, im vorigen Jahre 11.

Außerdem wurde ein hydraulischer Hebebock für 100 t Tragfähigkeit untersucht, der für Kraftmessungen bis zu 8 t verwendet werden sollte.

Wissenschaft-
liche Unter-
suchungen.
Holz-
untersuchungen.
Die in den früheren Jahresberichten unter den wissenschaftlichen Arbeiten erwähnten umfangreichen Holzuntersuchungen mit Kolonialhölzern sind abgeschlossen.

Von den untersuchten fünf Holzarten übertreffen Afzelia africana Sm. und Anogeissus leiocarpus (D. C.) Guilt. et Per. unsere deutschen Nadel- und Laubhölzer an Festigkeit, während Chlorophora excelsa (Weber) Bth. et Hk. f. etwa gleichbleibend hiermit sind und die beiden anderen Holzarten Schirmbaumholz und Baumwollbaum dahinter weit zurückstehen.

Zu dem im laufenden Betriebe erledigten Prüfungsanträgen möge über folgende Untersuchungen berichtet werden.

Hufnägel.
Die vergleichende Prüfung von 2 Sorten Hufnägeln verschiedenen Ursprungs erstreckte sich auf die Ermittelung der Zugfestigkeit, der Biege-Verwindefähigkeit, sowie der Härte mittels Kugeldruckprobe (Kegelspitze, die nach 0,32 mm Halbmesser abgerundet war) und der chemischen Zusammensetzung des Materials.

Die beiden Materialien unterschieden sich in ihrer Zusammensetzung hauptsächlich im Kohlenstoffgehalt, der bei Sorte I 0,05, bei Sorte II 0,12 % betrug.

Im weiteren wurde für Sorte I 4160 kg/qcm Zugfestigkeit, 8,7 Hin- und Herbiegungen und 1,25 Verwindungen bis zum Bruch gefunden und für Sorte II in der gleichen Reihenfolge 4890 kg/qcm, 14,8 und 0,9.

Bei den Verwindeproben wurden die Nägel mit der Spitze etwa 1,5 cm tief zwischen Kupferbacken in den Schraubstock eingespannt und am Kopfe durch ein Windeisen allmählich verdreht.

Die Härte nahm vom Kopf des Nagels nach der Spitze hin zu. Sie betrug bei Sorte I am Kopf = 126, in der Mitte = 169 und an der Spitze = 192; für Sorte II = 115, 170 und 179.

An Kupferkabeln, die längs eines Meerarmes verlegt waren und sich als brüchig er- *Kupferkabel.*
wiesen hatten, sollte die Ursache der Brüchigkeit festgestellt werden. Der Antragsteller gab
hierzu an, daß die Proben längere Zeit an der Verbrauchsstelle auf dem Erdboden gelegen
hatten und daß es möglich sei, daß das Material von der Salzluft angegriffen wurde. Die
metallographische Untersuchung ergab, daß die Bruchflächen der Drähte schwarz oxydiert
waren und daß die Anbrüche fast immer von jener Seite der Drahtoberfläche ausgingen,
die mit der Hanfseele in Berührung gewesen war. Die Hanfseele war stark mit Grünspan
belegt und der Draht an der Berührungsstelle teilweise angegriffen.

Die Festigkeitsversuche gaben keinen Anlaß die Entstehung der Brüche auf mangel-
haftes Material zurückzuführen. Das Material entsprach den Anforderungen, die nach den
Vorschriften für die Errichtung und den Betrieb elektrischer Starkstromanlagen des Verbandes Deutscher Elektrotechniker an hartgezogene Kupferdrähte gestellt werden.

Untersuchungen von Walz- und Profileisen aus Elektrostahl, Siemens-Martinstahl und *Elektrostahl,*
Nickelstahl erstreckten sich auf *Siemens-Martin-*
  stahl und Nickel-
  stahl.

1. Zugversuche bei Zimmerwärme und bei niederen Wärmegraden bis zu $-78\,C^0$
2. Kerbschlagproben bei den gleichen Wärmegraden.
3. Biegeproben im Anlieferungszustande mit Stählen, die auf 425—$450\,C^0$ erwärmt
   und dann in Wasser abgeschreckt wurden, sowie auf
4. Bestimmung der Wärmeausdehnungszahl, für 25—$200\,C^0$.

Bei den Zugversuchen wurde die Festigkeit aller drei Stahlsorten mit der Kälte um
etwa 15 v. H. gesteigert, die Dehnung änderte sich hierbei nicht wesentlich.

Bei den Kerbschlagproben wurde die Kerbzähigkeit mit der Kälte um etwa 80 v. H.
herabgemindert.

Die Biegeproben ließen sich bis auf einige Proben vollständig zusammenbiegen, ohne
rissig zu werden.

Die Ausdehnungszahl des Elektrostahles nahm bei der Erwärmung bis $145\,C^0$ ab und
dann mit steigender Wärme wieder zu. Dieser ungewöhnliche Verlauf der Ausdehnungszahl
wurde inneren Spannungen im Material zugeschrieben, weil, nachdem die Probe $1/2$ Stunde
bei $360\,C^0$ erwärmt und nochmals geprüft wurde, die Ausdehnung einen regelmäßigen
Verlauf nahm.

Gefunden wurden für

1. Elektrostahl: $0,0000118$ bis $0,0000139$,
2. Siemens-Mart.: $0,0000124$ „ $0,0000137$,
3. Nickelstahl: $0,0000119$ „ $0,0000129$ (bei $150\,C^0$).

Weitere Versuche ergaben folgende Ausdehnungszahlen:

Für Monelmetall zwischen 25 und $450\,C^0$ $0,0000140$ bis $0,0000178$ und für eine Kupfer- *Wärme-*
legierung unbekannter Zusammensetzung $0,0000152$ bis $0,0000191$. *ausdehnung.*

Über das angewandte Verfahren, das im Amt ausgebildet ist und nach den mehr-
jährigen gesammelten Erfahrungen sich gut bewährt, sei kurz folgendes bemerkt.

Die Erhitzung der Proben erfolgt in einem elektrisch geheizten Flüssigkeitsbade. Zur
Prüfung werden aus den zu untersuchenden Materialien Prismen hergestellt, diese an ein
Quarzrohr angesetzt und die Längenänderungen der Prismen mit denen des Quarzglases
verglichen. Die Ausdehnungszahl des Quarzglases ist bekannt. Das Quarzrohr ist zur
Erzielung gleichmäßiger Erwärmung wagerecht angeordnet. Als Flüssigkeitsbad dient hoch-
siedendes Öl bis $250\,C^0$, bei höherer Erwärmung eine Salpetermischung.

Geschmiedete Daumenwellen.

An Daumenwellen aus Flußeisen, bei denen die Daumen aus vollen Rundeisenstangen von 4,8 cm Durchmesser angestaucht waren, wurde durch Zug-, Biege- und Torsionsversuche festgestellt, daß die Festigkeit und Zähigkeit des Materials an der Stauchstelle etwas abgenommen hatte, an der „Übertragungsstelle des Stauchdruckes" war die Festigkeit erhöht worden und die Dehnung bezw. Zähigkeit zurückgegangen.

Flanschen.

Die Untersuchung von 2 Flanschensorten aus Stahlguß und sog. Spezial-Qualität Ia S. M. Flußeisen ergab, daß die Zugfestigkeit, Dehnung, Schlagfestigkeit und Schlagzähigkeit des Stahlgußmaterials hinter dem Flußmaterial erheblich zurückblieb. Insbesondere zeigte der Stahlguß vielfach Fehlstellen. Versuche mit gebrauchsfertigen ganzen Flanschen auf Biege- und Stauchfestigkeit bestätigten den obigen Befund. Über die Herkunft der Stahlgußflanschen war nichts Näheres bekannt.

Flußeisen aus beschädigter Brücke.

Zugversuche mit Proben, aus dem Querträger einer Eisenbahnbrücke, auf der eine Zugentgleisung stattgefunden hatte, ergaben, daß die Festigkeitseigenschaften des Materials an den beschädigten Stellen gegenüber den unbeschädigten Stellen sich nicht merklich verändert hatten.

Wärmeeinfluß.

Zehn verschiedene Metalle, die insbesondere für Turbinenschaufeln Verwendung finden sollen, sind auf den Einfluß verschiedener Wärmegrade auf ihre Zugfestigkeit untersucht. Das Verfahren war das gleiche, wie bereits früher beschrieben[1]). Von Wiedergabe der einzelnen Versuchsergebnisse muß hier abgesehen werden.

Schweißeisen.

Schweißeisenproben, die aus den Winkeleisen einer ausländischen Eisenbahnbrücke entstammten und als belgisches Schweißeisen bezeichnet waren, erwiesen sich als sehr minderwertiges Material. Es wurden 2330 bis 3640 kg/qcm Festigkeit und 1,6 bis 17,6 % Dehnung gefunden.

Automobilstahl.

Für 3 Sorten Automobilstähle (Probelieferungen), die zum Vergleich auf Schlagfestigkeit geprüft wurden, wurde 6,1; 11,1 und 12,9 mkg/qcm Kerbzähigkeit gefunden. Die Prüfung erfolgte nach den Normalien des Deutschen Verbandes für die Materialprüfungen der Technik.

Hartstahl.

Die Untersuchung eines sog. Hartstahles ergab 4500 kg/qcm Streckgrenze, 12010 kg/qcm Bruchgrenze, 40,3 % Dehnung.

Die Bearbeitung des Materials war außerordentlich schwierig, so daß sich die Herstellungskosten für einen Zerreißstab auf etwa 30,00 M. stellten.

Gebrochene Konstruktionsteile. Gasmotorenwelle.

Gebrochene Konstruktionsteile und Bauteile wurden auf die Bruchursache untersucht:

1. Eine Gasmotorenwelle von etwa 16 cm Durchmesser. Das Material erwies sich als sehr dehnbar aber von geringer Festigkeit. Durch Glühen wurde die Streck- und Bruchgrenze des Materials etwas gesteigert, die Dehnung gleichzeitig verringert. Ähnliche Erscheinungen sind früher bereits an Nickelstahl beobachtet[2]). Die nachträglich ausgeführte Analyse ergab 0,05 % Nickelgehalt. Da Mängel im Material nicht vorhanden waren, so konnte der Bruch der Welle nur auf Überanstrengung des Materials zurückgeführt werden.

Tragarm.

2. Ein im Betriebe gerissener Tragarm einer Gießpfanne. Bei der ermittelten Festigkeit des Materials boten die Abmessungen des Tragarmes gegen dessen Betriebs-

---

[1]) Vergl. „Mitteilungen" 1890 S. 159; 91 S. 109; 93 S. 292; 94 II und III; 95 S. 29; 97 S. 114; 98 S. 171; 1900 S. 293.

[2]) Vgl. Rudeloff, Siebenter Bericht über Untersuchungen von Eisen-Nickellegierungen Verh. des Vereins zur Beförderung des Gewerbefleißes 1906, Beiheft.

beanspruchung eine etwa 22 fache Sicherheit. Das Material erwies sich zwar als ungleichmäßig, da die an verschiedenen Stellen des Querschnittes entnommenen Proben verschiedene Festigkeiten und Dehnungen zeigten, und nach dem Glühen diese Ungleichmäßigkeiten nicht beseitigt wurden. Das Material konnte aber nicht als spröde bezeichnet werden und auch in der Ungleichmäßigkeit des Materials war kein Grund für die Bruchursache zu finden.

3. Eine gebrochene Schraubenwelle. Das Material war sehr ungleichmäßig. Die Streck- und Bruchgrenze nahmen von außen nach dem Kern hin zu und zwar σ_S von 2270 kg/qcm auf 3110; σ_B von 4270 kg/qcm auf 5580, und die Dehnung im gleichen Sinne ab, von 36,1 auf 23,0 %. Durch Ausglühen wurden diese Unterschiede nicht beseitigt. Die Ergebnisse der Biege- und Kerbschlagproben ließen gleichfalls erkennen, daß das Material im Kern fester und weniger formänderungsfähiger war, als am Rande. Die zylindrisch behobelten Oberflächen zeigten ferner schraubenartig verlaufende Netzrisse, die sich unter etwa 90 ⁰ kreuzten. Diese und die Gestalt der Bruchfläche ließen darauf schließen, daß die Welle durch wiederholte Überanstrengung auf Verdrehen zerstört war. Schraubenwelle.

4. Kettenglieder von Feuerschiffsketten. Feuerschiffs-
ketten.

Die geschweißten Ketten von 50 mm Eisenstärke waren bei schweren Stürmen zu Bruch gegangen.

Nach den angestellten Untersuchungen genügte das verwendete Material als solches nur hinsichtlich seiner Festigkeit den Anforderungen, die man an derartiges Ketten-Eisen zu stellen pflegt, es ließ sich aber schwer schweißen. Zerreißversuche mit im Betriebe nicht gerissenen Kettenabschnitten aus derselben Kette ergaben im Mittel nur 2215 kg/qcm Zugfestigkeit, während z. B. die Materialvorschriften der deutschen Kriegsmarine mindestens 2400 kg/qcm verlangen. Der Bruch der Kette erfolgte stets in der Schweißnaht des Gliedes. Die Ursache für die Brüche der Kettenglieder im Betriebe konnte somit auf starke Betriebsinanspruchnahme zurückgeführt werden, begünstigt durch die ungenügende Festigkeit der Glieder infolge mangelhafter Schweißbarkeit des Materials.

Zwei Sorten nahtlose Siederohre von rund 9,5 cm äußerem, 8,7 cm innerem Durchmesser und 0,4 cm Wandstärke genügten den „Materialvorschriften der allgemeinen polizeilichen Bestimmungen über die Anlegung von Landdampfkesseln" (Reichsgesetzblatt 1909 Nr. 2) hinsichtlich Bördel- und Wasserdruckprobe nicht. Siederohre.

Rohre von 3,0 cm äußerem Durchmesser und 0,08 cm Wandstärke, die nach Angaben des Antragstellers mit Sauerstoff-Acetylengas geschweißt waren, und bei denen die Schweißnaht durch Ziehen beseitigt war, wurden auf Biege- und Knickfestigkeit, sowie auf inneren Wasserdruck geprüft. Geschweißte
Rohre.

Bei den Wasserdruckproben erfolgte der Bruch bei 273 bis 308 at, entsprechend 4850 bis 5460 kg/qcm Spannung, in der Schweißnaht. Die Dehnung an der Bruchstelle betrug nur 0,2 %.

Kupferrohrabschnitte von 1,3; 2,0 und 2,5 cm innerem Durchmesser sowie 0,12 bis 0,15 cm Wandstärke waren hinsichtlich Bördelfähigkeit beanstandet. Die Prüfung ergab, daß sie den Vorschriften genügten. Kupferrohre.

Zur Einführung von Wasserstofflaschen in Deutschland wurde von einer ausländischen Firma die Untersuchung und Begutachtung einer Gasflasche nach der deutschen „Polizeiverordnung, betreffend den Verkehr mit flüssigen und verdichteten Gasen" beantragt. Die Gasflasche.

4

geprüfte Flasche entsprach der angegebenen Polizeiverordnung nicht, weil die Streckgrenze des Materials zu hoch (83,8 statt 45 kg/qcm) und die Dehnung zu gering (4,6 statt 12 %) war.

Drahtseile. Für eine städtische Behörde wurden Bogenlampen, Aufzugs- und Straßen-Überspannungsseile verschiedener Firmen auf Zugfestigkeit und die Aufzugsseile außerdem dem späteren Verwendungszweck entsprechend durch Dauerbiegeversuche geprüft. Bei den letzteren Versuchen wurden die Seile über eine Rolle von $D = 5{,}3$ cm Durchmesser gelegt und an einem Ende der Betriebsbeanspruchung entsprechend mit 20 kg belastet. Das andere Seilende war mit einem Exzenter verbunden, durch das die Seile etwa 15 mal in der Minute um 35 cm über die Rolle bewegt wurden.

Die Aufzugsseile hatten $d = 0{,}5$ und $d = 0{,}7$ cm, die Überspannungsseile $1{,}1$ cm Durchmesser.

Bei dem Verhältnis $d/D = \frac{1}{10}$ vertrug das Seil 7200 bis 18000 und bei $d/D = \frac{1}{7{,}5}$, 5300—7300 Hübe bis zum Bruch. Man darf also das Verhältnis d/D nicht zu klein wählen!

Spiralseil. Die Neigung von Spiraldrahtseilen, sich unter Zugbelastung zu verdrehen, wurde an einem 5 m langen Seilabschnitt von 3,2 cm Durchmesser, bestehend aus 37 Drähten von 0,46 cm mittlerem Drahtdurchmesser untersucht. Die Steigung der von den Deckdrähten gebildeten Spirale betrug 34,6 cm.

Die Verdrehung betrug bei etwa 10 t Belastung, d. i. $^1/_8$ der Bruchlast auf 100 cm Seillänge etwa 3°. Die Verdrehung sowohl, wie die Dehnung war der Belastung bis etwa 35 t annähernd proportional, bei höheren Belastungen wuchsen beide, besonders aber die Dehnung stärker als die Belastung.

Drahtseil aus Klaviersaitendraht. Drahtseile, die nach einem besonderen Verfahren bei 0,13; 0,30 und 0,43 cm Durchmesser aus 32, 120 und 192 Klaviersaiten von 0,0175 cm Durchmesser und 35000 kg/qcm Festigkeit hergestellt waren, lieferten Festigkeiten, die nur 30 bis 55% von der Summe der Festigkeiten aller Drähte betrug. Das Verhältnis war um so ungünstiger, je mehr Drähte das Seil enthielt. Die Reißlänge wurde von 18720 m bei dem dünnsten Seil auf 9300 m bei dem stärksten Seile herabgemindert.

Bau- und Konstruktionsteile. An Bau- und Konstruktionsteilen lagen zur Untersuchung Spannschlösser, Maueranker, Fahrradrohre, Kurbeln, Grubenstempel, Kranketten u. a. m. Letztere wurden den üblichen Probebelastungen unterzogen; besondere Beanstandungen kamen hierbei nicht vor. Außerdem wurden eingehende Versuche mit einem Rollenlager angestellt, zur Ermittelung der Tragfähigkeit und des Bewegungswiderstandes bei steigender Beanspruchung, sowie ein Walzgelenk auf Tragfähigkeit des verwendeten Materials geprüft.

Isoliermaterialien. Isoliermaterialien für Abdeckungen wurden mehrfach auf Widerstandsfähigkeit gegen Wasserdruck, auf Wasserdurchlässigkeit, auf Zug- und Druckfestigkeit, sowie auf Stoffzusammensetzung untersucht. Zur Prüfung gelangten u. a. Abdichtungsplatten, die aus mehreren Lagen Asphaltfilz und mehreren Schichten Asphaltkitt hergestellt waren, sowie Bleiisolierplatten und Gewebeplatten.

Isolatoren. Porzellan- und Glasisolatoren wurden auf ihr Verhalten gegen Zug-, Druck- und Schlagbeanspruchung geprüft, wobei die Isolatoren der praktischen Anwendung entsprechend auf eiserne Stützen aufgeschraubt waren.

Bei den Zugversuchen wurde der Zug seitlich durch ein um die Kopfrille geschlungenes Drahtseil ausgeübt, bei den Druckversuchen erfolgte der Druck in der Richtung der Isolatorenachse und bei den Schlagversuchen wurden die Schläge sowohl auf den Kopf als auch auf den Mantel gegeben. Die Einzelwerte wichen erheblich voneinander ab, so daß ausgeprägte Unterschiede in der Widerstandsfähigkeit der beiden Materialien gegen mechanische Beanspruchungen nicht zutage traten.

Neu aufgenommen wurde die Prüfung von Metallsägeblättern auf Schnittfähigkeit und Arbeitsdauer.   *Sägeblätter.*

Zur Prüfung dient eine Kaltsäge für Kraftbetrieb, bei der das zu schneidende Material zwischen Schraubstockbacken festgehalten und die im Bügel eingespannte Säge hin- und hergezogen wird. Beim Rückwärtsgang wird die Säge vom Material abgehoben.

Die Belastung der Sägeblätter erfolgt durch das Eigengewicht des Sägebügels und das am Sägebügel auf einem Hebel verstellbar angeordnete Gewicht. Zum Vergleich verschiedener Sägeblätter wird die Anzahl der Hübe sowie die Schnittdauer in Minuten festgestellt, die zum Durchschneiden des 6,5 cm starken Werkstückes unter verschiedenen Belastungen erforderlich sind. Die Versuche lassen erhebliche Unterschiede in dem Verhalten der Sägeblätter verschiedenen Ursprunges erkennen.

Neben den üblichen Reibungsversuchen mit Ölen, Fetten und anderen Schmiermitteln wurden mehrfach auch Prüfungen von Lagermetallen zur Bestimmung der Reibungszahlen auf der Ölprobiermaschine Bauart Martens vorgenommen. Hierbei wird der Lagerdruck, mit 2,5 kg/qcm beginnend, stufenweise gesteigert, und der Wärmezustand der Lager, sowie die Reibungszahl für jede Laststufe ermittelt.   *Reibungsversuche.*

Untersuchungen von Graphitzusätzen zu Schmierölen ließen keine nennenswerte Verbesserung der Öle in bezug auf Reibung und Wärmeentwickelung erkennen.

Die Untersuchung von zwei südamerikanischen Holzsorten A und B, von denen behauptet wurde, daß A so leicht wie Kork und B um die Hälfte leichter wäre und daß sie sehr widerstandsfähig sein sollten, ergab folgendes: *Südamerikanische Hölzer.*

1. Holzsorte A war bei 9 % Feuchtigkeitsgehalt um etwa 60 % schwerer als Kork und Holzsorte B etwa ebenso schwer wie Kork (0,24).
2. Die Festigkeit beider Hölzer war im Vergleich mit den anderen Holzarten als gering zu bezeichnen.

Es ergaben sich folgende Verhältniszahlen:

Holz A $=$ 100	Nadelholz $=$ 162	Buche $=$ 205
„ B $=$ 100	„ $=$ 192	„ $=$ 251

An imprägnierten kiefernen, buchenen und eichenen Eisenbahnschwellen wurde der Widerstand von normalen Schwellenschrauben mit 2,0 cm äußerem und 1,6 cm innerem Durchmesser und Hakennägeln mit quadratischem Querschnitt von 1,5 cm Seitenlänge gegen Herausziehen festgestellt.   *Imprägnierte Eisenbahnschwellen.*

Zum Einziehen der Schwellenschrauben wurden Löcher mittels Spiralbohrer von 1,6 bis 0,9 cm Durchmesser vorgebohrt. Die Haken wurden einmal ohne Vorbohren, das andere Mal nach Vorbohren mit einem Spiralbohrer von 0,5 cm Durchmesser eingeschlagen. Die größten zum Herausziehen der Schrauben erforderlichen Kräfte wurden bei den kiefernen Schwellen an den mit 1,3 cm vorgebohrten Proben, bei den buchenen und eichenen Schwellen an den mit 1,5 cm vorgebohrten Proben gefunden und zwar 2330 kg für die Kiefernschwellen, 4570 für die Eichen- und 5710 kg für die Buchenschwellen.

Bei Buchen- und Eichenschwellen ergab sich der geringste anzuwendende Durchmesser der Bohrungen zu 1,2 cm, da bei geringer Lochweite (1,1 cm) ein Arbeiter die Schraube nicht mehr einzudrehen vermochte.

4*

Bei den Hakennägeln ergaben die Proben mit vorgebohrtem Loch höhere Werte (1620 kg) als beim unmittelbaren Eintreiben der Nägel in die Schwelle (1320 kg).

Imprägniermittel. Die Untersuchung eines Imprägnierungsmittels für Holz ergab, daß es die Widerstandsfähigkeit von Holz gegen Fäulnis erhöhte. Nach 36 monatiger Versuchsdauer ließ behandeltes Kiefernholz keine Zerstörung erkennen, während ungestrichenes Kiefernholz bei gleichen Versuchsbedingungen stark in Zersetzung überging.

Im Vergleich mit Karbolineum gestrichenen Hölzern war kein Unterschied zu erkennen.

Zur Prüfung wurden nicht gestrichene und zweimal gestrichene Proben von 8 × 8 cm Querschnitt und 50 cm Länge bis zur halben Länge in die Erde gegraben und zeitweise mit aufgelöstem Kuhdünger begossen.

Grubenhölzer. Vergleichende Untersuchungen von 10 cm starken imprägnierten und nicht imprägnierten Grubenhölzern auf Biege- und Knickfestigkeit ergaben, daß die Festigkeit des Holzes durch das Imprägnieren vermindert war. Die Prüfungen erstreckten sich sowohl auf bei etwa 100 C⁰ getrocknete als auch auf wassersatte Proben.

Die nicht imprägnierten Proben ergaben 659 (439) kg/qcm Biegefestigkeit und 432 (195) kg/qcm Druckfestigkeit, für die imprägnierten Hölzer wurden in der gleichen Reihenfolge 461 (423) und 344 (190) kg/qcm gefunden. Die eingeklammerten Werte gelten für die wassersatten Proben.

Papierrohre. Nahtlose Papierrohre, die als Grubenstempel Verwendung finden sollten, wurden im Vergleich mit Kiefernholzstempeln von annähernd gleichem Durchmesser auf Knick- und Biegefestigkeit, sowie auf Brennbarkeit geprüft.

Eisenbeton. Aus den Untersuchungsreihen mit Eisenbeton seien die folgenden erwähnt:

1. Prüfung von 10 etwa 4 m langen Säulen auf Druckfestigkeit.

Die Versuche bezweckten Säulen mit eigenartiger Eisenbewehrung mit Säulen zu vergleichen, die in bekannter Weise Rundeisen mit Querbügeln oder mit Spiralumwicklung enthielten. Das Mischungsverhältnis des Betons betrug in Rtl. 1 Zement + 3 ½ Kies. Die Vergleichssäulen enthielten 6 Rundeisen von 1,6 cm Durchmesser als Längsbewehrung, die eine Sorte 20 Querbügel von 0,6 cm Durchmesser in Abständen von etwa 20 cm, die andere Sorte Spiralumschnürung aus 0,5 cm Rundeisen, und 5,0 cm Ganghöhe.

Die Säulen mit Bügel und Spiralumwicklung ergaben im Mittel 204 bezw. 226 kg/qcm Druckfestigkeit bezogen auf den vollen Säulenquerschnitt, für die anderen Säulen wurden 145 bis 185 kg/qcm erreicht. Zu beachten bleibt hierbei, daß bei den letzteren Säulen wegen der Art der Eiseneinlagen der Beton von oben in die Formen eingeschüttet und nur im letzten Drittel der Säulen etwas gestampft wurde. Sonst wurde der Beton mit einer Holzlatte möglichst gleichmäßig verteilt. Die Vergleichssäulen wurden in Schichten von 11 bis 12 cm Höhe mit leichten Holzstampfern eingestampft, die Prüfung erfolgte im Alter von 6 Wochen.

Bei einigen Säulen wurde das Ausknicken der Säulen beobachtet, das sich als sehr gering erwies. Der Bruch erfolgte bei sämtlichen Säulen an einem Ende. Die gleichzeitig angefertigten Betonwürfel ergaben 215 kg/qcm Druckfestigkeit.

2. Prüfung von 8 etwa 2 m langen Säulen und 30 × 30 cm Querschnitt auf Druckfestigkeit. Die Säulen wurden im Mischungsverhältnis 1 : 3 hergestellt. Je zwei von ihnen enthielten immer verschiedenartig angeordnete Eisenbewehrungen. Auch hier wurde für die Säulen mit Spiralumwicklung und Umfangsbügeln die größten Druckfestigkeiten gefunden.

3. 4 Betonbalken aus 1 Rtl. Zement $+$ 4 Rtl. Kies, die im Alter von 8 Wochen nach den „vorläufigen Bestimmungen für das Entwerfen von Ingenieurarbeiten im Eisenbeton des Eisenbahndirektionsbezirks Berlin" geprüft wurden, ergaben im Mittel 31,2 kg/qcm Biegefestigkeit. Der Wasserzusatz betrug 7,4 %.

4. Eine größere Anzahl von Betonmischungen erstreckte sich auf die Bestimmung der Haftfestigkeit (Gleitwiderstand) von Eisen in Beton. Sie erfolgte einmal an Betonwürfeln von 30 cm Kantenlänge mit eingestampften Rundeisen von 3 cm Durchmesser, wobei die zum Herausziehen der Eiseneinlagen erforderliche Kraft ermittelt wurde, das andere Mal durch Biegeversuche mit eisenbewehrten Balken von 1,7 m Länge, 22 cm Höhe und 16 cm Breite. Die Balken erhielten 3 Eiseneinlagen von 1 cm Durchmesser, die in 5 cm Entfernung von der Zugseite eingestampft waren. Die Belastung erfolgte durch zwei in gleichem Abstande von der Balkenmitte angreifende Einzelkräfte bei 1,5 m Stützweite. Der Gleitbeginn wurde durch Messungen festgestellt.

Ferner auf die Prüfung der Wasserdurchlässigkeit des Betons und der chemischen Untersuchung des hierbei durchtretenden Filterwassers.

Zu den Wasserdurchlässigkeitsversuchen dienten Hohlkörper von 46 cm Höhe, 30 cm äußerem und 5 cm innerem Durchmesser, die durch inneren Wasserdruck beansprucht wurden. Die Enden der Innenwandungen erhielten auf eine Strecke von 13 cm einen wasserundurchlässigen Asphaltanstrich, damit das Wasser möglichst an den äußeren Zylinderflächen und nicht an den Endflächen der Proben austrat. Die Dichtung wurde in bekannter Weise durch Ledermanschetten[1]) bewirkt, so daß die Endflächen der Probezylinder unbelastet blieben. Beim Versuch wurde nun der Innendruck stufenweise um 0,5 gesteigert und bei den einzelnen Drucken bis zu 2 at (höhere Drucke kommen für die Praxis nicht in Frage), die in der Zeiteinheit durch die Mantelflächen durchfließende Wassermenge festgestellt. Die Proben wurden dann noch durch den Flüssigkeitsdruck bis zum Bruch beansprucht.

Das angewandte Prüfverfahren hat sich gut bewährt und läßt die bei den verschiedenen Betonmischungen gefundenen Unterschiede in der Wasserdurchlässigkeit deutlich erkennen.

Von der auszugsweisen Mitteilung der sehr umfangreichen Versuchsergebnisse muß hier abgesehen werden.

Treppenprüfungen fanden im letzten Jahre nur zwei statt. Geprüft wurden:

a) Eine freitragende Treppe von 160 cm freier Länge; die erreichte Höchstlast betrug 11350 kg, während frühere Untersuchungen für gleichartige Treppen nur 7000 bis 9800 kg ergaben.

b) Eine Wendeltreppe in einem Neubau mit der Probebelastung von 2500 kg/qm. Der zu untersuchende Treppenlauf bestand aus 13 Stufen, die Belastungsgewichte wurden auf 4 Stufen und zwar die 3te bis 6te Stufe aufgebracht.

Die Treppe blieb $^1/_2$ Stunde lang unter der verlangten Belastung stehen, irgendwelche Zerstörungserscheinungen oder Risse in den Stufen und Fugen traten nicht auf.

Treppen-
prüfungen.

---

[1]) „Mitteilungen" 1902, S. 101 und Martens Handbuch der Materialienkunde Abs. 410—423.

Abteilung 2 für Baumaterialprüfung.

In der Abteilung für Baumaterialprüfung wurden in dem Betriebsjahre 1910 insgesamt 1068 Anträge mit etwa 44785 Versuchen gegen 995 Anträge mit 42185 Versuchen im Vorjahre erledigt.

Über die Art der Prüfungen gibt die Zusammenstellung (Anhang Tabelle a) Aufschluß.

Von den 44785 ausgeführten Versuchen entfallen 18716 auf Bindemittel und 26069 auf Steine aller Art, Konstruktionen und Verschiedenes.

Die im Vorjahre nicht zum Abschluß gebrachten Versuche für langfristige Anträge, sowie die im wissenschaftlichen Interesse ausgeführten Versuche sind in diesen Zahlen nicht mit enthalten.

Ganz bedeutend zugenommen hat in letztem Jahre die Zahl der Ziegelsteinprüfungen, unter denen sich neben Versuchen mit gewöhnlichen Ziegel-(Hintermauerungs-)Steinen und -Klinkern (Vollsteine) auch solche mit Hohlsteinen aller Art, insbesondere Deckensteinen, befinden. Eine gleichbedeutende Zunahme der Prüfungen ist bei den Fußweg- bezw. Bürgersteig- (Zement- und Granitoid-)platten zu verzeichnen. In beiden Fällen ist die Zunahme der Versuche auf die von den ·in Frage kommenden Verkaufsvereinigungen gestellten Anträge auf Prüfung der sämtlichen Vereinsfabrikate zwecks Kontrolle der Erzeugnisse der den Vereinen angehörigen Werke zurückzuführen.

Auf viele Anfragen, die zu keinem Prüfungsantrag führten, wurden ausführliche Auskünfte erteilt bezw. Prüfungsvorschläge gemacht.

Neben diesen Auskünften wurden noch viele Anfragen allgemeiner Natur beantwortet und technische Auskünfte in Prüfungsangelegenheiten erteilt.

Nach den bestehenden Vorschriften dürfen die von privaten Antragstellern beantragten ·Versuche erst nach Einzahlung eines die Kosten deckenden Betrages in Angriff genommen werden. Um nun Verzögerungen, die durch die Einforderung der Vorschüsse jedesmal entstehen, zu vermeiden, wurde von einigen Antragstellern bei der Kasse des Amtes ein größerer Betrag eingezahlt, der laufend bei jeder ausgeführten Prüfung abgerechnet und erforderlichenfalls ergänzt wurde. Auch eine städtische Behörde machte von dieser empfehlenswerten Einrichtung Gebrauch, indem die Materiallieferanten angewiesen wurden, für die erforderlichen Prüfungen einen entsprechenden Gebührenvorschuß bei der Kasse des Amtes zu unterhalten.

Eine Reihe von Firmen stellte im Berichtsjahre fortlaufend Anträge; z. B. die „Tonindustrie" Berlin beantragte 21mal die Prüfung von Apparaten, Formen und Materialien. Der Märkische Ziegeleibesitzer-Bund ließ die Erzeugnisse seiner sämtlichen Mitglieder prüfen und die Kunststein-Fliesen-Vereinigung Berlin stellte die Fabrikate der ihr angehörigen Fabriken unter die Kontrolle des Amtes. Mehrere königliche und städtische Bauämter ließen in bestimmten Zwischenräumen Prüfungen von hydraulischen Bindemitteln und Beton ausführen und das Rheinisch-Westfälische Zement-Syndikat beantragte 11 Bindemittelprüfungen u. a. zur Abwehr von Mischerzeugnissen.

Die Mehrzahl der Prüfungsaufträge stammen von den Antragstellern, die sich als Abnehmer oder Verbraucher über die Eigenschaften (die Güte) der für bestimmte Verwendungszwecke in Aussicht genommenen Baustoffe vergewissern wollten, ein Beweis dafür, daß die Überzeugung von der Notwendigkeit, sich über die Güte der Stoffe im Interesse der Sicherheit der Bauausführung frühzeitig zu unterrichten, in weitere Kreise gedrungen ist. Die übrigen Prüfungen erfolgten auf Antrag von Erzeugern oder Vertreibern der Baustoffe, die entweder durch die Prüfung die laufende Fabrikation kontrollieren oder sich über die Eigenschaften neuer Baustoffe und deren Brauchbarkeit behufs deren Einführung Gewißheit verschaffen wollten.

Natürliche Gesteine wurden hauptsächlich auf Antrag von Privaten geprüft, meist in dem üblichen Umfange auf allgemeine Eigenschaften, Wasseraufnahme, Frostbeständigkeit, Druckfestigkeit trocken, wassersatt und nach 25 maligem Gefrieren, Abnutzbarkeit (Abnutzung durch Schleifversuch oder auf dem Sandstrahlgebläse) und außerdem in vielen Fällen auf petrographische Beschaffenheit. Natürliche Gesteine.

Der Wert der petrographischen Untersuchung für die Beurteilung der Beschaffenheit und Güte der Bruchsteine findet in immer stärkerem Maße die Anerkennung der Auftraggeber; diese Art der Prüfung ermöglicht auch die genaue wissenschaftliche Benennung der Materialien. Bruchsteine.

Das Versuchsmaterial, das im Jahre 1909 für die im Auftrage des Deutschen Verbandes für die Materialprüfungen der Technik auszuführenden Verwitterungsversuche im großen an den verschiedenen Beobachtungsstellen im Deutschen Reiche (Brocken-Harz, Duisburg-Ruhrort, Hörnum auf Sylt und Groß-Lichterfelde) aufgestellt worden war, ist bereits einmaliger Besichtigung unterzogen worden. Hierbei wurde das Aussehen der großen Probestücke und das Gewicht kleiner aus den verschiedenen Bruchsteinen herausgeschnittener Plättchen festgestellt. Über die Ergebnisse wird später berichtet werden.

Ein unter der Bezeichnung „Andesit-Trachyt" eingereichtes Bruchsteinmaterial, dessen Verwendung zum Brückenbau in Aussicht genommen war, wurde in dem oben erwähnten Umfange geprüft. Das Material bestand zumeist aus Feldspat und Quarz, gehört zu den wetterbeständigsten Gesteinen und war zu Wasserbauten geeignet.

Ein Sandsteinmaterial sollte untersucht und auf Grund der Prüfungsergebnisse ein Urteil darüber abgegeben werden, ob es sich für Steinpackungen an Wasserläufen und zum Uferschutz eignet. Das Material war indessen vermöge seiner ungleichen Zusammensetzung, insbesondere wegen seines beträchtlichen Gehaltes an schiefrigem Gestein, wegen seiner lockeren Bindung mit tonigem Bindemittel und der hohen Porosität für die gedachten Zwecke wenig geeignet. Sandsteine.

Die gebrannten oder auf andere Weise gefertigten künstlichen Steine in Normalformat wurden meist in ähnlicher Weise geprüft, wie die Bruchsteine. Nur bei den Deckensteinen beschränkte sich die Untersuchung lediglich auf die Feststellung der Druckfestigkeit. Künstliche Steine.

Außer den Hohlsteinen mit sichtbaren Öffnungen wurden auch allseitig geschlossene Hohlsteine geprüft; insbesondere wurde hier vergleichsweise der Mörtelverbrauch (bei der Herstellung von Decken) ermittelt, der bekanntlich bei den gewöhnlichen offenen Hohlsteinen unter Umständen außerordentlich groß sein und wesentlich zur Gewichtsvermehrung der Decken beitragen kann.

Mehrfach wurden Ziegelsteine ausschließlich auf Auswitterung bezw. auf Vorhandensein von leichtlöslichen Salzen geprüft. In einem Falle war zu begutachten, ob die an einem Ziegelmaterial sich zeigenden Auswitterungen als schädlich anzusehen seien. Ziegelsteine

Die Prüfung ergab beim Auslaugen des Steinpulvers mit Wasser 1,31 % lösliche Salze (im wesentlichen schwefelsaure Alkalien und schwefelsaure Magnesia) und beim Trocknen angenäßter Steine starke Auswitterungen, so daß der Ausschlag nicht als unschädlich bezeichnet werden konnte.

Wasser-
durchlässigkeit.

Ein im Jahre 1909 gebauter Kanal war bereits kurze Zeit nach Fertigstellung wasser-durchlässig geworden. Die betroffene Gemeinde führte den Mangel auf schlechte Ausführung, der Unternehmer auf die Einwirkung des angeblich stark kohlensäurehaltigen Grundwassers zurück. Durch Besichtigung des Kanals und Prüfung der verwendeten Baustoffe (Mörtel, Beton, Steine, Wasser usw.) sollten die Ursachen der Wasserdurchlässigkeit ermittelt werden.

Die Prüfung ergab, daß die Wasserdurchlässigkeit des Kanals nicht auf die lösende Einwirkung des Grundwassers auf den Putzmörtel, sondern auf die Wasserdurchlässigkeit der verwendeten Baustoffe usw. zurückzuführen war, soweit sie nicht in der mangel-haften Ausführung begründet war.

Mörtel und
Beton.

Ebenso wie im Vorjahre wurden auch im Betriebsjahre 1910 Prüfungen von abge-bundenem Mörtel und Beton auf mechanische Zusammensetzung (Mischungsverhältnis von Bindemittel zum Zuschlagstoff) in großer Zahl vorgenommen.

Hierbei handelte es sich weniger um den Nachweis, ob das vorgeschriebene Mischungs-verhältnis innegehalten war, als um die Feststellung der Ursachen des schlechten Verhaltens der in Frage kommenden Materialien.

Es wird hierbei erneut darauf hingewiesen, daß eine solche Feststellung in den meisten Fällen unmöglich ist, da sich die Eigenschaften des Zements an Hand der abgebundenen Mörtel- und Betonproben nicht feststellen lassen; höchstens können die Zuschlagstoffe (Sand, Kies usw.) auf ihre Eigenschaften (Gehalt an abschlämmbaren Bestandteilen) geprüft werden. Es wird ferner ausdrücklich nochmals darauf aufmerksam gemacht, daß auch die Be-stimmung des Mischungsverhältnisses von Mörtel und Beton nachträglich nur dann mit einiger Sicherheit möglich ist, wenn die darin enthaltenen Zuschlagstoffe keine nennens-werten Mengen an in Säure löslichen Bestandteilen enthalten. Das gleiche gilt von er-härtetem Kalkmörtel.

In einem Falle hatte die Polizeiverwaltung einen Bau polizeilich stillegen lassen, weil der dazu verwendete Mörtel nach ihrer Ansicht ungeeignet war. Die Untersuchung ergab, daß dieser Mörtel ein unvollkommenes Gemenge mangelhaft aufbereiteten Kalkes und un-reinen Sandes darstellte. Der Gehalt des Sandes an abschlämmbaren Bestandteilen betrug 11,6 %; der Sand war untermischt mit Pflanzenresten und anderen Stoffen unbestimmter Herkunft.

Ein Mörtel mußte als schlecht und für Bauzwecke unverwendbar bezeichnet werden, weil der in ihm enthaltene Sand zu lehmhaltig war. Hinsichtlich des Kalkgehalts, der sich auf 13,4 % ergab, genügte der Mörtel den üblichen Anforderungen.

In einem weiteren Falle ergab sich der Kalkgehalt eines Mörtels zu 6,2 %, die Menge an abschlämmbaren Bestandteilen im Mörtelsande zu 6,5 %. Der Mörtel konnte daher nicht mehr als brauchbarer Mauermörtel bezeichnet werden.

Drei weitere Kalkmörtelproben auf Mischungsverhältnis geprüft ergaben nur 5,6, 6,3 und 5,8 % Ätzkalkgehalt. In zwei Mörtelproben betrug der Gehalt der verwendeten Sande an abschlämmbaren Stoffen 6,2 bezw. 4,8 %. Auch diese Kalkmörtelproben mußten als durchaus minderwertig bezeichnet werden.

Eisenbeton.

Im Jahre 1907/08 war eine Strecke des Hauptsammelkanals einer mittelgroßen Stadt in Klinkermauerwerk mit einer wagerechten Decke aus Eisenbeton hergestellt worden. Nach Verlauf von zwei Jahren zeigte sich, daß der Beton an einigen Stellen, besonders an den Stößen angegriffen war. Die Ursachen der Zerstörung sollten ermittelt werden. Es ergab sich, daß der Beton stark gipshaltig war. Sein Mischungsverhältnis wurde zu 1 : 6 ermittelt. Die Zerstörung des Betons war also vermutlich auf die Einwirkung von Schwefelsäure oder schwefelsauren Salzen (Gipsbildung) zurückzuführen. Auf welche Weise die Schwefelsäure in den Beton dringen konnte, ließ sich an Hand der untersuchten Proben nicht entscheiden.

Die Speisewasserbehälter einer elektrischen Zentrale aus Zementbeton zeigten Undichtigkeit. Eine Besichtigung des Betonmauerwerks ergab, daß das Mauerwerk in Abständen von etwa 35 cm übereinander wagerecht verlaufende braune Streifen aufwies, die so morsch waren, daß das Betonmauerwerk mit dem Finger leicht entfernt werden konnte.

Schon nach der äußeren Beschaffenheit war also das Betonmaterial sehr mangelhaft; der in ihm enthaltene Kies war sehr grob mit geringem Gehalt an feinem Korn. Das Mischungsverhältnis ergab sich bei drei Proben zu rund 1 : 18, 1 : 15 und 1 : 12. An den Stellen, wo zwei Stampfschichten aufeinanderstießen, war der Beton noch magerer als an anderen Stellen. Vermutlich war das Bindemittel an den Verbindungsstellen z. T. ausgewaschen. Ob der Beton zu wenig gestampft worden war, ließ sich nicht mehr mit Sicherheit feststellen. Wahrscheinlich hätte starkes Stampfen den an sich überaus mageren und grobkörnigen Beton auch nicht wesentlich stärker verdichtet.

Der Beton eines in Eisenbeton ausgeführten Kühlturmes einer Grube war rissig und weich geworden. Die Ursachen dieser Erscheinung sollten durch Prüfung des verwendeten Betons und des Kühlwassers festgestellt werden. Das Mischungsverhältnis des Betons entsprach annähernd dem vertragsmäßigen; bei zwei Proben war es sogar etwas besser, als gefordert. Der verwendete Zuschlagstoff war gemischkörniger, quarziger Kiessand. Das Kühlwasser zeigte einen hohen Gehalt an schwefelsaurem Kalk und schwefelsaurer Magnesia. Da diese Salzlösungen erfahrungsgemäß Beton anzugreifen vermögen, konnten die beobachteten Zerstörungserscheinungen am Beton zum wesentlichen Teil auf die Beschaffenheit des Rieselwassers zurückgeführt werden.

Bindemittel und hydraulische Zuschläge, sowie aus diesen in Verbindung mit Zuschlagstoffen hergestellte Mörtel und Betonmischungen wurden in außerordentlich hoher Zahl untersucht.

Die Zemente (Portlandzemente und Eisenportlandzemente) wurden naturgemäß in der Hauptsache nach den neuen deutschen Normen untersucht, die Trasse nach den durch den Deutschen Verband für die Materialprüfungen der Technik im Jahre 1909 vorgeschlagenen einheitlichen Bestimmungen für die Lieferung und Prüfung von Traß. Traßkalkmörtel wurden vornehmlich für Talsperren- und Seewasserbauten geprüft.

Bei der Prüfung von Kalken (Fettkalke, hydraulische Kalke usw.) macht sich noch immer der Mangel an einheitlichen Vorschriften, namentlich an einer genauen Begriffserklärung, bemerkbar. Dieses ist besonders störend empfunden worden bei der Prüfung von Bindemittelerzeugnissen, die als Kalke gehandelt werden, ihren Eigenschaften nach jedoch hierzu nicht mehr gerechnet werden können.

Die Kalke wurden meist auf chemische Zusammensetzung, Ergiebigkeit, Verputzfähigkeit, Mörtelausbeute, sowie auf Zug- und Druckfestigkeit in der Mischung 1 Raumteil Kalk + 3 Raumteile Normensand für Luft- und Wasserlagerung geprüft.

In mehreren Fällen sollte begutachtet werden, ob als Kalk bezeichnete Bindemittel als Kalke oder zementähnliche Bindemittel anzusehen waren.

In einem Falle dieser Art war festzustellen, ob das zur Prüfung eingereichte Bindemittel folgender Begriffserklärung entsprach:

> „Hydraulischer Kalk ist ein aus Kalkstein durch Brennen unterhalb der Sinterungsgrenze gewonnenes ablöschfähiges Produkt, welches in Stücken oder gemahlen, gelöscht oder ungelöscht ohne Zusatz eines Fremdkörpers in den Handel gebracht wird."

Zementbeton.

Prüfung von
Kalken

5

Ferner sollte ermittelt werden, ob das Material Hochofenschlacke enthält, und schließlich ein Gutachten darüber abgegeben werden, als welches Bindemittel das Material anzusehen ist. Das Material erwies sich als ein hydraulisches Bindemittel; seine große Feinheit ließ auf einen vorangegangenen Mahlprozeß schließen; es war nicht mehr ablöschfähig und ein Gemisch aus Kalk und Hochofenschlacke.

Festigkeits-prüfungen von Beton. Einen großen Raum in den Versuchsarbeiten nahmen die Festigkeitsprüfungen von Beton ein, und zwar sowohl von Betonmischungen aus den eingereichten Stoffen im Amt hergestellt, als auch namentlich von fertig eingereichten Betonkörpern. Aus den Grenzwerten dieser Prüfungen ist ersichtlich, wie verschieden die Festigkeiten von Beton gleicher Mischung sein können, d. h. in welchem hohen Grade die Festigkeit durch die Eigenschaften der verwendeten Stoffe (Bindemittel und Zuschlagmaterial) beeinflußt wird.

Dichtungsmittel. Auch Dichtungsmittel, d. h. Stoffe, die zum Wasserdichtmachen von Mörtel oder Beton dienen, oder Schutzmittel für die wasserdichte Abdeckung von Bauwerken sind mehrfach geprüft worden, und zwar sowohl plattenförmige Stoffe z. B. Asphaltfilzplatten usw. als auch Stoffe, die entweder dem Mörtel oder Beton zugesetzt oder mit denen die in Frage kommenden Bauteile bestrichen werden, um sie wasserdicht zu machen.

Tragfähigkeit von Decken-konstruktionen und Beton-pfählen. Verschiedene Deckenkonstruktionen wurden auf dem Grundstück des Amtes auf Tragfähigkeit geprüft, wobei es sich durchweg um neuartige Konstruktionen handelte.

Auch nach verschiedenen Systemen hergestellte Betonpfähle wurden auf Tragfähigkeit geprüft.

Mehrere Wandkonstruktionen wurden darauf geprüft, ob sie die Fähigkeit haben, sich frei zu tragen, welche Belastung sie aushalten und welchen Widerstand sie gegen Erschütterungen aufweisen. Meist handelte es sich um Wände aus Ziegelsteinen mit Eiseneinlagen.

Feuerbeständig-keit. Neben vielen Baustoffen wurden feuersichere Türen, Drahtglasscheiben, Glasbausteine und Kaminsteine auf Feuerbeständigkeit geprüft.

Brandproben. Im Auftrage des Deutschen Ausschusses für Eisenbeton wurden Brandproben mit zwei aus Eisenbeton ausgeführten Gebäuden bezw. Räumen und den darin befindlichen Stützen und Unterzügen ausgeführt. Die beiden Häuser bestanden je zur Hälfte aus Kiesbeton und aus Kalksteinschotterbeton (1 : 4 gemischt) und unterschieden sich wesentlich durch den verschiedenen Abstand der Eiseneinlagen von der Innenfläche der Wände. Die Decke der beiden Häuser war während des Versuchs mit der doppelten Nutzlast = 500 kg pro qm belastet. Über diese Versuche ist Bericht in dem 11. Heft der Mitteilungen des deutschen Ausschusses für Eisenbeton erstattet worden.

Ferner beantragte der Verein der Kalksandsteinfabrikanten E. V., Berlin-Wilmersdorf die „Prüfung eines auf dem Gelände der II. Ton-Zement- und Kalk-Industrie-Ausstellung errichteten größeren Versuchshäuschens. Zum Bau dieses Häuschens wurden 10 verschiedene Sorten Kalksandsteine verwendet, die aus dem vorgenannten Verein angehörigen Fabriken stammten, sowie zwei Ziegelsteinsorten.

Ebenso wurde ein Kamin besonderer (neuer) Konstruktion auf der vorerwähnten Ausstellung im Betriebe beobachtet und der Befund bezw. das Verhalten desselben festgestellt.

Auch feuersichere Anstriche bezw. damit behandelte Hölzer, Dekorationsleinewand usw. wurden auf Feuerbeständigkeit bezw. Entflammbarkeit geprüft.

Rohstoffsorten. Eine Anzahl Rohstoffsorten (Kalk, Ton, Lehm usw.) wurden auf Verwendbarkeit zur Kalk-, Zement- und Ziegelerzeugung untersucht. Die Prüfungsergebnisse wurden durch Muster aus den Brennproben belegt. Die erbrannten Zemente wurden auf ihre Eigenschaften nach den Normen geprüft.

Aus Cadiner Material wurden sowohl Gefäße wie Platten probeweise erbrannt und mit Cadiner Material
neuen Glasuren versehen. Ein Teil der so hergestellten Muster ist Seiner Majestät dem
Kaiser und König persönlich vorgelegt worden und hat dessen Anerkennung gefunden.

Hammerapparate (Bauart Böhme) und Mörtelmischer (Bauart Steinbrück-Schmelzer) Hammerapparate.
sowie eine große Anzahl Formen zur Herstellung von Mörtelkörpern wurden auch in diesem
Jahre auf ihre Richtigkeit geprüft.

Neu war die Prüfung eines Traßnormenkollerganges auf Übereinstimmung mit dem Traßnormen-
Apparat des Amtes, sowie diejenige einer Steinsägemaschine auf Brauchbarkeit. kollergang.

Durch Gerichte ist die Abteilung häufig in Anspruch genommen worden. Einige der Gutachten für
bemerkenswertesten Fälle seien nachstehend mitgeteilt. Gericht.

1. Laut Beweisbeschluß einer Gerichtsbehörde sollte begutachtet werden, ob das Stein- Steinmaterial.
material, das die beklagte Partei aus ihren Brüchen verwendet, gut und gleichartig ist
oder ob es minderwertig und ungleichartig ist. Vier durch das Amt aus den Steinbrüchen
entnommene Kalksteinproben wurden analysiert, und es konnte auf Grund des Analysenbefundes
das Urteil abgegeben werden, daß das Steinmaterial als gut und gleichartig zu bezeichnen ist.

2. In der Badeanstalt einer Stadt hatten sich die Fliesen des Bodenbelages nach einiger Loslösen von
Zeit des Gebrauchs des Bades losgelöst. Die Firma, die den Plattenbelag ausgeführt hatte, Fliesen.
führte die Lockerung auf die starke Beimengung von Kalk und Magnesia in dem Mörtel,
der zum Ausfugen des Belages benutzt worden war, zurück. Die gegnerische Seite behauptete, daß der hohe Kalkgehalt des Zementes den Mörtel zum Treiben gebracht und so
das Loslösen der Fliesen veranlaßt habe.

Nach Ansicht des Amtes war das Loslösen der Fliesen darauf zurückzuführen, daß
dem Mörtel vor dem Abbinden das Anmachewasser durch die absaugende Wirkung der
auffallend porösen Platten zu stark entzogen wurde.

3. In einer Privatklagesache sollte ein Gutachten darüber abgegeben werden, ob die Dachziegel.
vom Kläger gelieferten Dachziegel über das zulässige Maß hinaus porös und durchlässig
sind oder nicht. Bei der Prüfung der Dachziegel auf Wasserdurchlässigkeit erwiesen sich
die Steine über das zulässige Maß hinaus porös und durchlässig.

4. Es war zu begutachten, ob die mit Engobe versehenen Falzziegel, die Klägerin Falzziegel.
vom Beklagten bezogen hatte, infolge Abblätterns der Engobe wasserdurchlässig geworden
oder ob sie schon von vorneherein wasserdurchlässig waren. Die Scherben waren nicht
wasserdicht, aber die Engobe machte sie undurchlässig.

5. Ein Kalkwerk hatte sein eigenes Erzeugnis und gleichzeitig den Kalk von zwei anderen Kalkprobe.
Werken prüfen lassen und die Ergebnisse in einem Prospekt zusammengestellt. In der
gegen das Kalkwerk wegen unlauteren Wettbewerbs erhobenen Klage sollten Proben der
drei verschiedenen Fabriken durch das Amt entnommen, geprüft und auf Grund der
Prüfungsergebnisse begutachtet werden.

Der Kalk der beklagten Firma erreichte nicht die im Prospekt enthaltenen Festigkeiten. Die gefundenen Festigkeiten waren vielmehr wesentlich geringer. Die beiden
anderen geprüften Kalke lieferten sowohl bei Luft wie auch bei Wasserhärtung wesentlich
höhere Festigkeiten als der Kalk der Beklagten, aber nur im Zug, nicht auch im Druck
höhere Festigkeiten als der Prospekt angab. Beide Kalke hatten bessere hydraulische
Eigenschaften als der der beklagten Firma.

6. Zum Aufmauern einer Mauer aus Schlackensteinen war Kalkmörtel verwendet Kalkmörtel.
worden, der nachher nicht erhärtete. Das Gericht forderte ein Gutachten über die Ursachen
des Nichtabbindens des Mörtels.

Er erwies sich als ein magerer Luftkalkmörtel. Die Ursache des Nichterhärtens des Mörtels war weder in der Beschaffenheit der Steine, noch in der des verwendeten Mörtelsandes zu suchen. Mörtel aus Luftkalken oder aus hydraulischen Kalken erhärten nur bei genügendem Luftzutritt und auch dann nur nennenswert, wenn sie abwechselnd trocken und wieder feucht werden. Kalkmörtel erhärtet daher in den Fugen, d. h. im Inneren von Mauerwerk, wie es bei dem vorliegenden Mörtel der Fall war, meist gar nicht oder nur sehr mangelhaft, gleichgültig ob er zwischen Ziegelsteinen oder anderen Steinen vermauert ist.

Mörtelmaterial.

7. In einer Untersuchungssache wegen fahrlässiger Tötung und fahrlässiger Körperverletzung (der Turm einer Kirche, der bis zu einer Höhe von etwa 15 m aufgeführt war, stürzte ein; bei dem Einsturz wurden mehrere Personen getötet bezw. verletzt) forderte der Untersuchungsrichter ein Gutachten über die zum Bau des Kirchturms verwendeten Mörtelmaterialien.

Nach dem Analysenbefund enthielt der Kalkmörtel nur 8,4 % Ätzkalk statt 10 %, wie bei gutem Kalkmörtel üblich. Er entsprach daher nicht den Anforderungen, die man an guten Kalkmörtel zu stellen pflegt. Der im Mörtel enthaltene Sand war ein unreiner feinkörniger Quarzsand und deshalb als mittelguter Mörtelsand zu bezeichnen. Der eingereichte Sand war ein sehr unreiner Quarzsand (Gehalt an abschlämmbaren Bestandteilen 5,6 %) und als Mörtelsand ungeeignet. Der Kalk lieferte nur mäßige Festigkeiten (2,1 kg/qcm Zugfestigkeit und 5 kg/qcm Druckfestigkeit). Namentlich die Druckfestigkeit lag wesentlich unter der Durchschnittsdruckfestigkeit der gebräuchlichen Mörtel aus Luftkalken.

Ob der Kalk etwa durch Lagern einen Teil seiner Erhärtungsfähigkeit eingebüßt hatte, konnte nachträglich nicht festgestellt werden.

Pappeproben

8. In einer Strafsache verlangte der Untersuchungsrichter ein Gutachten darüber, ob die zwei Pappeproben (die angeblich gestohlene und die der Fabrik entnommene) aus derselben Rohpappe hergestellt sind und ob zu diesen Pappen Sand derart, wie er zur Prüfung eingereicht wurde, verwendet worden ist.

Die Prüfung der eingereichten Sandproben ließ erkennen, daß diese nach der äußeren Beschaffenheit nicht wesentlich voneinander verschieden waren und daß die beschädigte (beschlagnahmte) und die unbeschädigte Pappe im allgemeinen die gleiche Faserzusammensetzung besaßen. Dagegen unterschieden sich in bezug auf Aschengehalt und Quadratmetergewicht die Rohpappen so erheblich voneinander, daß die Annahme, die beiden Dachpappen rührten von einer Fertigung her, ausgeschlossen erschien.

Im wissenschaftlichen Interesse wurden ebenfalls umfangreiche Versuchsarbeiten ausgeführt. Erledigt wurden folgende Arbeiten:

1. Kontrollprüfung von Normensand. Ungeeigneter Sand fand sich nicht vor.
2. Widerstand verschiedener Mörtel bei verschiedenem Alter gegen den Sandstrahl.
3. Versuche über den Einfluß des Undichtigkeitsgrades des Steinmaterials auf die Erhärtung von Kalkmörtel [1]).
4. Einfluß von Bimssand auf die Festigkeit von mit Schlacke vermischtem Portlandzement im Vergleich zu Normensand.
5. Prüfung von 50 Zementen auf Raumbeständigkeit nach dem Le Chatelier-Verfahren.
6. Die Eigenschaften von Portlandzementen, Eisenportlandzementen und anderen Zementen.

Die Ergebnisse dieser Versuche werden, soweit sie von allgemeinem Interesse sind, veröffentlicht werden.

---

[1]) Der Bericht über diese Versuche ist veröffentlicht in der Zeitschrift „Tonindustrie-Zeitung" 1911 Nr. 24 S. 290 ff. (Burchartz).

Außerdem beteiligte sich die Abteilung an Arbeiten der vom Internationalen und Deutschen Verbande für die Materialprüfungen der Technik eingesetzten Kommissionen für die Prüfung plastischer Mörtel, für Bindezeit und Raumbeständigkeit und für Verwitterungsversuche mit natürlichen Gesteinen, sowie an den Versuchen für den Deutschen Ausschuß für Eisenbeton.

Eingeleitet wurden die auf Veranlassung des letztgenannten Ausschusses vorzunehmenden Versuche über den Einfluß von Kälte und Wärme auf die Erhärtung von Beton. Die im Auftrage des Ausschusses für Versuche im Moorwasser auszuführenden Prüfungen wurden zum Teil (6 Monatsproben) erledigt.

Zum Abschluß gelangten ferner die vergleichenden Untersuchungen von Portlandzement und Eisenportlandzement. Sie erstreckten sich auf 5 Jahre alte Probekörper aus Portlandzement und Eisenportlandzement mit verschiedenen Sandzusätzen für Luft- und Wasserlagerung.

Fortgesetzt wurden die im Auftrage des Herrn Ministers der öffentlichen Arbeiten auszuführenden Versuche über das Verhalten von Schamottesteinen bei Erhitzung unter gleichzeitiger Belastung.

Das Amt beteiligte sich an der im Juni und Juli vorigen Jahres in Baumschulenweg bei Berlin veranstalteten 2. Ton-, Kalk- und Zementausstellung. Auf einem Stande von 60 qm Grundfläche wurde durch Ausstellung von Prüfungsapparaten, Tafeln mit Versuchsergebnissen und zahlreichen Probestücken eine Übersicht über den Umfang des gesamten Arbeitsgebietes des Amtes gegeben. Die Ausstellung erweckte lebhaftes Interesse der Besucher und dürfte wesentlich dazu beigetragen haben, die Bedeutung des Amtes für Industrie und Handel weiteren Kreisen anschaulich zu machen.

Abteilung 3 für papier- und textiltechnische Prüfungen.

In der Abteilung für papier- und textiltechnische Prüfungen wurden im Berichtsjahre 1529 Prüfungsanträge erledigt, 865 im Auftrage von Behörden, 664 im Auftrage von Privaten. Unter den 865 Behördenanträgen stammten 748 von preußischen Behörden, 74 von Reichsbehörden, 37 von städtischen und 6 von ausländischen Behörden.

Geprüft wurden 1657 Papiere, 14 Quittungskartenkartons, 6 Dachpappen, 47 Roh-Dachpappen, 6 Pappen, 5 Zellstoffe, 3 Holzstoffe, 7 Halbstoffe, 1 Rohstoff, 3 Kohlenpapiere, 11 Isolierplatten, 1 Probe Isoliermaterial, 2 Etikettensorten für Bierflaschen, 2 Asbestpappen, 2 Filmrollen, 7 Hölzer, 320 gewebte Stoffe, 23 Ballonstoffe, 292 Garne, 2 Sorten Leinen, 3 Sorten Seide, 1 Probe Baumwolle, 6 Putztücher, 1 Probe Putzbaumwolle, 1 Packstrick, 1 Filzschlauch, 2 Wasserschläuche, 1 Schnürleine, 1 Probe Filz, 3 Isolierbänder, 7 Isolierschnüre, 3 Säcke, 5 Imprägnierungsstoffe, 1 Asbestgewebe, 17 Farbbänder, 20 Farbstoffe, 2 Teerproben, 1 Tinte, 1 Orseille-Extrakt, 1 Probe Wachs, 2 Proben Milchsäure, 5 Klebstoffe, 1 Bremsleine, 1 Probe Kapok, 1 Sorte Hornknöpfe, 3 Proben Roßhaar, 2 Ledersorten, 10 Asbestpackungen, 1 Metallsieb.

Besondere Gutachten wurden in 22 Fällen abgegeben.

Von den 1529 Anträgen gingen 1495 aus dem Inlande und 34 aus dem Auslande ein; sie verteilen sich auf die verschiedenen Staaten und Länder gemäß Anhang S. 76.

Wie sich die ausgeführten Prüfungen auf die verschiedenen Ansätze der Gebührenordnung verteilen, geht aus dem Anhang Tab. a hervor.

Die Untersuchung der 1657 Papiere bezweckte in den meisten Fällen die Feststellung der Stoff- und Festigkeitsklassen behufs Einreihung in eine der Verwendungsklassen der amtlichen „Bestimmungen über das von den Staatsbehörden zu verwendende Papier". Bei den übrigen Papieren wurden einzelne Eigenschaften für besondere Zwecke ermittelt. Über einige dieser auf Antrag ausgeführten Versuche sei kurz folgendes berichtet.

I. Papiertechnische Untersuchungen.

Gerichts-
gutachten. In einer Strafsache wegen unlauteren Wettbewerbes beantragte der Staatsanwalt die Abgabe eines Gutachtens darüber, ob 7 verschiedene Ausziehtuschen „lichtecht" und „wasserfest" seien.

Mit den Tuschen wurden mittels Ziehfeder Striche auf Zeichenpapier gezogen und diese auf Hektographenmasse übertragen. Von der Hektographenmasse wurden sodann eine Anzahl Abzüge hergestellt.

Die Striche wurden nach Herstellung der Abzüge sowohl auf dem Original wie auch auf den Abzügen einer Prüfung auf Lichtbeständigkeit und Wasserfestigkeit durch Belichten in direktem Sonnenlicht sowie durch Aufpinseln und Bespritzen mit Wasser geprüft. Die Versuche ergaben, daß die Abzüge genügend lichtecht waren und daß auch die Widerstandsfähigkeit gegen die Einwirkung von Wasser für die praktische Verwendung hinreichend war. Die Farben in dem abgezogenen Original waren lichtecht, jedoch nicht wasserfest.

Kohlenpapier. Ein sogenanntes „unauslöschliches Kohlenpapier", das einer Behörde geliefert worden war, wurde dem Amt zur Prüfung eingereicht; die Versuche ergaben, daß die mit diesem Papier hergestellte Durchschlagschrift sowohl mit mechanischen wie auch mit chemisch wirkenden Mitteln mit Leichtigkeit vom Papier zu entfernen war, ohne daß die behandelten Stellen besonders hervortraten. Das „unauslöschliche Kohlenpapier" war daher zur Anfertigung wichtiger Schriftstücke, wie Urkunden, Notariatsakte usw. ungeeignet.

Gerichts-
gutachten. Auf einer Quittungskarte war der Vorname des Inhabers ausradiert und an seine Stelle der Name „August" geschrieben worden; das Gericht ersuchte festzustellen, welcher Vorname ursprünglich auf der Karte gestanden habe. Photographische Aufnahmen ergaben zwar nicht mit Sicherheit aber mit sehr großer Wahrscheinlichkeit, daß der Name „Albert" ursprünglich auf der Quittungskarte gestanden hatte.

Eine Buchdruckerei reichte 3 Papiere ein, von denen Nr. 1 und 2 den Übelstand zeigten, daß sie sich stark wellten und warfen und daß beim Bedrucken mit Farben die Drucke nicht übereinstimmten. Das Papier Nr. 3 zeigte diesen Übelstand nicht. Da zu vermuten war, daß sich die Papiere 1 und 2 bei verschiedener Luftfeuchtigkeit stärker dehnten als 3, so wurden alle 3 Sorten in Längs- und Querrichtung mit 25 cm voneinander entfernten Marken versehen und zunächst bei 40 % und dann bei 80 % Luftfeuchtigkeit solange ausgelegt, bis sich die Entfernungen zwischen den Marken nicht mehr änderten; dann wurden diese Entfernungen von neuem festgestellt. Die Messungen ergaben, daß sich das Papier Nr. 3 durch die Einwirkung der Luftfeuchtigkeit in seinen Abmessungen weniger veränderte als die Papiere Nr. 1 und 2.

Deutsches
Kohlen-Papier. Eine Deutsche „Carbon-Papier-Fabrik" beantragte die vergleichende Untersuchung eines von ihr hergestellten Kohlen-Papiers für Schreibmaschinen-Durchschlagszwecke mit einem amerikanischen Fabrikat, das in Deutschland viel benutzt wird und als gutes Kohlen-Papier gilt.

Die Untersuchung war sehr umfangreich, da Auskunft gewünscht wurde über die Güte des verwendeten Papiers, über die Anzahl der deutlichen Durchschläge, die Güte der Durchschläge, den Widerstand der Farben gegen Licht und sonstige Einflüsse, gegen mechanische Einwirkung, Wischen usw., ferner über die Radierfestigkeit der Schrift, Geruchlosigkeit der Farbschicht, Abbröckeln beim Gebrauch usw.

Die ausgeführten Prüfungen ergaben, daß beide Papiere zur Herstellung von Durchschlägen gut geeignet sind, daß sie in den meisten Punkten übereinstimmen, daß aber in einigen Eigenschaften das deutsche Papier das amerikanische übertrifft.

Im Auftrage des Vereins Deutscher Rohpappenfabrikanten wurden 100 Rohpappen verschiedener Stärke auf Aufnahmefähigkeit von Anthracenöl untersucht. Diese Versuche sollten als Unterlagen zur Aufstellung von Normalien für Rohpappen dienen. *(Ölaufnahme von Rohpappe.)*

Eine Verlagsfirma reichte ein Buch ein, dessen Papier mit kleinen schwarzen Punkten ganz übersät war. Die Verlagsfirma hatte sich bei der Druckerei darüber beschwert, daß sie ein solches unbrauchbares Papier bedruckt habe, die Druckerei antwortete darauf, daß das Papier beim Bedrucken keine oder nur ganz geringe Unreinigkeiten gezeigt habe und daß die zahlreichen schwarzen Punkte erst nach dem Bedrucken und Einbinden aufgetreten sein können. Der Erzeuger des Papiers gab an, daß das Papier bei der Verpackung gut und fleckenlos gewesen sei, daß die Fleckenbildung nach der Absendung, zweifellos aber vor dem Bedrucken stattgefunden habe; der Drucker hätte diese Bogen nicht bedrucken dürfen, da ihm die vielen schwarzen Punkte auffallen mußten; er sei bereit, anderes Papier kostenlos zu liefern, nicht aber die Druck- und Einbindekosten zu tragen. Die Verlagsfirma wünschte nun Auskunft darüber, ob es möglich sei, daß die Flecke erst nach dem Bedrucken aufgetreten sein können. Das Amt stellte fest, daß die Flecke von Bronzesplitterchen herrührten. Dem Antragsteller wurde mitgeteilt, daß derartige Flecke meist kurze Zeit nach dem Satinieren des Papieres erscheinen, daß aber auch Fälle vorkommen, wo sie erheblich später, erst mehrere Monate nach Fertigstellung des Papiers, auftreten. *(Flecke in Druckpapier.)*

Das Amt wurde um ein Gutachten über die Verwendbarkeit einer Schilfzellulose zur Herstellung von Papier gebeten. Die mikroskopische Prüfung und die Messung der Länge und Breite der Fasern ergaben, daß diese große Ähnlichkeit mit Strohfasern besitzen. *(Schilfzellulose.)*

Das Material dürfte also, beurteilt nach dem mikroskopischen Bilde, in bezug auf seine Verwendbarkeit zur Herstellung von Papier dem Strohzellstoff nahe stehen.

Ein Exporthaus hatte nach Brasilien Seidenpapier geliefert. Die Ballen wogen bei der Ankunft in Brasilien statt des angegebenen Gewichtes von 30 kg etwa 32 kg; die ausführende Firma wurde mit einer Zollstrafe belegt wegen unrichtiger Gewichtsangabe; sie fragte bei dem Amte an, ob es möglich sei, daß der Papierballen, der vor Abgang aus Deutschland unzweifelhaft nicht mehr als 30 kg gewogen habe, auf dem Transport nach Südamerika 2 kg am Gewicht durch Feuchtigkeitsaufnahme zugenommen haben könne. *(Ungerechtfertigte Zollstrafe.)*

Das Amt beantwortete die Anfrage dahin, daß es sehr wohl möglich sei, daß ein Papier wenn es sehr feuchter Luft ausgesetzt sei, wie in diesem Falle, 6 % an Gewicht zunehmen könne.

Durch den neuen amerikanischen Zolltarif sind die Zölle auf Papier nicht nur erheblich erhöht worden, sondern es werden den einführenden Firmen auch dadurch erhebliche Schwierigkeiten bereitet, daß Papiere, die nach dem Tarif einen geringeren Zoll zahlen, einfach in eine höhere Zollklasse eingereiht werden. Eine amerikanische Firma, die sehr große Mengen fettdichte Pergamentersatzpapiere und nicht fettdichte Papiere aus Deutschland bezieht und zu hohe Zölle bezahlen mußte, bat das Amt um Auskunft, auf welche Weise man fettdichte und nicht fettdichte Papiere unterscheiden könne. Mit der erbetenen Auskunft hoffte die Firma der amerikanischen Regierung beweisen zu können, daß ihre Papiere zu hoch verzollt würden. Die Firma erhielt eine eingehende Antwort, in der die Terpentinölprobe empfohlen wurde. *(Erkennung von fettdichtem Papier.)*

Über die vom Amt in Vorschlag gebrachte Cellitlösung zum Schutz alter Handschriften (vgl. Jahresbericht 1909, S. 50) hat der Assistent des Materialprüfungsamtes Dr. Frederking auf dem deutschen Archivtag in Posen (September 1910) einen Vortrag gehalten. Im Anschluß hieran wurde im Auftrage des Geheimrates Dr. Posse, Vor- *(Schutz alter Handschriften.)*

sitzenden der sächsischen Kommission zur Erhaltung alter Handschriften, eine vom Hofrat Schluttig in Dresden unterschriebene Erklärung verlesen, in welcher Bedenken gegen die Anwendung der neuen Lösung erhoben wurden. Die Einwände waren aber durchweg hinfällig, wurden von Dr. Frederking zurückgewiesen und später vom Amt in einem Schreiben an Herrn Hofrat Schluttig, das auch an Herrn Geheimrat Dr. Posse weiterging, nochmals einzeln durchgesprochen. Keiner der Herren hat den Versuch gemacht, die haltlosen Einwände zu verteidigen. Das Amt hat den Briefwechsel hierüber veröffentlicht („Mitt." 1911, S. 57—60), damit die beteiligten Kreise ersehen, auf welcher Grundlage die Schluttigschen Behauptungen stehen und in welcher Weise versucht wird, die schon vielfach anerkannten Erfolge jahrelanger, ernster und mühevoller Arbeiten, die das Amt im Interesse der Archive und Bibliotheken geleistet hat, herabzusetzen.

Ausdauer-
fähigkeit ver-
schiedener
Papiersorten.

Die Versuche über die Ausdauerfähigkeit verschiedener Papiersorten wurden mit Papieren aus den Beständen des Amtes fortgesetzt. 497 Papiere der Stoffklassen I—III, die vor 15 Jahren bereits einmal geprüft waren, wurden von neuem geprüft. Die Ergebnisse dieser umfangreichen Versuche sind in den „Mitt." 1911, Heft 2, veröffentlicht worden. Bei der Mehrzahl der Papiere hat sich ein Rückgang in den Werten für Reißlänge und Dehnung gezeigt; die Papiere der Stoffklasse I haben sich im Durchschnitt etwas günstiger verhalten als die der Klassen II und III, der Unterschied ist aber nicht derartig, daß man daraufhin einwandfreie Schlüsse auf das Verhalten der verschiedenen Papiere beim Lagern ziehen könnte. Die Versuche zeigten aber wieder wie die früher ausgeführten, daß unsere heutigen Zellstoffe Papierrohstoffe sind, die man nicht mehr mit dem Mißtrauen zu betrachten braucht, das man ihnen vor Jahren fast allgemein entgegenbrachte.

Die Versuche haben ferner gezeigt, daß Zeiträume von 15 Jahren zu kurz sind, um über die Frage der Ausdauerfähigkeit von Papieren zu endgültigen Schlüssen zu kommen. Das Versuchsmaterial soll deshalb nun erst wieder nach einem Zeitraum von vielleicht 25 Jahren von neuem geprüft werden.

Wissenschaft-
liche Arbeiten.

Die aus der Abteilung im Berichtjahre herausgegangenen wissenschaftlichen Arbeiten sind in den „Mitteilungen" 1911 veröffentlicht und von dort in die bedeutendsten Fachzeitungen übergegangen. Kurze Angaben über den Inhalt [dieser Arbeiten finden sich am Schluß des Berichtes, in Tabelle b.

Normen für
Rohdachpappe.

Die Arbeiten der Normenkommission für Rohdachpappe sind unter Mitwirkung des Amtes zum Abschluß gelangt. Trotz des Widerstandes, den die Vertreter der Rohpappen-Fabrikanten zuerst den Bestrebungen, Normen aufzustellen, entgegensetzten, gelang es allmählich, sie von der Bedeutung und dem Wert fester Grundlagen für den Kauf und Verkauf der Rohpappe zu überzeugen, nachdem einige unhaltbare Bestimmungen aus den zuerst vorgelegten Normalien ausgeschieden waren. Die Normen sind jetzt vom Verein der deutschen Rohpappenfabrikanten und dem Verband deutscher Dachpappenfabrikanten angenommen und besagen folgendes:

1. Zur Herstellung von Rohpappen dürfen lediglich folgende Rohstoffe verwendet werden: a) Lumpen, b) Abfälle aus der Textilindustrie, soweit sie faseriger Art sind und c) Altpapier. Auswahl und Mischungsverhältnis der Rohstoffe bleiben dem Fabrikanten überlassen. Direkter Zusatz von Holzschliff, Torf, Sägemehl und mineralischen Füllstoffen ist verboten.

2. Der Aschengehalt darf nicht mehr als 12 Prozent betragen.

3. Lufttrockene Pappe darf nicht mehr als 12 Prozent Feuchtigkeit haben.

4. Alle Pappen, die bei Zimmerwärme geringere Aufnahmefähigkeit von gewöhnlichem Anthracenöl als 120 Prozent aufweisen, gelten für mangelhaft.

5. Rohpappen von normaler Dicke (333 g und mehr) müssen in der Längsrichtung bei 15 mm breiten Streifen mindestens 4 kg Bruchlast aufweisen.

6. Als oberste technische Instanz für die Frage der Erfüllung der Normen gilt das Königliche Materialprüfungsamt in Groß-Lichterfelde.

Die Bestimmungen gelten zunächst nur für Pappen bis zur Nummer 150 (150 qm = 50 kg).

Auf Grund des § 7 der „Bestimmungen über das von den Staatsbehörden zu verwendende Papier" erhielten 37 Papierfabriken Mitteilungen über die mit ihren Papieren im Auftrage von Behörden ermittelten Versuchsergebnisse. Insgesamt sind im Betriebsjahre 1910 850 Mitteilungen an die erwähnten 37 Fabriken versendet worden, gegen 855 im Vorjahre. *Benachrichtigungen an Papierfabriken.*

Im Etatsjahr 1910 wurde ein neues Wasserzeichen angemeldet, nämlich das der A.-G. Papierfabrik Hegge in Hegge b. Kempten i. Allgäu. *Wasserzeichen.*

Im Kalenderjahre 1910 wurden im Auftrage von Behörden 1109 Papiere vollständig untersucht, hiervon genügten 1028 Papiere — 92,7 % den vorgeschriebenen Lieferungsbedingungen, während 81 Papiere = 7,3 % diesen nicht entsprachen. Die Verstöße waren im allgemeinen nicht schwerer Art. *Normalpapiere.*

9 Papiertechniker wurden im Berichtsjahre in der Papierprüfung ausgebildet, von diesen waren 4 aus Preußen, 1 aus Sachsen, 1 aus Bayern, 1 aus Württemberg, 1 aus Österreich, 1 aus Finnland. *Ausbildung im Papierprüfen.*

II. Textiltechnische Untersuchungen.

Eine Firma beantragte die Prüfung von 3 Proben Baumwollgarn daraufhin, ob die verarbeitete Baumwolle als „Sea Island" bezeichnet werden kann. Die Prüfung ergab, daß etwa 60 % der in dem Garn befindlichen Fasern die Länge besitzen, die der Sea Island-Baumwolle eigen ist. *Herkunft von Baumwolle.*

Eine Probe Putzbaumwolle sollte nach den „Besonderen Bedingungen" der Preußischen Staatseisenbahnverwaltung geprüft werden, wobei Art des Materials, Feuchtigkeitsgehalt, Gehalt an Fett, Öl usw., Aschengehalt und Saugfähigkeit für Öl zu berücksichtigen waren. *Putzbaumwolle.*

Die Putzbaumwolle entsprach den „Besonderen Bedingungen".

Die auf Antrag einer Firma ausgeführte Prüfung zweier Proben Packung auf Art des Materials ergab, daß bei der einen Probe die Klöppelfäden aus Hanf, die Kantenfäden und die Seele aus Baumwolle bestanden. Bei der zweiten Probe bestanden die Klöppelfäden und die Seele aus Hanf, die Kantenfäden aus Baumwolle. *Zusammensetzung von Packungen.*

Eine Probe „Kapok" sollte auf Vorhandensein von Baumwolle geprüft werden. Durch die Prüfung wurde festgestellt, daß vereinzelt Baumwollenfasern oder Bruchstücke von solchen zugegen waren. *Baumwollengehalt von Kapok.*

Dem Herrn Finanzminister wurde ein ausführliches Gutachten über einige Gewebeproben, sowie die Stellungnahme des Amtes gegenüber den Ansichten und Ermittelungen einer Zollehranstalt und einer Oberzollbehörde unterbreitet. *Dichte und undichte Gewebe.*

Seitens der Zollbehörde wurde das Amt auch im verflossenen Jahre stark in Anspruch genommen. Die Einführung neuer Abfertigungsvorschriften für die Verzollung der harten Kammgarne im Juli des Berichtjahres hatte zur Folge, daß besonders viel harte Kammgarne zur Nachprüfung eingesandt wurden. Das gleiche trifft für die Haarmischgarne zu, für die ebenfalls neue Bestimmungen (Nachrichtenblatt für die Zollstellen, 1910 Nr. 6) erlassen wurden. Auch von Garnen, für die die Verzollung nach Tarifnummer 417 bezw. 418/19 in Frage kam (grobe Tierhaargarne, Kamelhaar, Mohair-Alpakagarne) wurde eine größere Anzahl eingehend mikroskopisch auf Haarart und Mischungsverhältnis untersucht. *Zolltarifarische Entscheidungen.*

Von den geprüften 208 Garnen wurde der Befund der Zollstellen in 156 Fällen bestätigt und in 52 Fällen nicht bestätigt.

Roßhaarnormen.

Eine Roßhaarspinnerei beantragte die Feststellung, inwieweit die von einer Behörde für die Zerreißfestigkeit von Pferdehaaren aus Mähne und Schweif gemachten Vorschriften den praktischen Verhältnissen Rechnung trugen. Die angestellten Zerreißversuche ergaben im Durchschnitt eine merklich geringere Festigkeit der Haare, als in der Vorschrift gefordert war.

Einfluß des Imprägnierens von Wollstoffen auf Luftdurchlässigkeit und Wasserdichtigkeit.

Zwei verschiedene Wollstoffe, nicht imprägniert und imprägniert, waren daraufhin zu prüfen, in welchem Maße die Luftdurchlässigkeit und Wasserdichtigkeit der Stoffe durch das Imprägnieren beeinflußt worden ist.

Die Prüfung ergab, daß die Luftdurchlässigkeit der Stoffe durch die Imprägnierung nicht vermindert worden war. Die Wasserdichtigkeit der Stoffe hatte dagegen infolge der Imprägnierung erheblich zugenommen.

Verhalten von Isolierbändern gegenüber heißem Transformatorenöl.

Wiederholt wurde der Einfluß von erhitztem Transformatorenöl (240 Stunden bei 120 C^0) auf Isolierbänder festgestellt. Die Prüfung erstreckte sich auf Festigkeit, Dehnung und Farbveränderung. Sämtliche Bänder hatten durch erhitztes Öl an Festigkeit und Dehnung erheblich eingebüßt. Die Farbveränderung war sehr schwankend.

Ursache von Flecken in Trikotstoffen.

Eine Firma sandte eine Probe Trikotstoff aus gekämmter Luisiana-Baumwolle, rohweiß hergestellt, ein. Es sollte festgestellt werden, worauf die nach der Wäsche auftretenden kleinen braunen Flecke zurückzuführen seien.

Die Prüfung ergab, daß im Stoff vorhandene Schalenteilchen aller Wahrscheinlichkeit nach die kleinen braunen Flecke verursacht haben.

Rotes Besatztuch.

Eine Anilinfarbenfabrik sandte wiederholt rotes Besatztuch zur vergleichenden Prüfung mit dem üblichen cochenillegefärbten Besatztuch ein. Die Prüfung erstreckte sich auf die mehrmonatliche Wirkung von Licht, Luft und Wetter, auf Waschechtheit, Alkaliechtheit usw. Von den zwei mit verschiedenen Farbstoffen gefärbten Tuchen erwies sich das eine dem cochenillegefärbten Tuch gegenüber als ganz bedeutend echter und wertvoller; das andere zeigte zwar in ungebrauchtem Zustand nicht das Feuer und die Lebhaftigkeit der Cochenille-Färbung, war aber um so echter den Einflüssen von Licht, Luft und Wetter gegenüber und hatte auf solche Weise nach 1—2 Monaten die Reinheit und Lebhaftigkeit der Cochenillefärbung eingeholt. Beide Farbstoffe wurden als Ersatz der Cochenille zum Färben des roten Militärbesatztuches empfohlen.

Verschießen einer blauen Joppe.

Von einer Firma war eine getragene blaue Marinejoppe, deren Färbung nach sechsmonatlicher Tragezeit als stark verschossen bezeichnet war, und ein unverarbeitetes Stück des fraglichen Stoffes eingesandt worden. Die angestellten Prüfungen ergaben, daß sowohl die Joppe wie das unverarbeitete Stoffmuster übereinstimmend mit einem Alizarinblau auf Chrombeize gefärbt und mit einem violetten Säurefarbstoff überfärbt waren. Bei allen Versuchen zeigten die Färbungen beider Stoffe stets völlig gleiches Verhalten. Das Verschießen der Joppenfärbung war somit weder auf mangelhafte Echtheit der verwendeten Farbstoffe noch auf schlechte Durchfärbung des Stoffes zurückzuführen. Nach Ansicht des Amtes waren die Ursachen für das Verschießen der Färbung vielmehr in der starken Beanspruchung während des sechsmonatlichen Tragens zu erblicken. Die Färbung dürfte ferner durch Schmutz, atmosphärische Bestandteile, vielleicht auch durch Öl und andere Einflüsse stark gelitten haben.

Farb- und Gerbstoffextrakte.

6 Proben Sumach-Extrakt und 4 Proben Blauholzextrakt einer Farb- und Gerbstofffabrik sollten auf ihre Färbe- und Beschwerungseigenschaften geprüft werden. Die Sumach-Extrakte wurden zum Teil mit Blockgambier verglichen, wobei die Beschwerungshöhe von Seiden ermittelt wurde. Ferner kam bei den Sumach-Extrakten die Klarheit bezw. An-

färbung der mit ihnen behandelten Seiden in Betracht. Die Färbeeigenschaften der Blauholzextrakte wurden durch Ausfärbungen auf Wolle untersucht, ferner wurden mit ihnen Beschwerungsversuche mit Seiden und mit Zinnphosphat vorbeschwerten Seiden angestellt. Die Ergebnisse zeigten, wie ungleich sich die einzelnen Erzeugnisse bei verschiedenen Verwendungsarten verhalten und wie häufig ein Erzeugnis für einen Zweck geeignet, für den anderen durchaus ungeeignet sein kann. Ferner ergaben die Untersuchungen, daß es der deutschen Industrie immer mehr gelingt, die Güte der bis heute herrschenden französischen Blauholzextrakte zu erreichen und die Verbraucher vom Auslande unabhängig zu machen.

Eine General-Zolldirektion sandte eine Probe Kunstseide ein und beantragte die Prüfung auf künstliche Färbung. Der Vergleich mit Roh-Kunstseiden des Handels, die unmittelbar aus den Kunstseidenfabriken bezogen waren, zeigte, daß Kunstseiden in recht verschiedenen Rohfarben auf den Markt kommen, als rohweiß, reinweiß, blauweiß, in der Masse mehr oder weniger gebleicht, geblaut und getönt. Im Hinblick auf die von der Gewinnung anderer Fasern völlig verschiedene Erzeugung der Kunstseide aus einer einheitlichen Masse, die schon als solche gebleicht oder getönt werden kann und meistens auch wird, lassen sich Fälle denken, wo die Frage, ob eine Kunstseide „künstlich gefärbt" ist, garnicht mit Sicherheit zu beantworten ist. Die Kunstseide konnte nicht als künstlich gefärbt bezeichnet werden.

Ein Seidenwarengroßhändler sandte verschiedene Seidenstoffe zur Prüfung ein, die auf dem Lager streifig geworden waren und stellenweise verschossen erschienen. Die mißfarbigen Streifen traten besonders deutlich in den Falten und an den Kanten auf, Stellen, die auch das Licht am ersten trifft. Vorher befragte Sachverständige hielten die Streifen für die Folgen der Belichtung. Nach Prüfung einer Reihe von Seidenstoffen, die den angeführten Mangel zeigten, sowie nach Besichtigung der Seidenläger durch einen Sachverständigen des Amtes konnte entschieden werden, daß das scheinbare Verschießen oder Verbleichen auf von der Färberei herrührende Schwefelsäure zurückzuführen war, die nach örtlicher Anreicherung durch Kapillarität und Konzentrationserhöhung infolge von Überheizung der Läger die betreffenden Farbenumschläge verursacht hatte. Es konnte unter anderem scharf nachgewiesen werden, daß der Schwefelsäuregehalt der entfernteren unverschossenen Stellen eines Stückes in der Mitte steht zwischen demjenigen der verschossenen und den diesen benachbarten unverschossenen Stellen. Das Verhältnis war etwa 2 : 3 : 1. Nach diesen Feststellungen war es auch nicht zu verwundern, daß verschiedene Stücke einer und derselben Lieferungspartie auf einem Lager verschossen, auf einem anderen unverändert blieben.

Verschiedene Firmen sandten Muster von Teerfarbstoffen für die Textilindustrie ein, die z. T. miteinander verglichen werden sollten. Es wurden substantive Färbungen auf Baumwolle, Kaltfärbungen auf Baumwolle, Färbungen auf Wollgarn, auf Halbwollstoff u. a. m. hergestellt. Unter anderem sollte die chemische Klasse bestimmt werden, der verschiedene Farbstoffe angehörten. Ferner sollte die Egalisierungsfähigkeit der Farbstoffe, die Licht-, Luft- und Wetterechtheit, die Waschechtheit usw. der Färbungen beurteilt werden. Die im Handel als gleichwertig und gleichstark angebotenen Farbstoffe zeigten häufig sehr große Unterschiede in bezug auf Echtheit und Stärke.

Die von einer Firma beantragte Prüfung einer fetthaltigen Farbmasse für Schreibmaschinenbänder auf Art und Menge des in ihr enthaltenen Farbstoffes ergab, daß der Farbstoff zu den basischen Triphenylmethanfarbstoffen gehört und der Gruppe der Methylviolette zuzuzählen ist. Die Menge des absolut trockenen Farbstoffs betrug 44,2 %. Glyzerin,

Kunstseide.
Versteckte Fehler in Seidenwaren.
Farbstoffe.
Schreibmaschinenfarbmasse.

6*

Zucker, Dextrin und ähnliche Stoffe konnten in dem vom Fett befreiten Farbstoffe nicht nachgewiesen werden.

Weißreibende Uniformtuche.

Bestimmte von einer Veredlungsfirma hergestellte indigoblau gefärbte Uniformtuche zeigten an den Falten, Knopfstellen, Nähten, die besondere Reibung durchmachten, u. a. Stellen auffallende weiße Reibungsstellen, als ob sich an denselben ein weißer Stoff ausschiede. Das Tuch wurde aus diesem Grunde nach kurzem Tragen unansehnlich und minderwertig. Es sollte festgestellt werden, worauf die schlechte Tragbarkeit zurückzuführen ist. Vor der Prüfung durch das Amt hatten sich bereits verschiedene andere Sachverständige zu der Angelegenheit gutachtlich geäußert. Sie konnten aber zu keinem übereinstimmenden Urteil kommen, weswegen das Amt um seine Meinung und Stellungnahme zu den bereits abgegebenen Gutachten angegangen wurde.

Die vorgelegten Gutachten suchten unter völliger Hintansetzung jeglichen experimentellen Nachweises die Ursache des Weißreibens beim Tragen in ganz verschiedenen Umständen; so schrieben beispielsweise mehrere Sachverständige:

a) „Die ungenügende Reibechtheit der Tuche dürfte auf irgend einen störenden Vorgang in der Fabrikation zurückzuführen sein. Wir vermuten, daß sich infolge Verwendung sehr harten Wassers beim Auswaschen der Tuche Kalkseife bildete, die den beregten Übelstand verursachte."

b) „Unsere Vermutung, daß die Ursache des starken Abreibens an Kalkseife liege, gewinnt an Wahrscheinlichkeit."

c) „Die Ursache der schlechten Tragechtheit des blauen Uniformrockes ist auf nicht genügend gereinigte Wolle zurückzuführen. Indigo, auf noch stark lanolinhaltiger Wolle aufgefärbt, reibt sich immer etwas weißlich. Dieser Umstand kann aber noch verschlimmert werden, wenn in einer kalkhaltigen Küpe geblaut wurde; dadurch entstehen mit dem Lanolin zusammen schwer zu entfernende Kalkseifen, welche das Weißlichtragen des indigoblauen Tuches noch verstärken."

d) „Die Ursache ist nach Ansicht der Färbereisachverständigen in der Färberei zu suchen. Die Farbe ist nicht genügend auf der Faser fixiert, was auch daraus hervorgeht, daß sie beim Reiben rötlichblau abschmutzt. Entweder ist die Wolle also nicht sachgemäß gefärbt, was am wahrscheinlichsten ist, oder sie war nicht genügend rein, was der Färber hätte sehen müssen."

Es wurde festgestellt, daß weder der Kalkgehalt, noch der Fettgehalt das Weißreiben bedingen könne, ferner, daß es sich nicht um ein Abreiben im Sinne einer Entblößung der Faser vom Farbstoff handelte und daß sich schließlich keine stofflichen Ausscheidungen auf dem Tuche beim Weißreiben bildeten, daß also die Erklärungen der Vorgutachter mit den Beobachtungen im Amt unvereinbar seien. Schließlich wurde nachgewiesen, daß die Ursache des Weißreibens in der Zersplitterung der Wollfaser selbst bestand. Die Wollhaare sprangen beim Reiben pinselartig auf, was die optische Wirkung der Weißfärbung verursachte.

Cutch-Präparate zum Imprägnieren von Fischnetzen.

Zum Imprägnieren von Fischnetzen wird in der Regel Pegu-Cutch verwandt und die so vorbereiteten Netze werden alsdann mit Leinöl getränkt und getrocknet. Die Fischnetze müssen in Berührung mit Seewasser dauerhaft bleiben. An Stelle von Pegu-Cutch können nun aber auch Ersatzstoffe, präparierte Cutchs, gebraucht werden, die mitunter die gleichen oder bessere Dienste leisten können. Eine Firma ließ wiederholt verschiedene ihrer präparierten Cutchmarken im Vergleich mit Pegu-Cutch auf Brauchbarkeit zum Imprägnieren von Fischnetzen prüfen. Die Imprägnierung geschah genau nach von einer Seefischerei-

Gesellschaft gegebenen Vorschriften. Die getränkten und mit Leinöl gefirnißten Netzgarne wurden dann den weiteren Prüfungen auf Festigkeit, Widerstandsfähigkeit gegen Seewasser usw. unterworfen. Die Prüfungen ergaben, daß einige der Pegu-Cutch-Ersatzstoffe sehr gute Dienste leisteten und in der Tat geeignet waren, den reinen Pegu-Cutch zu ersetzen.

Verschiedentlich waren Isolierschnüre auf ihren Seidengehalt zu prüfen. Die Ergebnisse waren sehr schwankende. Als Seidengehalt wurden in verschiedenen Mustern 73,7, 62,7, 53,1, 17,6 % ermittelt.

Seidengehalt von Isolierschnüren.

Ein Landgericht beantragte ein Gutachten darüber, ob ein bestimmtes Schmiermaterial „die Kleider verdürbe". Unter Verderben von Kleidern wurde 1. das Erzeugen von Flecken, die nicht oder nur mit besonderen Mitteln wieder zu entfernen sind, 2. das Verändern oder Anätzen der Farben bezw. Kleiderfärbungen und 3. das Schwächen von Fasermaterial verstanden. Zu 1. wurde festgestellt, daß die auf Baumwoll-, Leinen- und Wollstoff künstlich erzeugten Flecke mit Leichtigkeit entfernt werden konnten, ohne irgend Spuren zu hinterlassen. Versuche zu 2. zeigten, daß das Schmiermittel selbst gegen die empfindlichsten Farbstoffe völlig indifferent ist und keine Farbänderung oder Anätzung verursacht. Zu 3. wurde schließlich festgestellt, daß weder Leinen, noch Baumwolle, noch Wolle durch innige, längere Zeit während Berührung mit dem Schmiermittel in ihren Festigkeitseigenschaften beeinträchtigt werden. Das Schmiermittel „verdarb" demnach die Kleider nicht.

Verderben der Kleider durch ein Schmiermaterial.

Verschiedene Webereien und Firmen sandten wiederholt Stoffproben ein, die u. a. auf Indigofärbung, Alizarinfärbung, Säureechtheit, Licht-, Luft- und Wetterechtheit, Wasserechtheit, Waschechtheit, Alkaliechtheit, Schweißechtheit, Angreifen von Metall und Goldlitzen usw. geprüft wurden.

Farbechtheit von Stoffen.

Eine Militärbehörde hatte die Beobachtung gemacht, daß Stoffteile, die mit einer Sorte Hornknöpfen in Berührung kamen, mißfarbig wurden. Bei der Prüfung erwies sich, daß die Knöpfe säurehaltig waren und die Färbung des Stoffes zerstörten. Auf Wunsch der Behörde wurden Lieferungsbedingungen für Knopflieferanten ausgearbeitet, die vollständige Säurefreiheit der Knöpfe vorschreiben. Gleichzeitig wurde der Behörde die notwendige Anleitung für die Prüfung gegeben.

Säurehaltige Knöpfe.

Verschiedene Materialien, wie Spinnseiden, Baumwollgarn, Baumwollgewebe, Filz, Wachs, die teils zur Herstellung von Metallgespinsten, teils zum Verpacken von Gold- und Silberstickereien Verwendung finden sollten, waren von einer Anzahl Firmen zur Prüfung auf Bestandteile, die schädlich auf Metalle einwirken, eingesandt worden.

Metallschädliche Bestandteile.

Eine zur Prüfung eingesandte Probe graubraunen Segeltuches sollte den Lieferungsbedingungen der Artilleriewerkstätten nicht entsprochen haben, da in dem Stoff angeblich wasserlösliche Chrom- und Kupferverbindungen nachweisbar waren. Die Prüfung, die nach den Vorschriften der Dienstanweisung für die Bekleidungsämter S. 221—223 und nach allgemeinen chemisch-analytischen Verfahren ausgeführt wurde, ergab, daß wasserlösliche Chromverbindungen in dem untersuchten Stoff nicht vorhanden waren. Wasserlösliche Kupferverbindungen waren dagegen in dem eingesandten Stoff nachweisbar und zwar wurde der Gehalt für ein Quadratmeter Stoff zu 0,14 g metallisches Kupfer ermittelt.

Chrom- und Kupferverbindungen in Segeltuch.

Eine andere eingesandte Segeltuchprobe war auf das Vorhandensein von „Paraffin oder ähnlichen leicht brennbaren Stoffen" zu untersuchen, die nach den Lieferungsbedingungen der Artilleriewerkstätten in Segeltuchen nicht zugegen sein dürfen. Die Prüfung ergab, daß das eingesandte Segeltuch Paraffin und andere unverseifbare Fette nicht enthielt.

Segeltuchprüfung auf Paraffingehalt.

Bei einigen vom Königlichen Kriegsministerium in Berlin zur Prüfung eingesandten Zeltbahnen, die morsch und stockig geworden waren, konnten als Hauptursache des Morschwerdens erhebliche Mengen freier Schwefelsäure nachgewiesen werden.

Morschwerden von Zeltbahnen.

Mürbewerden von Stehkragen. Eine Firma sandte mehrere Stehkragen und den zugehörigen unverarbeiteten Baumwollstoff zur Prüfung ein. Es sollte festgestellt werden, ob die an den Kragen wahrnehmbaren Zerstörungserscheinungen durch den Waschprozeß verursacht seien, oder ob sich bereits in dem unverarbeiteten Stoff schädliche und den Stoff zerstörende Bestandteile nachweisen ließen. Die Versuche ergaben, daß neben Alkalien Chlor oder ähnlich sich verhaltende Bleichmittel in den Kragen noch deutlich nachweisbar waren.

Prüfung auf stattgehabte Färbung. Das Finanzministerium beantragte in einer Streitfrage zwischen Zollbehörde und dem Einbringer die Prüfung von zwei mercerisierten Baumwollstoffen auf künstliche Färbung. Es wurde festgestellt, daß die Stoffe als ungefärbt anzusehen waren.

Künstliche und natürliche Färbung von Garnen. In vielen ähnlichen Fällen hatte die Abteilung Entscheidungen in Zollstreitigkeiten zu fällen. Wiederholt wurden Woll- und Haargarne, die von den Einbringern als roh deklariert worden waren, von der Zollbehörde als künstlich gefärbt angesprochen und dem Amt zur Entscheidung eingesandt.

Orseille-Extrakt auf Verfälschung. Der Wert eines Orseille-Extraktes hängt im wesentlichen außer von seiner Konzentration von seiner Reinheit und Unverfälschtheit ab. In den letzten Jahren sind besonders häufig Verfälschungen der Orseille durch Anilinfarbstoffe beobachtet worden. In einem zur Prüfung eingesandten Handelserzeugnis wurden wiederum solche Verfälschungen vermutet. Die Prüfung nach dem von Heermann ausgearbeiteten Untersuchungsgang (Mitteilungen des Königlichen Materialprüfungsamtes 1910, Heft 1) ergab, daß der Extrakt in der Tat ein sehr unreiner war und Bestandteile der Orseilleflechte enthielt, die in einem gut gereinigten Orcein-Farbextrakt nicht vorhanden sein sollen. Verfälschung mit Anilin- oder Teerfarbstoffen lag jedoch nicht vor.

Unegale Färbungen von Baumwollgarnen. Von einer Färberei waren drei Garnsorten eingesandt worden, die beim Färben zu Modefarben stets unegale Färbungen liefern sollten. Die Garne wurden mit denselben Farbstoffen und genau nach den von der Antragstellerin angewendeten Färbevorschriften gefärbt. Trotz sorgfältigster Ausführung der Färbeversuche war es nicht möglich, egale Ausfärbungen zu erzielen. Weitere Versuche zeigten, daß Garne verschiedener Fertigung vorlagen. Dafür sprachen die Unterschiede zwischen den für die Garnnummer und Drehung gefundenen Werten. Ferner bewiesen die voneinander abweichenden Durchschnittswerte für die Faserlänge und die Aschengehalte der Baumwolle das Vorhandensein verschiedener Baumwollsorten bezw. Baumwollmischungen. Hierdurch erklärte sich das unegale Anfärben.

Milchsäure für Seidenfärbereizwecke. Eine chemische Fabrik beantragte die Abgabe eines Gutachtens darüber, ob die von ihr in den Handel gebrachten Milchsäuremarken den Anforderungen entsprechen, die von der neuzeitlichen Färbereiindustrie gestellt werden. Die Milchsäuren (50- und 80 %ige) wurden auf Gehalt an Schwefelsäure, Chlor, Salzsäure, Weinsäure, Oxalsäure, Zitronensäure, Asche, Kalk, Zucker, sowie auf Färbung, Geruch usw. geprüft und gegenüber den besten Erzeugnissen des Handels als durchaus vollwertig erkannt.

Künstliche und natürliche Farbstoffe. Ein Textilverband beantragte die Abgabe eines Gutachtens darüber, ob Indigokarmin als natürlicher oder künstlicher Farbstoff zu bezeichnen sei. Das Amt konnte sich zunächst bei der Begriffsfeststellung darüber, ob der Indigo selbst als natürlicher oder künstlicher Farbstoff anzusehen sei, den Vorgutachtern nicht anschließen. Während letztere den Indigo zum Teil als natürlichen Farbstoff bezeichneten, weil er von der Natur erzeugt wird, zum Teil als künstlichen, weil die natürliche Erzeugung heute hinter der künstlichen weit zurücksteht, äußerte sich das Amt dahin, daß ein Indigo natürlicher oder künstlicher Farbstoff sein könne, je nachdem welchen Ursprungs gerade das betreffende zur Beurteilung vorgelegte Indigomaterial ist. Allgemein ließe sich also weder sagen, daß Indigo künstlicher noch daß er natürlicher Farbstoff sei. Was Indigokarmin betreffe, so sei dieses unter allen Umständen (sowohl aus natürlichem als auch aus künstlichem Indigo hergestellt) als **künstlicher Farbstoff** zu bezeichnen, da so scharf eingreifende chemische Wirkungen, wie das Sulfonieren des Indigos, dem Enderzeugnis das Gepräge eines Kunstproduktes verleihen.

Eine Anzahl Firmen ließen Seidenstoffe auf Höhe der Beschwerung prüfen. Die Prüfungsergebnisse lieferten sehr verschiedene Werte. Diese schwankten zwischen 20% unter und etwa 80% über Rohgewicht bei farbiger Seide einerseits und stiegen bis etwa 200% über Rohgewicht bei schwarzer Seide anderseits. Zugleich wurde verschiedentlich nach Art der Beschwerung und etwaigem Vorliegen von S.-Färbung (Thioharnstoff-Präparation) gefragt. *Seiden-
beschwerung.*

Zu einer Patentstreitigkeit mußte ein Gutachten dahin abgegeben werden, ob verschiedene nach einer Patentanmeldung hergestellte seifenartige Erzeugnisse technisch wertvolle Eigenschaften gegenüber einer nach bereits bestehendem Patent hergestellten Seife aufweisen. Die Proben wurden zum Teil im Beisein eines Sachverständigen aus dem Amt hergestellt, zum Teil waren sie bereits im Beisein eines vereideten Handelschemikers in den betreffenden Fabriken hergestellt worden. Die Prüfungen bezogen sich auf allgemeine Eigenschaften, Verhalten gegen Säuren, kalkhaltiges Wasser, Verhalten in der Färberei, Druckerei, bei der Entbastung der Seide usw. Als Endergebnis wurde festgestellt, daß die neuen seifenartigen Erzeugnisse keine wesentlich wertvollen Eigenschaften gegenüber der bereits bekannten Handelsmarke aufwiesen. *Technische
Wirkung von
Seifen.*

Eine Kunstseide zeigte stellenweise weiße, kalkige Stellen und war an diesen Stellen mürbe. Es sollte die Ursache dieser Erscheinung festgestellt werden. Wie bereits in einem Falle des Vorjahres (s. a. Heermann, Mitteilungen aus dem Königlichen Materialprüfungsamt 1910, Heft 4, Über den Schwefelsäuregehalt von Nitrokunstseiden) handelte es sich um Nitrokunstseide, welche von der Schwefelsäure beim Denitrieren nicht völlig befreit worden war und an der nachher durch Überschuß oder Abspaltung von Schwefelsäure aus Schwefelsäureestern die erwähnten Mängel, kalkige und mürbe Stellen, auftraten. *Fehlerhafte
Kunstseide.*

Nach einem bestimmten Färbe- bezw. Beschwerungsverfahren hergestellte schwarze Trameseide, die in Strangform nichts Auffälliges entdecken ließ, lieferte nach der Verarbeitung krause Stellen und Farbstreifen. Es wurde festgestellt, daß die Seide in den hellen Streifen andere Dicke, anderen Titer und andere Elastizität aufwies als in den dunklen Streifen. Da obendrein ermittelt wurde, daß die Gesamtlänge der hellen Streifen jedesmal $^1/_3$ des Strangumfanges und die Länge der dunklen Streifen $^2/_3$ des Strangumfanges betrug und sich die hellen Streifen unmittelbar an die dunklen anschlossen, so konnte daraus geschlossen werden, daß die Seide in ihrem ganzen Haspelumfange nicht gleichmäßig beschwert und gefärbt worden war. *Streifen und
krause Stellen
in Seidenstoffen.*

Auf Antrag eines Gerichtes mußte ein Gutachten darüber abgegeben werden, ob die an farbig gefärbter, auf $^{80}/_{100}$ % über Rohgewicht beschwerter, abgekochter Seide beobachteten Mängel, die darin bestanden, daß die Seide zusammenklebte und beim Abwinden wie aufgelöst auseinanderging, lediglich auf Fehler in der Färberei zurückzuführen seien. Das Amt sprach sich nach Prüfung der Seide und unter Berücksichtigung der Sachlage dahin aus, daß diese Annahme nicht zutraf, daß vielmehr die hohe Beschwerung, das lose gedrehte Material, die lange Lagerzeit u. a. an den Mängeln der Seide zum mindesten als mitschuldig zu bezeichnen waren. *Fehlerhafte
Seide.*

Abteilung 4 für Metallographie.

Anträge.

Im Berichtsjahre wurden 100 Anträge erledigt gegen 101, 108 und 87 in den drei Vorjahren (vergl. Tabelle S. 76 im Anhang dieses Berichtes).

Abgesehen von den auf Antrag gegen Bezahlung der Gebühren ausgeführten Untersuchungen ist die Abteilung auch im Berichtsjahre in zahlreichen Fällen durch mündliche und schriftliche Raterteilung und Gedankenaustausch mit der Praxis in Fühlung geblieben.

Raterteilung.

Auskünfte wurden gegeben über: Vanadium-Nickelstahl, mikroskopische Unterscheidungsmerkmale zwischen saurem und basischem Stahlrohrmaterial für Wasserleitungen, die Natur grüngefärbter Überzüge (Pilz oder Moos) an Gitterstäben, die den Witterungseinflüssen ausgesetzt waren, Einrichtung metallographischer Laboratorien, Einfluß des Schwefelgehaltes der Kohle auf die Lebensdauer von Dampfkesseln, Anoden-Material für elektrolytische Verzinkung, Walzenmaterial, Angriff von Metallen und Metallegierungen durch Heizgase, Wetterbeständigkeit von Aluminium, Angriff von Bronze durch Seewasser, Aufreißen von Kondensatorrohren aus Messing, Ermittelung hoher Temperaturen usw.

Abgabe von
Lichtbildern.

Durch Abgabe von Lichtbildern und Diapositiven aus der etwa 6000 Platten enthaltenden Sammlung wurden wissenschaftliche Bestrebungen unterstützt.

Herr Dr. Dammer erhielt für sein Werk „Chemische Technologie der Neuzeit" acht Lichtbilder.

Herr Konstruktionsingenieur A. Kesser erhielt 5 Abzüge für eine wissenschaftliche Arbeit.

Der Redaktion der Technischen Rundschau des Berliner Tageblatts wurden 12 Gefügebilder abgegeben.

Einem Gesuchsteller, der offenbar mit dem betreffenden Gebiet gar nicht vertraut war, wurde die Abgabe von Lichtbildern verweigert.

Ausstellung in
Brüssel.

Zur Ausstellung auf der Internationalen Weltausstellung in Brüssel wurden Herrn Professor Jules Jacobsen Abhandlungen und Gefügebilder überlassen.

Die Ausstellung verlieh hierfür an das Amt und an die Professoren E. Heyn und O. Bauer den „Großen Preis".

Der Redaktion der Zeitschrift für Dampfkessel- und Maschinenbetrieb in Berlin wurde der Nachdruck der Arbeit von E. Heyn und O. Bauer „Untersuchung eines im Betriebe geplatzten Siederohres" gestattet.

Volontäre.

Auch im Berichtsjahre wurde eine Reihe von Volontären in den Arbeitsverfahren der Abteilung für Metallographie ausgebildet.

1. Oberingenieur A. Prenc aus Prag,
2. Ingenieur Bronn von den Rombacher Hüttenwerken in Rombach,
3. Kapitänleutnant O. Blom, Norwegen,
4. Chemiker G. Bangel, Farbwerke Höchst a. M.,
5. Ingenieur A. Lißner aus Brünn,
6. Privatdozent Dr. A. Sieverts aus Leipzig,
7. Chefchemiker Wilke von den Rombacher Hüttenwerken in Rombach,
8. Diplomingenieur Franz Hofmann aus Essen,
9. Oberleutnant A. Rung aus Kopenhagen, ferner
10. Torpederkapitänleutnant Jaeger,
11. Torpederoberleutnant Alté und die
12. Feuerwerkskapitänleutnants Klemm und
13. Kerruth von der Marinedepotinspektion in Wilhelmshaven.

Vorträge wurden im Berichtsjahre gehalten:

1. Auf dem internationalen Kongreß für Bergbau-Hüttenwesen usw. in Düsseldorf (21. 6. 1910) vom Abteilungsvorsteher Professor E. Heyn: „Beitrag zur Rostfrage."

2. Vom ständigen Mitarbeiter Professor O. Bauer im Deutschen Hause der Weltausstellung in Brüssel (11. 6. 1910) über „Die Entwicklung der Metallographie unter besonderer Berücksichtigung Deutschlands." Der Vortrag wurde auf Ersuchen der Gesellschaft „Urania", Berlin am 14. 2. 1911 in Berlin wiederholt.

3. Auf der Hauptversammlung des Vereins Deutscher Portlandzementfabrikanten (18. 2. 1911) vom ständigen Mitarbeiter Diplomingenieur E. Wetzel:

   a) Über den Stand der auf Antrag des Vereins im Königlichen Materialprüfungsamt ausgeführten Arbeiten über die Konstitution des Portlandzements.

   b) Kritische Betrachtungen über die Arbeit von Keisermann „Über Hydratation und Konstitution des Portlandzements."

Neben der Erledigung der laufenden auf Antrag ausgeführten Arbeiten war die Abteilung mit folgenden wissenschaftlichen Untersuchungen beschäftigt:

a) Einfluß verschiedener Umstände auf den Angriff des Eisens durch Wasser und wässerige Lösungen (Fortsetzung).

   Im Vorjahresbericht ist bei der Mitteilung der Analyse des Leitungswassers des Amtes versehentlich der Gehalt an Natriumoxyd und Kaliumoxyd als „fehlt" angegeben, es mußte heißen „nicht bestimmt".

   Inzwischen ist festgestellt:

$$\left.\begin{array}{l}\text{Natriumoxyd}\\\text{Kaliumoxyd}\end{array}\right\}\ 0{,}040\ \text{g im Liter.}$$

   Die Untersuchungen über den Angriff des Eisens durch Wasser und wässerige Lösungen werden fortgesetzt. Über das Ergebnis wird in den „Mitteilungen" berichtet werden.

b) Untersuchungen über den Angriff von benetztem Beton und Zement auf Kupfer, Blei und Zink. Die Ergebnisse wurden in dem 8. Heft der „Mitteilungen des Deutschen Ausschusses für Eisenbeton", Verlag von Ernst & Sohn, veröffentlicht (s. Tab. b, Nr. 46).

c) Ermittelung der Konstitution des Portlandzements.

   Der Bericht (siehe oben) über den Stand der Arbeiten ist inzwischen veröffentlicht.

   Zementrohmehl wurde bei verschiedenen Temperaturen gebrannt. Festgestellt wurden die durch die verschiedenen Temperaturen herbeigeführten Gefügeänderungen und die Vorgänge, die sich bei der Abkühlung von der Brenntemperatur aus abspielen; sie geben sich durch Abgabe latenter Wärme kund.

d) Ermittelungen von Spannungen in kaltgereckten Metallen.

   Ausgearbeitet wurde ein Verfahren zur Messung der Größenordnung von Eigenspannungen in kaltgereckten Metallen (vergl. Tabelle b, Nr. 57).

   Eine kaltgezogene Nickelstahlstange mit etwa 25 % Nickel wies in den äußeren Schichten Zugspannungen bis zu 3510 at und in der Stabmitte Druckspannungen bis zu 3810 at auf. Wird die Bruchgrenze des Nickelstahles nach dem Kaltziehen auf etwa 7000 at geschätzt, so ist das Material im Stab stellenweise bereits bis auf die Hälfte der Bruchgrenze beansprucht. Nach dem Glühen kaltgereckter Materialien verschwinden die Eigenspannungen im wesentlichen.

   Kaltgereckte metallische Stoffe reißen mitunter ohne äußerlich erkennbaren Grund auf.

Das Aufreißen kann bedingt sein:

1. Durch zusätzliche Spannungen infolge der Einwirkung äußerer Kräfte (Belastung, Stoß usw.).
2. Durch zusätzliche Spannungen infolge ungleichmäßiger Erwärmung oder Abkühlung.
3. Durch Verletzung der Oberfläche infolge mechanischer Einwirkungen oder durch chemisch angreifende Stoffe.

e) Wärmeleitfähigkeit feuerfester Steine.

Die Versuche sind zu einem vorläufigen Abschluß gebracht. Es ist beabsichtigt, darüber in den „Mitteilungen" zu berichten.

f) Untersuchungen über Lagermetalle.

Über die im Auftrage des Königlichen Eisenbahn-Zentralamtes Berlin ausgeführten Untersuchungen über Weißmetall und Rotguß ist bereits berichtet (vergl. Tabelle b, Nr. 54, 55, 56).

Zurzeit sind Untersuchungen über bleireiche Lagermetalle im Gange.

g) Zersetzungserscheinungen an Aluminium und Aluminiumgeräten.

Die im vorigen Jahresbericht erwähnten Untersuchungen sind inzwischen in den „Mitteilungen" 1911 Heft 1 veröffentlicht (vergl. Tabelle b, Nr. 53).

Soweit das Einverständnis der Antragsteller dazu vorliegt, soll hier aus einigen im laufenden Betrieb erledigten Arbeiten folgendes hervorgehoben werden:

Rostangriff. Untersuchungen über den Rostangriff an Wasserleitungsrohren, Siederohren, Kesselblechen, Heizspiralen usw. gehören seit den Jahren zu den ständig wiederkehrenden Anträgen.

Vielfach wird der starke Angriff nicht durch die Beschaffenheit des Materials oder des Wassers, sondern durch die Betriebsverhältnisse bedingt.

In zwei Fällen waren lange ansteigende Rohrleitungen an einzelnen Stellen besonders stark angerostet. Das Gefüge war in beiden Fällen fehlerfrei. Die chemische Analyse der eingesandten Wassersorten ergab nichts Auffälliges. Vergleichende Rostversuche mit dem eingesandten Wasser und mit anderen Wassersorten, die erfahrungsgemäß Eisen nur schwach angreifen, ergaben keine irgendwie erheblichen Unterschiede in der Rostneigung des Eisens in diesen Wässern.

Die Leitungen enthielten aber stellenweise Strecken mit sehr geringer Steigung. Dort bilden sich im Innern der Rohre unmittelbar unter der Rohrwand Luftsäcke, die zu starkem örtlichen Angriff führen können.

Wie durch umfangreiche Versuche festgestellt ist, spielt die Art des Eisens beim Rostvorgang in wässeriger Flüssigkeit nur eine untergeordnete Rolle, soweit es sich um den Angriff gewöhnlicher Gebrauchswässer (Leitungswasser, destilliertes Wasser usw.) handelt[1].

In säurehaltigen Wässern ist jedoch die chemische Zusammensetzung und ebenso die vorausgegangene mechanische und thermische Vorbehandlung des Eisens von großem Einfluß auf die Angriffsfähigkeit der Lösungen. Ganz allgemein gilt, daß je reiner das Eisen, um so schwächer der Säureangriff[2].

Führen die Abwässer Metallsalze mit, so können elektrolytische Vorgänge den Angriff wesentlich verstärken.

---

[1] Vergl. E. Heyn und O. Bauer „Über den Angriff des Eisens durch Wasser und wässerige Salzlösungen" Mitteilungen 1908, Heft 1 und 2, ferner 1910, Heft 2 und 3.

[2] Obiges bezieht sich nur auf Eisenkohlenstofflegierungen. Bei Speziallegierungen (Nickel-, Chrom-, Wolfram- usw. Stähle) können sich die Verhältnisse wesentlich verschieben.

Schmiedeeiserne Rohre einer Abwässerleitung zeigten auf den inneren Rohrwandungen starken Rostangriff. Der in den Rohren gefundene Schlamm enthielt 65 % Kupfer als Metall; daraus geht hervor, daß die starken Anfressungen in erster Linie durch Kupfersalze bedingt wurden. Das Kupfer scheidet sich auf dem Eisen ab, wobei eine entsprechende Menge Eisen in Lösung geht.

Zwei Rohre aus der Dampfleitung einer Zuckerrohrfabrik, zeigten im Innern sehr starke Anfressungen. Laut Angabe des Antragstellers lag die Möglichkeit vor, daß die durch die Rohre durchstreichenden Dämpfe geringe Mengen schwefliger Säure enthielten, weil der Dicksaft bis zur schwach sauren Reaktion geschwefelt wurde und beim Einkochen geringe Mengen schwefliger Säure mitgerissen werden konnten. Die chemische Analyse der auf den inneren Rohrwandungen festhaftenden bräunlichen Schicht ergab in der Tat reichliche Mengen von Ferrosulfat.

Vergleichende Angriffsversuche mit Eisenplättchen, die mit schweflige Säure haltigem Dampf in Berührung kamen, ergaben einen etwa 54 mal so starken Angriff wie die Plättchen, die nur mit Dampf bei Abwesenheit von schwefliger Säure behandelt wurden.

Die immer mehr zunehmende Verwendung eiserner Schwellen im Eisenbahnoberbau rückt die Frage des Rostschutzes in den Vordergrund. Vergleichende Angriffsversuche mit Eisenplättchen, die in verschiedene Schlackensorten eingebettet den Atmosphärilien ausgesetzt waren, ergaben in allen Fällen erheblich stärkeren Angriff als Vergleichsplättchen, die mit reinem Kies von gleicher Korngröße wie die Schlackenproben in Berührung standen. Der Angriff war etwa viermal so stark.

Gußeiserne Wasserleitungsrohre zeigten an den Außenwandungen örtliche Zersetzungserscheinungen. An den zersetzten Stellen war das Material weich, so daß es mit dem Messer abgeschabt werden konnte. Die chemische Untersuchung des zersetzten Materials ergab folgendes:

Gesamteisen . . . . 34,3 %,
Gesamtkohlenstoff . . . . 13,8 %,
Gesamtschwefel . . . . 1,11 %,

daneben Sauerstoff, Mangan, Silizium, Phosphor, Feuchtigkeit. Der Schwefel war zu 0,58 % als Sulfidschwefel und zu 0,56 % als Sulfatschwefel vorhanden. Daraus geht hervor, daß an der Zersetzung des Eisens Schwefelsäure mitgewirkt haben muß.

Die deutschen Kolonien, namentlich „Neu-Guinea", liefern Holzarten, die sehr wohl geeignet erscheinen, mit anderen fremdländischen Hölzern in Wettbewerb zu treten. Durch vergleichende Rostversuche war festzustellen, ob Eisen in Berührung mit dem Holz der Affzelia byuga (Neu-Guinea) stärker rostet, als ohne Berührung damit.

Die Versuche ergaben, daß in allen Fällen das Eisen unter sonst gleichen Versuchsbedingungen bei Ausschluß der Berührung mit dem Holz stärker rostete, als wenn es mit dem Holz in Berührung stand.

Auch in diesem Jahr gelangten wieder mehrfach an den Laufflächen stark abgenutzte Radreifen zur Untersuchung. In den untersuchten Fällen konnte festgestellt werden, daß Materialfehler, die als Erklärung für die starke Abnutzung hätten dienen können, nicht vorhanden waren. Die an den Laufflächen vorhandenen Kennzeichen sehr starker Kaltreckung bewiesen aber, daß das Material an der Lauffläche starken örtlichen Beanspruchungen bei Luftwärme ausgesetzt gewesen war. Diese Beanspruchungen können durch Schlagen oder Bremsen und dergl. im Betriebe erfolgt sein.

Ein besonders kennzeichnender Fall solcher Beschädigungen von Tenderradreifen ist inzwischen veröffentlicht (vergl. Tabelle b, Nr. 58).

7*

Geschweißte Schienenstöße.   An zwei nach verschiedenen Verfahren (elektrisch und autogen) geschweißten Schienenstößen war festzustellen, ob durch die Schweißung Beeinflussung des Materials der Schiene in der Nähe der Schienenfahrfläche eintritt oder nicht. In beiden Fällen zeigte das Material des Schienenstoßes in der Nähe der Schienenfläche keine Verschlechterung.

Flammrohr.   Ein Flammrohr war von den Nietlöchern aus aufgerissen und zeigte auf der äußeren Fläche Spalten und Risse. Gefügefehler waren nicht vorhanden, jedoch war das Blech im Zustand der Einlieferung ins Amt außerordentlich empfindlich gegen Schlag im verletzten (gekerbten) Zustand.

Die Biegezahl Bz. betrug im Anlieferungszustand $0—^1/_4$, nach $^1/_2$ stündigem Ausglühen bei 900 C^0 $3—3^1/_2$. Das Material war augenscheinlich überhitzt worden[1]. Leider konnten aus Mangel an Material keine Spannungsmessungen (vergl. Tab. b, Nr. 59) ausgeführt werden.

In einem anderen Falle, in dem ein Feuerbuchsenblech aus Flußeisen ebenfalls starke Risse auf der einen Fläche aufwies, konnte durch Spannungsmessungen festgestellt werden (vergl. Tabelle b, Nr. 59), daß tatsächlich im Zustand der Einlieferung ins Amt noch starke bleibende Spannungen im Material vorhanden waren. Sie erreichten auf der einen Blechseite den Wert von 21 kg/qmm Druckspannung und auf der anderen Blechseite 13,8 kg/qmm Zugspannung.

Feuerbuchse.   Bei einer flußeisernen Feuerbuchse traten Risse nur auf einer Blechseite auf. Materialfehler und innere Spannungen, die als Erklärung für das Aufreißen hätten dienen können, waren im Zustand der Einlieferung ins Amt nicht vorhanden. Die Bleche waren bereits vor Einlieferung ins Amt vom Antragsteller zwecks Entnahme von Zerreißproben vielfach zerschnitten.

Das Amt weist deshalb auch an dieser Stelle wieder darauf hin, daß Aufklärung über Auftreten von Brüchen, Rissen usw. meist nur erbracht werden kann, wenn das Probematerial in unverletztem Zustand eingesandt wird. Werden von seiten des Antragstellers bereits vorher aus den Versuchsstücken Proben entnommen, so kann es vorkommen, daß hierbei unbeabsichtigt die Kennzeichen, die den Bruch erklären können, verwischt oder vollständig zerstört werden.

Geschweißter Cellulosekocher.   Bei einem im Betriebe gerissenen geschweißten Cellulosekocher ergab die metallographische Untersuchung der Schweißnaht, daß über $^2/_3$ der Blechstärke die Schweißung mangelhaft gewesen ist; nur in einem Drittel der Blechstärke hatte wirkliche Schweißung stattgefunden. Außerdem war das Material an der Schweißstelle infolge Überhitzung beim Schweißen spröde geworden.

Mangelhafte Schweißung konnte auch an einer Anzahl gerissener Kettenglieder festgestellt werden.

Mulden für Kippwagen.   Etwa 5 mm dicke Eisenbleche für Mulden von Kippwagen zeigten auffallende Sprödigkeit. Die metallographische Untersuchung ergab starke Zonenbildung infolge Seigerung und dementsprechende geringe Kerbzähigkeit des Materials (Bz $= ^1/_4$ bis $^1/_2$) bei hohem Phosphor- und Schwefelgehalt.

Förderseile.   Zwei gerissene Förderseile wurden auf Bruchursache untersucht. In beiden Fällen waren Gefügefehler nicht vorhanden. Die einzelnen Drähte zeigten aber starke Querschnittsveränderungen in Gestalt von Abplattungen und Rillen, die auf starke Beanspruchung der Seile im Betriebe hindeuteten (vergl. auch „Mitteilungen" 1884, S. 2 u. f.).

---

[1] Vergl. E. Heyn „Krankheitserscheinungen in Eisen und Kupfer", Zeitschr. d. Vereines Deutscher Ingenieure, Bd. 46, Jahrgang 1902.

In einem Falle sollte festgestellt werden, ob die Einzeldrähte eines Förderseiles hartgezogen waren. Auf Grund von Löslichkeitsversuchen in verdünnter Schwefelsäure ließ sich dies erkennen[1]).

In mehrfachen Fällen wurden gußeiserne, flußeiserne und schweißeiserne Rohre, Tempergußstücke, Stahlgußstücke, eiserne Stehbolzen, Schraubenbolzen, Kolbenstangen und geplatzte Gewehrläufe auf Materialfehler, die zum Bruch geführt haben könnten, untersucht. *Materialfehler.*

Bandstahl für Metallbandsägen war beim Auswalzen aufgeplatzt. Große Gefügefehler, auf die das Aufreißen zurückgeführt werden könnte, waren nicht vorhanden. Der Stahl zeigte aber im Zustand der Einlieferung ins Amt die Kennzeichen starker Kaltreckung. *Bandstahl.*

Dies ergab sich aus Säurelöslichkeitsversuchen, aus der verminderten Biegungsfähigkeit und aus der Steigerung der Kugeldruckhärte gegenüber dem ausgeglühten Material. Vermutlich war das Aufreißen durch zu starke Kaltreckung beim Kaltwalzen bedingt.

Das Material einer im Betriebe gebrochenen „Königsspindel einer Förderschale" zeigte stark ausgeprägte Zonenbildung infolge Seigerung. Die Kerbzähigkeit war sehr gering $(Bz = 0)$. Die Festigkeit und Dehnung waren befriedigend, doch ließen die Zerreißversuche deutlich erkennen, daß das Material an verschiedenen Stellen des Querschnitts große Festigkeitsunterschiede aufwies. Es ist eine durch die Erfahrung häufig festgestellte Tatsache, daß geringe Kerbzähigkeit (Sprödigkeit) beim Zerreißversuch nicht immer zum Ausdruck kommt[2]). So ergaben sich Bruchgrenzen von 3900, 4540, 4540 at bei entsprechenden Dehnungen $(\delta\ 5{,}65\ \sqrt{f})$ von 34,1, 21,0 und 32,6 %, während das Mittel aus je 10 Kerbschlagproben vor und nach dem Ausglühen die Biegezahl $Bz = 0$, also erhebliche Sprödigkeit ergab. *Feststellung der Bruchursache.*

Bei einer anderen, ebenfalls im Betriebe gebrochenen Königsstange einer Förderschale waren gröbere Gefügefehler (Seigerung usw.) nicht vorhanden. Das Material war Schweißeisen. Die verlangte Festigkeit von 3700 bis 3800 kg/qcm war jedoch nicht erreicht, während die Dehnung den Lieferungsbedingungen entsprach.

Zwei gebrochene schweißeiserne Schraubenbolzen wiesen sehr geringe Kerbzähigkeit $(Bz = {}^{1}/_{4}$ bis $^{1}/_{2})$ auf. Ätzung mit Kupferammoniumchlorid ließ auf hohen Phosphorgehalt schließen. Die chemische Analyse ergab im Bolzen I 0,38 % und im Bolzen II 0,29 % Phosphor. *Schraubenbolzen.*

Hohen Phosphor- und Schwefelgehalt wiesen auch Bruchstücke von Baggereimern aus Flußstahl auf. Dementsprechend war die Kerbzähigkeit des Materials nur gering. Der Phosphorgehalt betrug 0,14 %, der Schwefelgehalt 0,093 %. *Baggereimer.*

Eine im Betriebe gebrochene Ankerwelle war im Zustand der Einlieferung ins Amt empfindlich gegen stoßweise Beanspruchung im verletzten (gekerbten) Zustand. Solch eine Verletzung (Kerbung) war im vorliegenden Falle durch scharfkantiges Eindrehen an verschiedenen Stellen des Wellendurchmessers gegeben. Zu beachten ist, daß bei häufig wiederholten Anspannungen bereits sehr kleine Verletzungen des Materials zu einem allmählich entstehenden und weiter fortschreitenden Bruch führen können. Durch Ausglühen wurde die Empfindlichkeit des Materials gegen Schlag in kleinen Probestäben erheblich herabgemindert. Die spezifische Schlagarbeit betrug vor dem Ausglühen 2,0, nach dem Ausglühen 4,7 mkg/qcm. *Wellenbruch.*

---

[1]) Vergl. E. Heyn und O. Bauer „Über den Einfluß der Vorbehandlung des Stahls auf die Löslichkeit gegenüber Schwefelsäure; die Möglichkeit, aus der Löslichkeit Schlüsse zu ziehen auf die Vorbehandlung des Materials", Mitteilungen 1909, Nr. 20.

[2]) Vergl. E. Heyn „Krankheitserscheinungen in Eisen und Kupfer", Zeitschr. d. Vereines Deutscher Ingenieure, Bd. 46, 1902.

Eine andere Welle (große Kurbelwelle) zeigte ähnliches Verhalten. Die spezifische Schlagarbeit des Materials vor dem Ausglühen betrug 2,6, nach dem Ausglühen 6,0 mkg/qcm. Beide Wellen lagen demnach nicht im günstigsten Zustand der Wärmebehandlung vor.

Es ist aber die Frage, ob die Steigerung der spezifischen Schlagarbeit in demselben Grade erzielt wird, wenn die Welle als solche nach dem Schmieden geglüht wird, da hier wegen der großen Masse die Abkühlung langsamer vor sich geht als bei kleinen Probestäben.

Siederohre. Siederohre eines Dampfkessels zeigten nach kurzer Betriebszeit starke Aufbeulungen an den vom Feuer bestrichenen äußeren Rohrwandungen.

An den Stellen mit Aufbeulungen war das Eisen unter Einwirkung von schwefliger Säure in ein Gemenge von Schwefeleisen und Eisensauerstoffumbildung umgewandelt, auch war dort weitgehende Entkohlung des Rohrmaterials eingetreten. Der Befund bewies, daß an den Beulen das Material zum Erglühen gebracht worden sein muß.

Kegelräder, Kugellager, Stahlbänder. Kegelräder, Kugellager, Stahlbänder usw. wurden mehrfach auf Materialfehler untersucht.

In einem Falle waren zwei Stahlmeßbänder beim Ätzen verschieden stark dunkel gefärbt. Sie waren gehärtet und angelassen. Um überhaupt Dunkelfärbung zu erzielen, ist Innehaltung einer bestimmten Anlaßtemperatur erforderlich. Sie liegt bei hochgekohlten Stahlsorten bei etwa 400 C° Anlaßhitze. Sie kann sich aber je nach Art des Materials etwas verschieben. Der Löslichkeitsversuch gibt hierüber gute Anhaltepunkte, da mit der höchsten Dunkelfärbung auch die höchste Löslichkeit zusammenfällt[1]). Die Stahlbänder waren wahrscheinlich nicht bei der gleichen Temperatur angelassen.

Fehlerhafter Stahldraht. Ein Walzdraht zeigte Fehlstellen und Risse auf der Oberfläche, die ihn zur Weiterverarbeitung durch Ziehen untauglich machten.

Fehlerhafte Gesenkeschmiedestücke. Gesenkeschmiedestücke wiesen Risse auf. Die Untersuchung ergab, daß die Risse infolge von Schlackeneinschlüssen entstanden waren.

Sulfideinschlüsse. Örtliche Anreicherung von Sulfideinschlüssen konnte in einer Welle auf Grund der „Schwefelabdruckprobe"[2]) nach E. Heyn und O. Bauer festgestellt werden.

Emaillierte Rohre. Emaillierte Fahrradteile wiesen stellenweise starke Aufrankungen der Emailleschicht auf. An den aufgerankten Stellen war das unter der Emailleschicht befindliche Eisen stark gerostet, während dort, wo die Emailleschicht glatt war, das darunter befindliche Eisen keinen Rostangriff zeigte.

Entscheidung strittiger Fragen. In mehrfachen Fällen wurde durch metallographische Untersuchung festgestellt, ob Rohre nahtlos oder patentgeschweißt waren, ob Schweiß- oder Flußeisen, ob Grauguß oder Stahlguß vorlag.

Nickelstahl. In zwei Fällen wurden Turbinenschaufeln aus hochprozentigem Nickelstahl, die im Betrieb rissig geworden waren, auf Eigenspannungen untersucht. Es konnten mittels des Heyn- und Bauerschen Verfahrens starke Spannungen infolge Kaltreckens festgestellt werden.

Kupfer-Nickellegierung. Von zwei Stücken A und B einer Kupfer-Nickellegierung ließ sich nach Angabe des Antragstellers das eine Stück A gut auswalzen, während das andere B starke Kantenrisse bekam.

Es zeigte sich, daß in B der Kohlenstoffgehalt erheblich höher war, als in A. Außerdem war in B der Kohlenstoff zum größten Teil als Graphit enthalten, während in A

---

[1]) Vergl. E. Heyn und O. Bauer „Über den inneren Aufbau gehärteten und angelassenen Werkzeugstahls. Beiträge zur Aufklärung über das Wesen der Gefügebestandteile Troostit und Sorbit", Mitteilungen aus dem Königl. Materialprüfungsamt. 1906, Heft 1.

[2]) Nähere Angaben über dieses Verfahren finden sich in „Metallographie" von E. Heyn und O. Bauer, Bd. 2, Seite 130, Sammlung Göschen 1909.

graphischer Kohlenstoff nicht vorhanden war. B enthielt reichliche Mengen mikroskopisch kleiner Einschlüsse von Fremdkörpern, während A frei davon war. Es ist wahrscheinlich, daß das verschiedene Verhalten beim Walzen in der chemischen Zusammensetzung, namentlich in den verschiedenen Kohlenstoffgehalten begründet liegt.

Eine geschmiedete Luftpumpenkolbenstange war im Betriebe gerissen. Der Bruch zeigte eigentümliche Kegelbildung. Ähnliche Brucherscheinungen wie in der eingesandten Kolbenstange treten bei Schmiedestücken aus Bronze, Eisen usw. auf, wenn das Schmieden bei zu niedriger Temperatur oder bei ungleichmäßiger Durchwärmung des zu schmiedenden Teiles erfolgt. Hierbei kann infolge Streckung der Oberflächenhaut unter dem Einfluß der Hammerschläge Abreißen des Materials im Innern eintreten. Bei weiterem Schmieden wird dann der entstandene Riß kegelförmig ausgestreckt, ähnlich wie in der eingesandten Stange (s. Tabelle b: Über Spannungen in kaltgereckten Metallen). *Durana-Metall.*

Die kupferne Feuerbüchse einer Schnellzugslokomotive war nach kurzer Betriebszeit gerissen. Außer einem großen Riß traten noch zahlreiche kleine Risse auf. Die Rißwandungen waren mit Kupferoxydul bedeckt. Das Kupfer zeigte die Kennzeichen der Überhitzung. Die Risse könnten durch häufiges Hin- und Herbiegen infolge Temperaturverschiedenheiten in der Wand der Feuerbuchse entstanden sein. Ihre Entstehung würde durch die verminderte Biegungsfähigkeit des überhitzten Kupfers begünstigt worden sein. *Kupferne Feuerbüchse.*

Gebrochene Zahnräder aus Bronze zeigten auf den frischen Bruchflächen Flächen von grauer Farbe. Auf Grund der Gefügeuntersuchung haben die Zahnräder nach dem Guß sehr langsame Abkühlung durchgemacht. Hierdurch erklärt sich das Auftreten der grauen Flecken auf den frischen Bruchflächen[1]. *Zahnräder.*

In zahlreichen Fällen wurden Kupferdrähte (Kabel), Bronze und Messinggußstücke, Turbinenschaufeln aus Messing, Kupferbleche für die verschiedensten Zwecke usw. auf Gefügefehler untersucht. *Gefügefehler.*

Ferner wurde das chemische Verhalten von verkupferten, verzinkten Blechen von Spiralfedern aus Messing, von Messingröhren und von verschiedenen Kupferlegierungen gegenüber der Einwirkung verschiedener Lösungen und Dämpfe festgestellt. *Chemischer Angriff.*

In zahlreichen Fällen wurden Kugeldruckhärtebestimmungen von verschiedenen Lagermetallen ausgeführt. Stets wurden in solchen Fällen die Antragsteller darauf aufmerksam gemacht, daß die Härte der Legierungen nicht nur von ihrer chemischen Zusammensetzung, sondern auch von der Art des Gusses und der Abkühlung nach dem Guß abhängt. *Härtebestimmungen.*

In zwei Fällen wurden Glühlampenfäden mikroskopisch auf etwaige Oberflächenveränderungen nach dem Gebrauch untersucht. *Glühlampenfäden.*

Mittels des in der Abteilung ausgearbeiteten Verfahrens zur Bestimmung der Wasserstoffdurchlässigkeit von Ballonstoffen (nach E. Heyn) wurden zahlreiche Ballonstoffe verschiedenster Herkunft geprüft. Es ist beabsichtigt, demnächst das Verfahren zu veröffentlichen (vergl. auch Tabelle b, Nr. 1). *Wasserstoffdurchlässigkeit von Ballonstoffen.*

Aus der Zusammenstellung läßt sich der große Wert der metallographischen Prüfung für die Aufklärung von Unfällen und auffälligen Erscheinungen erkennen. Inniges Zusammenarbeiten von Praxis und Wissenschaft wird die Erkenntnis fördern.

---

[1] Vergl. auch E. Heyn und O. Bauer „Kupfer, Zinn und Sauerstoff", Mitt. a. d. Königl. Materialprüfungsamt. 1904, Seite 137.

Abteilung 5 für allgemeine Chemie.

In der Abteilung 5 für allgemeine Chemie wurden 581 Anträge mit 1071 Untersuchungen erledigt. Von den Anträgen entfielen 107 mit 227 Untersuchungen auf Behörden, 474 mit 844 Untersuchungen auf Private.

Von den 581 Anträgen gingen 555 aus dem Inlande, 26 aus dem Auslande ein; sie verteilen sich auf die verschiedenen Staaten und Länder wie in Tabelle S. 76 angegeben.

Über die Art der Prüfungen gibt die Zusammenstellung (Anhang, Tabelle a) Auskunft.

Von den Untersuchungen dürften die im Nachstehenden beschriebenen allgemeine Bedeutung beanspruchen.

Eisen.

Eine große Anzahl der Prüfungen erstreckte sich auf Eisen und seine Legierungen. Die chemische Analyse konnte oft durch die metallographische Untersuchung mit Vorteil ergänzt werden.

Die Hauptmenge der Prüfungen erstreckte sich auf die Ermittelung von Kohlenstoff, Silizium, Mangan, Phosphor, Schwefel und Kupfer. Außerdem gelangten Stahlproben mit Gehalt an Aluminium, Nickel, Chrom, Wolfram und Vanadin zur Untersuchung.

Metalle.

Von Metallen und Legierungen wurden häufig Lagermetalle, Schriftmetalle, Kupfer und Kupferlegierungen, Werkblei, Zinn und Antimon, ferner Nickel und Nickellegierungen, Aluminium und dessen Legierungen usw., vorwiegend Gesamtanalysen, aber auch Einzelbestimmungen ausgeführt.

Für die Metallanalyse konnten häufig die neueren, in der Literatur erschienenen Arbeiten verwendet werden.

Ein Antragsteller beanstandete den in Kupfer gefundenen Arsengehalt, und zwar aus dem Grunde, weil der angegebene Arsengehalt in Prozenten nicht bis zur 4. Dezimale angegeben sei. Analysenergebnisse bis zur 4. Dezimale von Prozenten anzugeben, muß das Amt aber ablehnen und zwar aus folgender einfacher Überlegung:

Bei Einwagen von 100 g Probe würde bei einem Gehalt von beispielsweise $0{,}0001 \, {}^0/_0$ die Auswage nur wenige Zehntelmilligramm betragen; dies sind aber Gewichtsmengen, die sich auf den gebräuchlichen Analysenwagen nicht mit Sicherheit bestimmen lassen. Hierbei ist auf Fehlerquellen durch Verunreinigungen selbst in den reinsten Reagentien, Filteraschen usw., keine Rücksicht genommen.

Es sei aber auch auf die verwerfliche Gewohnheit, genaue Analysenwerte durch Berechnung möglichst vieler Dezimalstellen vorzutäuschen, hingewiesen.

Brennmaterialien.

Besonders häufig wurde die Untersuchung von Brennmaterialien beantragt. Es ist dies ein erfreuliches Zeichen dafür, daß die Erkenntnis von der Bedeutung der kalorimetrischen Bewertung von Heizmaterialien in immer weitere Kreise dringt.

Die Untersuchungen erstreckten sich in der Hauptsache auf Kohlen verschiedener Herkunft und auf andere Brennstoffe, namentlich Heizöle.

Heizversuche mit Sparvorrichtung.

Zu erwähnen ist ferner eine Untersuchung, die einen Vergleich der Heizwirkungen eines Ofens mit und ohne Anwendung einer Sparvorrichtung ermöglichen sollte. Zur Verwendung kamen Preßkohlen, Steinkohlen und Koks. In einem besonderen Raume von etwa 45 cbm Inhalt wurde der vom Antragsteller gelieferte Ofen aufgestellt und mit jedem der genannten Brennmaterialien je 3 Tage lang Heizversuche, einmal ohne und einmal mit Einbau der Sparvorrichtung, angestellt. Die Thermometerablesungen an verschiedenen Stellen im Raum ergaben, daß bei Verwendung der Sparvorrichtung stets gleiche Heizwirkungen mit geringeren Mengen der Brennmaterialien erzielt wurden, als sie ohne Sparvorrichtung nötig wurden. Am günstigsten lagen die Verhältnisse bei Verwendung von

Preßkohlen, bei denen unter Benutzung der Sparvorrichtung nur etwa 55 % des Brenn-materials erforderlich war, um die gleiche Wirkung wie ohne Sparvorrichtung hervorzu-bringen. Im Falle der Steinkohlen genügten schätzungsweise etwa 60 %, von Koks etwa 70 % des ohne Sparvorrichtung verfeuerten Heizmateriales, um in gleicher Weise die Innentemperatur des Raumes um etwa 20 C⁰ höher zu halten als die Außentemperatur.

Daß auch im Auslande die Kohlenuntersuchungen der Abteilung Beachtung finden, beweist u. a. eine Anfrage des Laboratorium-Vorstandes des Österreichischen Vereins für chemische Industrie, betreffs Einrichtung einer kalorimetrischen Anlage, ferner die Tatsache, daß nicht selten Untersuchungen auch im Auftrage ausländischer Antragsteller ausgeführt wurden. *(Anfragen aus dem Ausland, betr. Kohle-prüfung.)*

Zahlreiche Analysen galten wie alljährlich den Baumaterialien. *(Baumaterialien.)*

Die bereits im vorigen Jahresbericht erwähnten Untersuchungen über den Einfluß von Moorböden und Moorwässern auf Zement und Beton wurden fortgesetzt. Gleichzeitig wurden wissenschaftliche Untersuchungen über die Einwirkungen von Schwefelwasserstoff auf Kalk und Zement, sowie über den Einfluß von Salzlösungen auf Baumaterialien in Angriff ge-nommen. Beide Untersuchungsreihen werden zurzeit noch fortgeführt. Für die wissenschaft-liche Durcharbeitung der Frage des Schwefelwasserstoffangriffs hat der Deutsche Ausschuß für Eisenbeton (Moorversuche) einen größeren Beitrag bewilligt. *(Einfluß von Moorboden auf Zement und Beton.)*

Zahlreiche Wasserproben waren auf Verwendbarkeit zur Kesselspeisung zu untersuchen. In einigen Fällen gelangten wiederum Wasserproben zur Prüfung, die aus den Kolonien stammten und für die dortigen Eisenbahnen Verwendung finden sollten. *(Kesselspeise-wasser.)*

Auch Sprengstoffe wurden auf Empfindlichkeit und Lagerungsbeständigkeit nach den üblichen Vorschriften untersucht. *(Sprengstoffe.)*

Ferner waren Guttapercha-Zündschnüre auf Gleichmäßigkeit der Pulverfüllung, Brenndauer, Beschaffenheit des Guttapercha-Überzuges (Brüchigkeit, Vorhandensein schad-hafter Stellen, und Wasserdichtigkeit) sowie auf Intensität des Zündfunkens zu untersuchen. *(Guttapercha-Zündschnüre.)*

Die Frage der amtlichen Tintenprüfung wurde durch wiederholte Besprechungen mit den Hauptvertretern der deutschen Tintenindustrie und durch erneute Untersuchungen weiter gefördert (vergl. S. 16 dieses Berichtes). *(Tintenprüfung.)*

Die mit den Vereinigten Fabrikanten isolierter Leitungen abgeschlossene Ver-einbarung, wonach die Zusammensetzung der Kautschukhülle von Normal-Leitungsdrähten durch im Amt ausgeführte Analysen kontrolliert werden soll, gab Veranlassung zu einem erfreulichen Ansteigen der Kautschukuntersuchungen. Die Prüfung des Kautschukmaterials von Normalleitungsdrähten bildete denn auch die Hauptmenge der hierher gehörigen Unter-suchungen (vergl. S. 14 dieses Berichtes). *(Kautschuk-prüfung.)*

Von anderen Analysen aus diesem Gebiete seien u. a. folgende erwähnt:

Eine als künstlicher Kautschuk bezeichnete Probe sollte daraufhin untersucht werden, ob sie tatsächlich aus Kautschuk bestände. Es zeigte sich, daß das Material, das äußerlich die Beschaffenheit etwa von hellem gewaschenem Ceylon-Kautschuk aufwies, in seinen Eigenschaften (Quellbarkeit, Zusammensetzung, Fällbarkeit, Verhalten unter dem Ultra-Mikroskop) sich nicht von technischem Rohkautschuk unterschied. Besonders auffällig erschien der Befund, daß die Probe etwa 0,4 % Stickstoff enthielt, was auf die Gegenwart von Eiweißstoffen hindeutete (vergl. auch den auf S. 9 dieses Berichtes genannten Fall). *(Künstlicher Kautschuk.)*

Ferner gelangten verschiedene Sorten Rohkautschuk, Regenerate, Gummiplatten, Gummi-absätze, Kabel usw. zur Untersuchung.

Von wissenschaftlichen Arbeiten der Abteilung, die im letzten Etatsjahr durchgeführt worden sind, seien folgende erwähnt: *(Wissenschaft-liche Arbeiten.)*

Permanganat und arsenige Säure.

Über die Titration von Permanganat mit arseniger Säure in neutralen oder schwach alkalischen Lösungen berichtete der ständige Mitarbeiter Eugen Deiß in der Zeitschrift Stahl und Eisen. Veranlassung zu dieser Untersuchung gab die Beobachtung, daß die Umsetzung zwischen Permanganat und arseniger Säure nicht genau nach der Umsetzungsgleichung verläuft; die Ursachen hierfür wurden ermittelt und ein Weg gefunden, um das Verfahren für die Zurückmessung kleiner Permanganatmengen beim Titrieren von Mangan anwendbar zu machen.

Natriumkarbonat als Oxydationsmittel.

In einer weiteren Arbeit „über die Verwendung von Natriumkarbonat als Oxydationsmittel" wurde von demselben Autor die Wirkungsweise von Natriumkarbonat allein oder in Mischung mit Magnesia oder Ätzkalk beim Erhitzen mit Metallpulvern untersucht. Die Wirkungsweise dieser Mischungen, zu denen auch die bekannte Eschka-Mischung zählt, beruht auf dem allmählichen Zerfall des Natriumkarbonats beim Erhitzen in Natriumoxyd und Kohlendioxyd. Letzteres übt unter Bildung von Kohlenoxyd, das entweicht, oxydierende Wirkungen auf die vorhandenen Metalle aus.

Neues Verfahren zur Untersuchung von Weißmetallen.

Für die Untersuchung von Weißmetallen läßt sich mit Vorteil der Aufschluß der Legierung mit einer Lösung von Brom in Chloroform verwenden. Hierbei gehen die Bromide des Zinns, Antimons und Arsens in Lösung, während diejenigen des Bleis, Kupfers usw. sich unlöslich abscheiden. Die weitere Trennung und Bestimmung der einzelnen Bestandteile erfolgt nach z. T. im Amt ausgearbeiteten und bereits veröffentlichten Verfahren (vergl. Tabelle b, Nr. 63).

Zinnbestimmung in Weißmetallen durch Elektrolyse.

Nach diesem Verfahren erfolgt zunächst die Abscheidung des Zinns aus chlorfreier, salpeterweinsäurehaltiger Lösung durch Phosphorsäure oder Alkaliphosphat als Zinnphosphat. Letzteres wird in Kalilauge gelöst und aus alkalischer Lösung das Zinn durch den elektrischen Strom auf einer verkupferten Platinnetzelektrode niedergeschlagen[1]) (vergl. Tabelle b, Nr. 62).

Ferrosilizium.

Die bereits in früheren Jahresberichten erwähnten Untersuchungen über die Entwicklung giftiger Gase aus im elektrischen Ofen erzeugtem Ferrosilizium sind zusammenfassend von F. W. Hinrichsen in den Mitteilungen des Amtes veröffentlicht (vergl. Tabelle b, Nr. 65). Ebendort ist auch die ebenfalls bereits früher erwähnte Arbeit über die Analyse von Chrom-Wolfram-Stählen, die F. W. Hinrichsen in Gemeinschaft mit K. Dieckmann durchgeführt hat, erschienen (vergl. Tabelle b, Nr. 64).

Kautschuk.

Einen breiten Raum unter den wissenschaftlichen Arbeiten der Abteilung nahmen die Untersuchungen aus dem Gebiete des Kautschuks ein, entsprechend der in erfreulicher Weise gesteigerten Inanspruchnahme der Abteilung nach dieser Richtung. Hier ist in erster Linie das Buch „Der Kautschuk und seine Prüfung" von F. W. Hinrichsen und K. Memmler zu erwähnen.

Das Buch hat in der Fachliteratur fast ausnahmslos warme Anerkennung gefunden.

Vor dem Verein Deutscher Chemiker hielt ferner F. W. Hinrichsen gelegentlich der Hauptversammlung 1910 in München einen Vortrag über „Physikalisch-chemische Kautschukstudien", in dem zusammenfassend über einige im Amte ausgeführte Untersuchungen betreffend Molekulargröße des Kautschuks, optische Aktivität der Kautschukharze und Theorie der Vulkanisationsvorgänge berichtet wurde.

Füllstoffbestimmung.

Aus dem Gebiete der Kautschukanalyse sei eine Arbeit von J. Marcusson und F. W. Hinrichsen „Zur Bestimmung der Füllstoffe in Kautschukmischungen" erwähnt (vergl. Tabelle b, Nr. 67).

---

[1]) Das gleiche Verfahren gestattete auch die unmittelbare Zinnbestimmung im Elektrolytzinn.

In einer weiteren Abhandlung „Zur Bestimmung der festen Paraffinkohlenwasserstoffe in Kautschukmischungen" beschreibt F. W. Hinrichsen Versuche zur Nachprüfung des Chloralhydratverfahrens zur Trennung von Kautschukharzen und Paraffinkohlenwasserstoffen.

Die Untersuchungen über optische Aktivität der Kautschukharze wurden mit zahlreichen neuen Proben wesentlich gefördert, so daß eine zweite Mitteilung über diesen Gegenstand von F. W. Hinrichsen und J. Marcusson veröffentlicht werden konnte.

Ferner seien noch Untersuchungen über die Tetrabromidbestimmung des Kautschuks von F. W. Hinrichsen und E. Kindscher und über die Theorie der Vulkanisationserscheinungen von F. W. Hinrichsen erwähnt. Die Arbeiten versprechen im bevorstehenden Jahre wesentliche Fortschritte, besonders auf Grund des Umstandes, daß dem Verfasser aus den Zinsen der Jagor-Stiftung ein namhafter Betrag zur Durchführung dieser Versuche zur Verfügung gestellt worden ist.

Abteilung 6 für Ölprüfung.

In der Abteilung für Ölprüfung wurden 810 Proben zu 548 Anträgen untersucht (gegenüber 1050 Proben zu 650 Anträgen im Vorjahr). In diese Anträge ist ein gemeinsamer Antrag des Herrn Ministers der öffentlichen Arbeiten, des Herrn Finanzministers und des Herrn Kriegsministers eingeschlossen, der sich auf die Unterscheidung von künstlichen und natürlichen Asphalten bezieht, außerdem ein gemeinsamer Antrag des Herrn Ministers der öffentlichen Arbeiten, des Herrn Ministers für Handel und Gewerbe und des Reichsmarineamts, der sich auf die Prüfung der Verharzungsfähigkeit von Mineralölen erstreckt. Von den übrigen Anträgen entfielen 167 mit 250 Proben auf Behörden und 381 mit 560 Proben auf Private. Auf Länder verteilt gruppieren sich die Anträge nach Tab. S. 76.

Für Behörden wurden geprüft 4 Benzine, 5 Petroleumproben, 14 Spiritusproben für Beleuchtungszwecke, 4 Kerzen, 139 Mineralschmieröle, 32 Gemische von Mineralöl und fettem Öl, 1 Vaselinöl, 4 Öle für Verbrennungsmotoren, 4 Maschinenschmierfette, 2 Goudronproben, 6 Asphaltklebemassen, 3 Asphaltisolierplatten, 3 wasserlösliche Öle, 12 fette Öle (Rüböl, Rizinusöl), 1 Olein, 1 Stearinprobe, 2 Glyzerinproben, 1 Seifentalg, 2 Rindstalge, 3 Seifen, 2 Firnisse, 1 Firnisersatz, 1 Terpentinöl, 1 braune seifenhaltige Flüssigkeit (auf Zusammensetzung zu prüfen), 2 Stoffproben (auf Seifengehalt zu prüfen).

Die für Private untersuchten Proben betrafen 5 Rohöle, 1 Rohölbrikett, 12 Benzine, 1 Benzinersatz, 1 Benzol, 8 Petroleumproben, 1 Laternenöl, 326 Mineralschmieröle, 17 Gemische von Mineralöl und fettem Öl, 15 Öle für Verbrennungsmotoren, 4 Dynamoöle, 2 Turbinenöle, 1 Kompressoröl, 1 Riemenschmiere, 2 Rostschutzöle, 15 Transformatorenöle, 2 Rückstände, 21 Maschinenschmierfette, 4 Wagenfette, 1 Schmierextrakt, 10 Ozokerite, 1 Ceresin, 7 Paraffine, 2 Vaselineproben, 3 Montanwachse, 1 Goudron, 3 Asphalte, 2 Asphaltmehle, 3 Asphaltklebemassen, 2 Asphaltkitte, 2 Asphaltfilzpappen, 1 Leinwandasphaltplatte, 1 Isolierplatte, 4 Braunkohlenproben, 3 Teere, 3 Teerprodukte, 2 Peche, 12 Steinkohlenteeröle, 1 rohe Karbolsäure, 2 Imprägnieröle, 1 Formenöl, 20 fette Öle (Knochenöl, Tran, Rüböl, Sesamöl, Bohnenöl), 1 Türkischrotöl, 2 Wachse, 5 Oleine, 1 Lederfett, 2 Hanfpackungen, 1 Wollfettolein, 1 Abfallöl (Blackoil), 1 Glyzerin, 1 Glyzerinersatz, 1 Schmierseife, 4 Leinölfirnisse, 1 Firnisersatzmittel, 2 Terpentinöle, 1 Terpentinölersatzmittel, 1 Kernöl, 3 Farben, 1 Kittlack, 1 Glaserkitt, 1 Mennige, 1 Polierpräparat, 1 Zündschnurpulver (auf Art des vorhandenen Öles zu prüfen), 2 Segeltuchproben (auf Paraffin zu prüfen).

33 Gutachten wurden ausgestellt.

8*

Von vorstehend genannten, auf Antrag ausgeführten Untersuchungen ist im einzelnen folgendes hervorzuheben:

Rohöl.

2 deutsche Rohöle wurden u. a. auf Verhalten bei der Destillation geprüft und erwiesen sich als benzinfrei, leuchtölarm, schmieröl- und asphaltreich.

Ein dünnflüssiges, hellgelbes Öl von petroleumartiger Beschaffenheit war daraufhin zu prüfen, ob es als Roherdöl angesprochen werden könne. Die Prüfung ergab keine Anhaltspunkte hierfür; es mußte vielmehr nach dem spezifischen Gewicht, Flammpunkt und Siedeverhalten angenommen werden, daß es sich um ein bei der Verarbeitung von Rohöl erhaltenes Leuchtpetroleum handelte.

Rohölbrikett.

Ein Rohölbrikett entflammte im offenen Tiegel bei etwa 110 C⁰.

Benzin.

Bei 11 Automobilbenzinen, die z. T. auf Reinheit, z. T. nach eingesandten Lieferungsbedingungen zu prüfen waren, schwankte das spezifische Gewicht (15 C⁰) von 0,70 bis 0,72, der Prozentgehalt an bis 100 C⁰ siedenden Anteilen von 68 bis 93. Über 150 C⁰ siedende Anteile waren in keinem der Benzine enthalten.

Angriffsvermögen von Benzin auf Celluloid und Dichtungsstoffe.

Im Auftrage einer Behörde war das Angriffsvermögen von Benzin auf das Zelluloidschauglas und die Dichtungsmaterialien eines Benzinbehälters zu prüfen. Es ergab sich, daß in das Benzin auch bei längerer Einwirkung nur äußerst geringe Mengen von Fremdstoffen (etwa 10 mg auf 1 l Benzin) übergingen. Indessen konnten Bestandteile des Zelluloids (Kampfer- und stickstoffhaltige Stoffe) nicht nachgewiesen werden. Es mußte vielmehr geschlossen werden, daß die Fremdstoffe aus den Dichtungsmaterialien herrührten.

Petroleum.

3 Petroleumproben wurden auf Brennfähigkeit, sowie physikalische und chemische Eigenschaften geprüft.

Laternenöl.

1 Laternenöl wurde im Vergleich zu Rüböl auf Brennfähigkeit und Widerstandsfähigkeit gegen Auslöschen durch Wind von verschiedener Stärke und beim Schwenken in der beim Signalgeben üblichen Weise geprüft. Im ersteren Fall verhielt sich das Laternenöl, im anderen Fall das Rüböl günstiger.

Spiritus für Beleuchtungszwecke.

Auf ministeriellen Antrag wurde eine größere Anzahl von 95%igen, in unauffälliger Weise aus verschiedenen Gegenden des Reichs bezogenen Spiritusproben (zu Leuchtzwecken) auf gleichmäßige Beschaffenheit, namentlich auf Richtigkeit des nach dem neuen Branntweinsteuergesetz auf den Behältern anzugebenden Spiritusgehalts geprüft. Die Wirkung des angegebenen Gesetzes sollte hierdurch festgestellt werden. Die Proben zeigten gleichmäßige den Vorschriften des Gesetzes entsprechende Beschaffenheit.

Spiritushaltiges Leuchtöl.

Ein Leuchtöl, das nach Reinigung mit Spiritus in seiner Brennfähigkeit verbessert sein sollte, war daraufhin zu prüfen, ob es als Petroleum im Sinne der Kaiserlichen Verordnung vom 24. März 1882 anzusehen sei. Das Öl enthielt infolge der ungenügenden Entfernung des Spiritus noch einige Raumprozente desselben und stellte somit eine Lösung von wenig Spiritus in Petroleumkohlenwasserstoffen dar, die im wesentlichen die Eigenschaften von Petroleum zeigte. Der Spiritusgehalt bewirkte, daß der Flammpunkt auf 9,5 C⁰ herabgesetzt wurde, so daß das Öl den feuergefährlichen Mineralölen zuzurechnen war.

Isolieröl.

2 Isolieröle wurden physikalisch und chemisch geprüft. Außerdem wurde die Zähigkeit beider Öle zwischen 0 und 100 C⁰ ermittelt, wobei die Zähigkeit bei den höheren Temperaturen mit dem Englerschen, die Zähigkeiten unter 35 C⁰, wo die Öle fest waren, mit dem Kißlingschen Zähigkeitsmesser ermittelt wurden.

Transformatorenöl.

Von Transformatorenölen wird u. a. hauptächlich niedriger Flüssigkeitsgrad (etwa 4 bei 20 C⁰), gute Kältebeständigkeit, Abwesenheit von Schwefel und Alkalien verlangt, außerdem sollen die Öle bei 120stündigem Erhitzen auf 240 C⁰ keinen Bodensatz bilden.

Von den hier geprüften Ölen entsprach keins diesen Bedingungen vollkommen. Insbesondere ist zu bemerken, daß bei fast allen Proben mehrere Zehntel Prozent Schwefel nachgewiesen wurden.

2 Dampfzylinderöle wurden auf ihren Gehalt an alkoholätherunlöslichem Asphalt nach dem üblichen, im Amt ausgearbeiteten Holdeschen Verfahren, sowie einem vom Antragsteller angegebenen Verfahren geprüft. Nach letzterem wurden bedeutend niedrigere Werte als nach ersterem erhalten. *Dampfzylinder-öle.*

2 Gasmotorenöle, welche Ablagerungen im Zylinder gebildet haben sollten, wurden daraufhin untersucht, ob sie Eigenschaften aufwiesen, die eine Rückstandsbildung begünstigen. Solche Eigenschaften konnten mit den bestehenden Verfahren nicht nachgewiesen werden. Der von den Ölen gebildete Rückstand enthielt neben oxydiertem Öl noch anorganische Stoffe, die im wesentlichen die Zusammensetzung von Hochofenschlacken zeigten. Demnach war anzunehmen, daß Schlackenbestandteile in den Zylinder gelangt und dort durch allmähliches Zusammenbacken mit dem Öl die Zersetzung des Öls in der Wärme begünstigt haben. Hierbei bildete sich allmählich durch Anreicherung der Rückstand. *Gasmotorenöle.*

2 Rückstände aus Dampfzylindern wurden auf Zusammensetzung untersucht. Sie enthielten Stoffe (z. B. Holzteile, grobe Quarzsandkörner), die in den verwendeten Schmierölen nicht enthalten waren. Sie konnten daher nur durch Fahrlässigkeit in den Zylinder gelangt sein und leicht zu starken Reibungen und Überhitzungen führen. Die Bildung des Rückstandes aus Schmieröl von normaler Beschaffenheit ist alsdann nicht verwunderlich. *Rückstand.*

4 dunkelgefärbte Wagenfette von teerartigem bezw. rohölartigem Geruch erwiesen sich als frei von Säure, Harz und Beschwerungsmitteln, enthielten aber merkliche Mengen anscheinend von der Fabrikation herrührenden Ätzkalks und kohlensauren Kalks. Zwei der geprüften Proben tropften im Ubbelohdeschen Apparat bei etwa 56, die beiden anderen bei etwa 104 C⁰. *Wagenfett.*

Zahlreich waren im letzten Berichtsjahr die Untersuchungen von Ozokeriten und Ceresinen. In zwei Fällen lag eine gröbliche Verfälschung mit Paraffin vor, in den übrigen Fällen war Paraffinzusatz nicht sicher nachweisbar. Eine Probe erwies sich als Marmorwachs von ungewöhnlich hohem Schmelzpunkt. *Ozokerit. Ceresin.*

3 Montanwachse wurden auf Schmelzpunkt, Säure-, Ester- und Verseifungszahl geprüft. *Montanwachs.*

Die Inanspruchnahme der Abteilung durch Anträge auf Prüfung von Erzeugnissen der Asphaltindustrie hat sehr zugenommen.

2 Asphaltmehle waren auf Zusammensetzung zu prüfen. Eines erwies sich durch Untersuchung nach dem Verfahren von Marcusson-Eickmann als künstliches Asphaltmehl, was auch nachträglich vom Einsender zugegeben wurde. *Asphaltmehl.*

Bei 9 Asphaltklebemassen war festzustellen, ob neben Steinkohlenteerrückständen Naturasphalt (Trinidad-Asphalt) zugegen sei. Nach Möglichkeit sollte auch die Menge des letzteren ermittelt werden. In dreien der erwähnten Klebemassen war Naturasphalt überhaupt nicht nachweisbar, 3 enthielten geringe, 3 andere beträchtliche Mengen Naturasphalt. Zur quantitativen Bestimmung von Naturasphalt in Asphaltklebemassen ist nachträglich ein Verfahren neu ausgearbeitet worden (vergl. S. 65). *Asphaltklebemassen.*

Von 4 asphaltartigen Massen erwiesen sich 3 als mehr oder minder hartes Steinkohlenteerpech, in denen sonstige Bitumina nicht nachweisbar waren. Eine Probe zeigte im wesentlichen das Verhalten von Erdölrückständen, eine zweite war ein Gemisch von Erdölrückstand und Naturasphalt.

Pech. — Ein Pech war auf Gegenwart von Guttapercha zu prüfen. Die azetonunlöslichen Anteile zeigten pulvrige, rußartige Beschaffenheit. Hiernach lag Verdacht auf Gegenwart von Guttapercha, welche bekanntlich im wesentlichen azetonunlöslich ist, nicht vor. Zwei weitere Peche enthielten etwa 5 % Colophonium, das durch Ausschütteln einer ätherischen Lösung der Probe mit Natronlauge und nachfolgendes Zerlegen der gebildeten Alkalisalze mit Mineralsäure abgeschieden wurde.

Asphaltisolier-platten. — Aus 7 Asphaltisolierplatten wurde das zur Imprägnierung verwendete Bitumen ausgezogen und auf Zusammensetzung untersucht. Es bestand bei zweien der Platten lediglich aus Steinkohlenteerrückstand, bei drei anderen aus einem Gemisch von Erdölrückstand und Naturasphalt. In einem Falle lag ein Gemenge von Naturasphalt und Erdölrückständen vor.

2 Asphaltisolierplatten und 2 Asphaltkitte wurden vergleichsweise auf ihren Gehalt an wasserlöslichen Stoffen geprüft. Die Asphaltplatten zeigten etwas größeren Gehalt an wasserlöslichen Bestandteilen als die Kitte. Wurden die Asphaltplatten einerseits, die Kitte andererseits untereinander verglichen, so ergaben sich keine nennenswerte Unterschiede. Bei allen 4 Proben handelte es sich übrigens um verhältnismäßig sehr geringe Löslichkeit in siedendem Wasser, die im Höchstfalle, selbst bei 18 stündiger Einwirkung, nur 1 % betrug.

Braunkohle. — 4 Braunkohlenproben wurden auf Teerausbeute beim Schwelen, außerdem auf Gehalt an Wasser und Koks geprüft. Der Teergehalt, berechnet auf 1 hl Kohle zu 75 kg, schwankte zwischen 2,6 und 4,6 kg.

Imprägnieröl. — Von 2 Imprägnierölen erwies sich das eine als reines Steinkohlenteeröl, das andere als eine Mischung von Steinkohlenteeröl mit 12 % Mineralöl (mit Dimethylsulfat nach Valenta abgeschieden).

Steinkohlenteer-öl. — 11 Steinkohlenteeröle waren nach eingesandten Bedingungen auf spezifisches Gewicht, Verhalten bei der Destillation, Gehalt an Phenolen und benzolunlöslichen Stoffen zu prüfen. Sämtliche Öle entsprachen den gestellten Anforderungen.

Wasserlösliches Öl. — Im Auftrage eines Landgerichts waren 3 sogenannte wasserlösliche Öle einer vergleichenden Prüfung auf Zusammensetzung und Wasserlöslichkeit zu unterziehen. Zwei der genannten Öle waren, abgesehen von ihrem Wassergehalt, vollkommen verseifbar, das verseifbare Fett zeigte die Eigenschaften sulfurierter Öle, die Fettgrundlage der dritten Probe bestand dagegen aus einer Mischung von technischer Ölsäure und Mineralöl. In Wasser löste sich keines der drei Öle klar auf, vielmehr bildeten sich milchige Emulsionen.

Rizinusöl. — 2 Rizinusöle erwiesen sich als rein.

Lederfett. — 1 Lederfett von mildem Trangeruch war frei von lederschädlichen Stoffen und Beschwerungsmitteln.

Hanfpackung. — In 2 Hanfpackungen war die Art des Fettes zu bestimmen. Die eine Probe enthielt eine Mischung von Rüböl und Talg, das Fett der anderen Packung bestand zu etwa 40 % aus hellem, dickflüssigen Mineralöl, zu etwa 60 % aus einer Mischung von Rüböl und Talg.

Wollfettolein. — Eine als Wollfettolein bezeichnete Probe war nach dem Gutachten einer anderen Versuchsstelle mineralölhaltig und nach Nr. 260 des Zolltarifs zu verzollen, weil die etwa 50 % betragenden unverseifbaren Anteile die Ebene des polarisierten Lichts nicht drehten. Prüfung der Probe im Amt ergab scharfes Eintreten der Liebermannschen und Hager-Salkowskischen Reaktion, Löslichkeit in Methyläthylalkohol (1:9), hohe Jodzahl und starkes Drehungsvermögen der unverseifbaren Anteile. Hiernach war die Probe als frei von Mineralöl und Harzöl anzusehen und der Tarifnummer 172 zuzuweisen.

Ein aus fetthaltigen Wollabfällen stammendes Abfallöl (sog. Blackoil) enthielt beträchtliche Mengen Mineralöl, war somit der Tarifnummer 260 des Zolltarifs zu unterstellen. *(Abfallöl (Blackoil).)*

Von 2 auf Antrag einer Marinebehörde nach Lieferungsbedingungen geprüften Glyzerinproben, Angebots- und Lieferungsprobe, entsprach die erstere den Bedingungen fast vollkommen, die letztere zeigte erhebliche Abweichungen. *(Glyzerin.)*

Von den geprüften Leinölfirnissen war einer rein und·zeigte normales Eintrocknungsvermögen, die zweite Probe enthielt zwar keine Verfälschungen, trocknete aber sehr langsam, war also anscheinend wenig erhitzt. Bemerkenswert war bei diesem Firnis die Gegenwart geringer Mengen Kobalt und Nickel, an Fettsäure gebunden. *(Firnis.)*

Eine weitere Firnisprobe enthielt etwa 20 % dünnflüssiges Mineralöl von petroleumartiger Beschaffenheit und 6 % aus Blei-Mangansikkativ und anorganischen Verbindungen bestehenden Bodensatz. Das Eintrocknungsvermögen des letzteren Firnisses war normal.

Ein mit Mennige angeriebener Firnis enthielt 13 % Bleisikkativ und trocknete bei Zimmerwärme schon nach 8 Stunden vollkommen ein.

Ein Firnisersatz, bei dessen Handhabung ein Brand entstanden war, war auf Gerichtsantrag bezüglich seiner Feuergefährlichkeit zu prüfen. Der Flammpunkt lag bei — 8°, beim Destillieren gingen große Mengen leicht entflammbarer Benzinkohlenwasserstoffe über. Die Probe war somit als sehr feuergefährlich zu bezeichnen. *(Firnisersatz.)*

2 Terpentinöle erwiesen sich als rein, eine weitere Probe enthielt 5 % mit Wasserdampf nicht flüchtige harzige Anteile; anscheinend handelte es sich hier um ein durch Lagern etwas verharztes Terpentinöl. *(Terpentinöl.)*

Drei als Ersatz für Benzin, Terpentinöl und Firnisöl bestimmte Proben waren auf Zusammensetzung, sowie im Vergleich zu Terpentinöl auf Siedeverhalten, Flammpunkt und Eintrocknungsvermögen zu prüfen. Außerdem war ein Gutachten darüber abzugeben, inwieweit die Öle in den genannten Eigenschaften sich von Terpentinöl und Leinölfirnis unterschieden. *(Benzin, Terpentin- und Firnisölersatzmittel.)*

Die Versuche ergaben, daß die Proben in der Mehrzahl ihrer Eigenschaften den Vergleichsölen gegenüber ungünstigeres Verhalten zeigten.

Die in einer Schreibmaschinenfarbe enthaltenen Fettstoffe bestanden zum weitaus größten Teil aus leichtflüssigem Mineralöl, zum geringen Teil aus einem Gemisch von tierischem und pflanzlichem Fett. *(Farbe.)*

Ein bei der Verglasung eines Oberlichts verwendeter Kitt war nach mehreren Wochen noch nicht erhärtet. Die Prüfung ergab, daß der Kitt zu wenig Ölbestandteile enthielt, und daß letztere nicht wie üblich aus reinem Leinöl oder Leinölfirnis, sondern hauptsächlich aus Mineralöl bestanden. *(Glaserkitt.)*

2 Segeltuchproben waren daraufhin zu prüfen, ob zu ihrer Imprägnierung Paraffin verwendet worden sei. Aus den durch Lösungsmittel ausziehbaren Anteilen konnten nach Spitz & Hönig nur 0,4 % (auf Segeltuch bezogen) benzinlösliche, wachsartige unverseifbare Stoffe abgeschieden werden. Diese waren nur zu etwa $^1/_{10}$ gegen heiße konzentrierte Schwefelsäure beständig, so daß auf eine absichtliche Verwendung von Paraffin zur Imprägnierung nicht geschlossen werden konnte. *(Segeltuch.)*

Über die im letzten Berichtsjahr ausgeführten wissenschaftlichen Arbeiten ist folgendes zu berichten: *(Wissenschaftliche Arbeiten.)*

Mit Rücksicht auf die im vorjährigen Bericht erwähnte Hydrolyse wässerig-alkoholischer Seifenlösungen bei gleichzeitiger Gegenwart eines mit der Seifenlösung nicht mischbaren Fettlösungsmittels wie Benzin, Benzol usw. haben D. Holde und J. Marcusson das von

Säure-
bestimmung in
konsistenten
Fetten.

letzterem 1904 veröffentlichte Verfahren zur Bestimmung des Säuregehalts konsistenter Fette, welches auf Titration im ungleichmäßigen System beruht, eingehend nachgeprüft. Es ergab sich, daß die erhaltenen Werte von den theoretischen nicht wesentlich abweichen.

Anforderungen
an Dampf-
turbinenöle.

Die genannten Verfasser haben ferner die Frage bearbeitet, welche Anforderungen an gute Dampfturbinenöle zu stellen sind. Dabei wurden die Verfahren zur Bestimmung der Verharzungsfähigkeit, auf welche es bei der Beurteilung von Turbinenölen in erster Linie ankommt, an einer Reihe im Betriebe bewährter und nicht bewährter Öle nachgeprüft. Endlich sind auch die Vorgänge bei der Verharzung weiter verfolgt worden.

Bestimmung des
Asphaltgehalts
von Dampf-
zylinderölen.

D. Holde und G. Meyerheim haben das von ersterem herrührende Alkoholätherverfahren zur Bestimmung der in Ölen vorkommenden weichen Asphaltstoffe dadurch verbessert, daß sie die Entfernung des mit dem Asphalt zunächst ausfallenden Paraffins statt wie bisher durch Auskochen mit Alkohol in offner Schale, durch Extraktion im Graefeschen Apparat unter geeigneten Versuchsbedingungen (Verteilen der Masse auf Sand und Blutkohle) vornehmen.

Bestimmung von
Fichtenharz in
Teeren und
Pechen.

Von D. Holde und F. Meister ist unter Benutzung der adsorbierenden Eigenschaften der Knochenkohle für Teerbestandteile Fichtenharz in Teeren und Pechen quantitativ bestimmt worden.

Lunge-Berl,
Chemisch-tech
nische Unter
suchungs
methoden.

D. Holde hat unter Mitwirkung von G. Meyerheim die Kapitel „Mineralöle und verwandte Stoffe", sowie „Schmiermittel" für den vor kurzem erschienenen III. Band von Lunge-Berl, Chemisch-technische Untersuchungsmethoden, bearbeitet.

Automobil- und
Gasmotorenöle.

Die im Amt bisher gesammelten Erfahrungen über die Eigenschaften von Automobil- und Gasmotorzylinderölen sind von F. Schwarz und H. Schlüter übersichtlich zusammengestellt worden. Die Erfahrungen stützten sich z. T. auf die im Amt ausgeführten Prüfungen, z. T. auf zahlreiche von Verbrauchern erteilte Auskünfte über das Verhalten von hier geprüften Ölen im Betriebe. Am besten bewährt haben sich reine helle Mineralöle vom Flüssigkeitsgrad 6 — 13 bei 50 C⁰.

Bei der Beurteilung von Explosionsmotorölen ist insbesondere auch die Prüfung der neuerdings häufig aufgeworfenen Frage wichtig, inwieweit ein Öl zur Bildung von Rückständen und zur Entwicklung überriechender Auspuffgase neigt. Die Bestimmung des Flüssigkeitsgrades gibt hier keinen Aufschluß, und andere analytische Verfahren zur Untersuchung der Öle in der angegebenen Richtung sind nicht bekannt. Nach Ansicht von F. Schwarz sind möglicherweise die in allen hellen Mineralschmierölen vorkommenden spezifisch schweren Ölanteile an der Bildung von Rückständen im Explosionszylinder und an der Entwicklung überriechender Auspuffgase in erster Linie beteiligt. Schwarz hat nämlich beobachtet, daß die beim Behandeln von Mineralölen mit Azeton in Lösung gehenden Anteile, welche sich von den unlöslichen Teilen durch hohes spezifisches Gewicht unterscheiden, außerordentlich leicht verharzen.

Laboratoriums
buch für die
Industrie der Öle
und Fette.

J. Marcusson hat ein „Laboratoriumsbuch für die Industrie der Öle und Fette" herausgegeben (vergl. Tabelle b, Nr. 85).

Chemischer Auf
bau der Mineral
schmieröle.

Der chemische Aufbau der hochsiedenden Mineralschmieröle war bisher noch wenig aufgeklärt. Die Verwendbarkeit dieser Öle mußte daher bislang vorzugsweise nach einfachen physikalischen Feststellungen, welche aber die technische Eigenart der sehr mannigfaltig zusammengesetzten Öle nicht immer ausreichend kennzeichnen, beurteilt werden. Um die Analyse der Mineralschmieröle auf breitere Grundlagen zu stellen, hat J. Marcusson systematische Untersuchungen über den chemischen Aufbau der Mineralschmieröle aufgenommen. Dabei haben sich grundlegende Verschiedenheiten zwischen amerikanischen und russischen Schmierölen ergeben. Erstere werden von chemischen Agentien im allgemeinen weit stärker angegriffen als gleich zähflüssige russische Öle. Als Hauptträger der Zähigkeit von Mineralschmierölen wurden die mit Formaldehyd und Schwefelsäure nicht reagierenden, hauptsächlich aus Naphthenen, Polynaphthenen usw. bestehenden Anteile der Öle erkannt, während sich die formolitbildenden zyklischen ungesättigten Kohlenwasserstoffe als minder zähflüssig erwiesen. Die Träger der optischen Aktivität der Mineralöle wurden als gesättigte Kohlenwasserstoffe gekennzeichnet. Sie bestehen wahrscheinlich aus kondensierten Naphthenen.

J. Marcusson hat ein neues Unterscheidungsmittel für Naturasphalt und Erdölrückstand aufgefunden. Die aus Naturasphalt erhältlichen Destillate zeigen beträchtlichen Säuregehalt, aus Erdölrückständen gewonnene sind nahezu säurefrei. Auf Grund dieses Verhaltens kann auch Naturasphalt im Gemisch mit Erdölpech erkannt werden.

Gemische von Erdölasphalt und Fettdestillationsrückständen werden als Heißwalzenmassen verwendet und vielfach von England aus nach Deutschland eingeführt. Die deutsche Heißwalzenfettindustrie fühlte sich gegenüber der englischen Konkurrenz dadurch stark benachteiligt, daß diese zollpflichtiges Erdölpech (10 M. Zoll) in Mischung mit Fettpech (2 M. Zoll), weil Erdölpech nicht in der Mischung nachzuweisen war, als „Fettpech" ungehindert zu niedrigem Zoll einführte. Der Nachweis des Erdölpechs wird dadurch erschwert, daß die unverseifbaren Anteile der Fettpeche den Erdölrückständen ähnlich zusammengesetzt sind. Es ist aber J. Marcusson gelungen, in dem Verhalten der beiden Pecharten gegen Quecksilberbromid wesentliche Unterschiede aufzufinden und mit dieser Probe noch 20 % zollpflichtiges Erdölpech in Fettdestillationsrückständen sicher nachzuweisen.

Die Probe kann auch mit Vorteil zur Kennzeichnung der Dachpappen-Imprägnierungen, zu deren Herstellung man vielfach Fetteer oder Mischungen des letzteren mit Erdölrückstand benutzt, herangezogen werden.

Nachdem durch die früheren und die neuerdings ausgeführten Untersuchungen die qualitative Analyse der Asphaltstoffe genügend durchgebildet ist, ist nunmehr auch die Gewichtsanalyse in Angriff genommen. J. Marcusson und F. Meister haben ein Verfahren zur quantitativen Bestimmung von Naturasphalt in Steinkohlenteerrückstand, dem am meisten verwendeten Kunstasphalt, ausgearbeitet, das sehr befriedigende Ergebnisse liefert. Es beruht auf der Beobachtung, daß die benzollöslichen Anteile der Steinkohlen-Teere und -Peche durch Erwärmen mit konzentrierter Schwefelsäure bei 100 C⁰ in wasserlösliche Sulfosäuren übergeführt werden, während sich bei gleichzeitiger Gegenwart von Naturasphalt ein entsprechend starker Niederschlag abscheidet.

Auf Ersuchen industrieller Kreise sind nunmehr Schritte getan, um auf Grund der gewonnenen Erfahrungen, im Einvernehmen mit Erzeugern und Verbrauchern, Normen für die einheitliche Untersuchung von Erzeugnissen der Asphaltindustrie aufzustellen (vergl. auch S. 14 dieses Berichtes).

Die zur zolltechnischen Unterscheidung von Paraffinöl und Paraffinmasse dienenden Verfahren sind auf Veranlassung des Herrn Finanzministers einer eingehenden Nachprüfung unterzogen und zum Teil verbessert worden.

Über den Nachweis von Graphit in Schmiermitteln haben J. Marcusson und G. Meyerheim, über den Nachweis von Tran in Ölen, Fetten und Seifen J. Marcusson und H. v. Huber gearbeitet. Das von letzteren ausgebildete Verfahren knüpft an frühere Untersuchungen von Lewkowitsch und Halphen an und beruht auf der Abscheidung von Oktobromiden. Es gestattet, noch 10 % Tranzusatz in Ölen, Fetten und Seifen in einfacher Weise festzustellen.

Der Direktor des Königlichen Materialprüfungsamtes.
A. Martens.

Tabelle a.

An-

Übersicht über die Tätig-

(Aufgestellt im Anschluß an Tab. 4

Abteilung 1 für

Gegenstand des Versuches	Festigkeitsversuche					Schlagversuche				
	Zugversuche	Druck- und Knickversuche	Biegeversuche	Drehversuche	Loch- und Scherversuche	Stauchversuche	Biegeversuche	Einkerbprobe	Zugversuche	Verschiedene Schlagdauerversuche
Eisen- u. Eisenlegierungen — gegossen — Gußeisen	40	—	—	—	—	—	—	—	—	—
Temperguß	2	—	—	—	—	—	—	—	—	—
Stahlguß	189	—	—	—	4	3	—	8	—	—
geschmiedet — Eisen	505	6	9	10	43	3	—	14	—	—
Stahl	212	—	6	4	—	—	—	31	—	—
Eisenlegierungen	30	—	—	—	—	—	—	—	—	—
Andere Metalle — Kupfer	22	189	—	—	—	—	—	—	—	—
Aluminium	26	—	—	—	—	—	—	—	—	—
Zink	—	—	—	—	—	—	—	—	—	—
Blei	—	—	—	—	—	—	—	—	—	—
Nickel	—	—	—	—	—	—	—	—	—	—
Verschiedene	5	—	—	—	—	—	—	—	—	—
Legierungen — Bronze	83	—	—	—	—	—	—	—	—	—
Messing	6	—	—	—	—	—	—	—	—	—
Lagermetall	—	—	—	—	—	—	—	—	—	—
Aluminium	7	—	—	—	—	—	—	—	—	—
Verschiedene	14	18	—	—	—	—	—	—	—	—
Verschiedene Materialien — Holz	41	149	139	—	38	—	—	—	—	—
Textilstoffe	—	—	—	—	—	—	—	—	—	—
Pappe	—	—	—	—	—	—	—	—	—	—
Linoleum	—	—	—	—	—	—	—	—	—	—
Gummi	—	—	—	—	—	—	—	—	—	—
Leder	—	—	—	—	—	—	—	—	—	—
Öl, Fett	—	—	—	—	—	—	—	—	—	—
Leimholz	—	—	—	—	—	—	—	—	—	—
Zeichenpapier	—	—	—	—	—	—	—	—	—	—
Asbestzementschiefer	—	—	—	—	—	—	—	—	—	—
Kohlen	—	12	9	—	—	—	—	—	—	—
Verschiedenes	22	31	—	—	—	12	—	—	—	—
Versuche in Hitze u. Kälte — Bronze, Kupfer	73	—	—	—	—	—	—	—	—	—
Eisen, Gußeisen, Stahlguß, Nickelstahl	137	—	—	—	—	—	—	70	—	—
Konstruktionsteile, Maschinen und Instrumente — Prüfungsmaschinen	—	—	—	—	—	—	—	—	—	—
Kontrollstäbe	—	—	—	—	—	—	—	—	—	—
Kontrolleinrichtungen (andere)	—	—	—	—	—	—	—	—	—	—
Meßinstrumente	—	—	—	—	—	—	—	—	—	—
Drahtseile und Litzen	188	—	—	—	—	—	—	—	—	—
Drähte	671	—	—	—	—	—	—	—	—	—
Faserseile	120	—	—	—	—	—	—	—	—	—
Garne	141	—	—	—	—	—	—	—	—	—
Ketten	42	—	—	—	—	—	—	—	—	—
Riemen	51	—	—	—	—	—	—	—	—	—
Beton und Eisenbeton	172	55	74	—	—	—	—	—	—	—
Mauerwerk	—	—	—	—	—	—	—	—	—	—
Treppen	—	—	—	—	—	—	—	—	—	—
Treppenstufen	—	—	—	—	—	—	—	—	—	—

hang.   Tabelle a.

keit der Abteilungen.
der Denkschrift vom Jahre 1904.)
Metallprüfung.

Technologische Proben						Härte-bestimmung			Innerer Druck	Reibungsversuche	Belastungsproben	Gesamtprüfungen nach veröffentlichtem Plan	Raumgewicht und spezifisches Gewicht	Versuche verschiedener Art	Gutachten	
Biegeprobe	Verwindeprobe	Ausbreiteprobe	Schmiedeprobe	Bördelprobe	Verschiedene	Ritzhärte	Kugelprobe	Verschiedene	Innerer Druck	Reibungsversuche	Belastungsproben	Gesamtprüfungen nach veröffentlichtem Plan	Raumgewicht und spezifisches Gewicht	Versuche verschiedener Art	gerichtliche	andere
—	—	—	—	—	—	—	—	—	—	—	—	—	—	—	—	—
15	—	—	—	—	—	—	—	—	—	—	—	—	—	—	—	—
131	—	4	43	—	—	—	—	—	—	—	—	—	—	—	1	3
40	—	—	—	—	—	—	—	—	—	—	—	—	—	3	—	2
16	—	—	12	—	—	—	—	—	—	—	—	—	—	—	—	—
—	—	—	—	—	—	—	—	—	—	—	—	—	—	—	—	—
—	—	—	—	—	—	—	38	—	—	—	—	—	11	—	—	—
—	—	—	—	—	—	—	—	—	—	—	—	—	—	8	—	—
—	—	—	—	—	—	—	—	—	—	—	—	—	—	—	—	—
—	—	—	—	—	—	—	—	—	—	—	—	—	—	—	—	—
—	—	—	—	—	—	—	—	—	—	—	—	—	—	—	—	—
—	—	—	—	—	—	—	—	—	—	—	—	—	—	—	—	—
—	—	—	—	—	—	—	—	—	—	—	—	—	—	—	—	—
—	—	—	—	—	—	—	—	—	—	9	—	—	—	—	—	—
—	—	—	—	—	—	—	—	—	—	—	—	—	—	—	—	—
—	—	—	—	—	—	—	—	—	—	—	—	—	—	—	—	—
—	—	—	—	—	—	—	—	—	—	—	—	—	—	20	—	—
—	—	—	—	—	—	—	—	18	—	—	—	—	228	743	—	—
—	—	—	—	—	—	—	—	—	—	—	—	—	—	—	—	—
—	—	—	—	—	—	—	—	—	—	—	—	—	—	—	—	—
—	—	—	—	—	—	—	—	—	—	—	—	—	—	—	—	—
—	—	—	—	—	—	—	—	—	—	—	—	—	—	—	—	—
—	—	—	—	—	—	—	—	—	—	110	—	—	—	—	—	—
—	—	—	—	—	—	—	—	—	—	—	—	—	—	—	—	—
—	—	—	—	—	—	—	—	—	—	—	—	—	—	100	—	—
—	—	—	—	—	—	—	—	—	—	—	—	—	—	—	—	—
—	—	—	—	—	—	—	—	—	—	—	—	—	—	—	—	—
16	—	—	—	—	—	14	—	—	—	—	—	—	—	123	—	—
—	—	—	—	—	—	—	—	—	—	—	—	—	—	—	—	—
—	—	—	—	—	—	—	—	—	—	—	—	—	—	—	—	—
—	—	—	—	—	—	—	—	—	—	—	639	—	—	43	—	—
—	—	—	—	—	—	—	—	—	—	—	65	—	—	—	—	—
—	—	—	—	—	—	—	—	—	—	—	—	—	—	—	—	—
—	—	—	—	—	—	—	—	—	—	—	373	—	—	65	—	—
—	—	—	—	—	—	—	—	—	—	—	—	—	—	105	—	2
372	351	—	—	—	—	—	—	—	—	—	—	—	—	2	—	—
—	—	—	—	—	—	—	—	—	—	—	—	—	—	—	—	—
—	—	—	—	—	—	—	—	—	—	—	—	—	—	—	—	1
—	—	—	—	—	—	—	—	—	204	—	—	—	—	44	—	—
—	—	—	—	—	—	—	—	—	—	—	—	—	—	—	—	—
—	—	—	—	—	—	—	—	—	—	—	2	—	—	—	—	—

9*

Gegenstand des Versuches	Festigkeitsversuche					Schlagversuche				
	Zugversuche	Druck- und Knickversuche	Biegeversuche	Drehversuche	Loch- und Scherversuche	Stauchversuche	Biegeversuche	Einkerbprobe	Zugversuche	Verschiedene Schlagdauerversuche
Konstruktionsteile, Maschinen und Instrumente										
Rohre (Ton)	—	—	—	—	—	—	—	—	—	—
Rohre (Zement)	—	—	—	—	—	—	—	—	—	—
Rohre (Metall)	8	11	5	—	—	—	—	—	—	—
Schotter	—	96	—	—	—	192	—	—	—	—
Konstruktionsteile	133	52	6	—	—	—	6	—	6	—
Brücken- und Hochbauteile	2	5	—	—	—	—	—	—	—	—
Nietverbindungen	12	14	—	—	—	—	—	—	—	—
Säulen (Eisen, Beton)	—	53	—	—	—	—	—	—	—	—
Träger	—	—	27	—	—	—	—	—	—	—
Schienen	—	—	—	—	—	—	—	—	—	—
Wagenachsen	—	—	—	—	—	—	—	—	—	—
Schläuche	—	—	—	—	—	—	—	—	—	—
Gefäße	—	—	—	—	—	—	—	—	—	—
Gasflaschen	—	—	—	—	—	—	—	—	—	—
Isolatoren	12	12	—	—	—	24	—	—	—	—
Hebezeuge	—	—	—	—	—	—	—	—	—	—
Werkzeuge	—	—	—	—	—	—	—	—	—	—
Verschiedene Materialien	110	6	—	10	—	—	—	—	—	—

Abteilung 2 für Bau-

Gegenstand der Prüfung	Festigkeitsversuche										Frostversuche		Feuerversuche			
	Zugfestigkeit	Druckfestigkeit	Biegefestigkeit	Fugen- u. Haftfestigkeit	Stoßfestigkeit	Abnutzung Schleifversuch	Abnutzung Sandstrahlgebläseversuch	Scheiteldruck	Belastungsprobe an Konstruktionen	Erschütterungsversuch an Konstruktionen	Frostwirkung	Frostwirkung mit anschließendem Festigkeitsversuch	Glühwirkung	Glühwirkung mit anschließendem Druckversuch	Schmelzversuch	Brandproben
Bruchsteine	—	1243	1	30	—	52	206	—	—	—	48	470	10	—	4	—
Künstliche Steine — Gebrannte Ziegel	—	3008	20	—	—	4	16	—	—	—	80	270	—	—	—	—
Kalksandsteine	—	682	—	—	—	—	—	—	—	—	14	110	10	—	18	—
Zementsand- u. Betonsteine	—	137	—	—	—	—	—	—	—	—	—	—	—	—	—	—
Schlackensteine	—	182	—	—	—	—	—	—	—	—	—	40	—	10	—	—
Feuerfeste Steine	—	75	—	—	—	—	—	—	—	—	—	—	—	—	105	—
Andere Kunststeine	—	40	—	—	—	—	2	—	—	—	—	—	1	—	—	—
Röhren — Zementröhren	—	14	—	—	—	—	—	73	—	—	—	—	—	—	—	—
Tonröhren	—	10	—	—	—	—	6	21	—	—	—	—	—	—	—	—
Dach-, Wand- und sonstige Belagstoffe — Schiefer	—	—	—	—	—	—	—	—	—	—	—	—	—	—	—	—
Kunstschiefer	—	—	—	—	—	—	—	—	—	—	—	—	—	—	—	—
Gebrannte Dachziegel	—	—	80	—	40	—	—	—	—	—	35	60	—	—	—	—
Zement-Dachziegel	—	—	—	—	—	—	—	—	—	—	—	—	—	—	—	—
Holz	—	—	—	—	—	2	6	—	—	—	—	—	—	—	—	—
Linoleum	—	—	—	—	—	—	8	—	—	—	—	—	—	—	—	—
Zementplatten	—	33	208	—	—	32	62	—	3	—	15	—	—	—	—	—
Tonplatten	—	—	40	—	20	6	10	—	—	—	10	10	—	—	—	—
Andere Kunstplatten (Asphaltpappe u. a.)	—	16[1]	86	—	10	12	14	—	6	—	40	20	—	—	—	—
Apparate u. Formen — Mörtelmischer	—	—	—	—	—	—	—	—	—	—	—	—	—	—	—	—
Hammerapparate	—	—	—	—	—	—	—	—	—	—	—	—	—	—	—	—
Zugformen	—	—	—	—	—	—	—	—	—	—	—	—	—	—	—	—
Druckformen	—	—	—	—	—	—	—	—	—	—	—	—	—	—	—	—
Steinsägemaschine	—	—	—	—	—	—	—	—	—	—	—	—	—	—	—	—

[1] Eindruckversuche.

Technologische Proben						Härte-bestimmung			Innerer Druck	Reibungsversuche	Belastungsproben	Gesamtprüfungen nach veröffentlichtem Plan	Raumgewicht und spezifisches Gewicht	Versuche verschiedener Art	Gutachten	
Biegeprobe	Verwindeprobe	Ausbreiteprobe	Schmiedeprobe	Bördelprobe	Verschiedene	Ritzhärte	Kugelprobe	Verschiedene							gerichtliche	andere
—	—	—	—	—	—	—	—	—	23	—	—	—	—	—	—	—
—	—	—	—	—	—	—	—	—	10	—	—	—	—	—	—	—
8	—	—	8	17	—	—	—	—	1148	—	—	—	—	15	—	1
—	—	—	—	—	—	—	—	—	1	—	—	—	—	—	—	1
—	—	—	—	—	—	—	—	—	—	—	33	—	—	25	—	—
—	—	—	—	—	—	—	8	—	—	—	—	—	—	—	—	—
—	—	—	—	—	—	—	—	—	6	—	—	—	—	—	—	—
—	—	—	—	—	—	—	—	—	—	—	—	—	—	252	—	—
10	—	—	—	—	—	—	—	18	—	—	7	—	—	18	—	—

materialprüfung.

Beschaffenheit, spezifisches Gewicht, Raumgewicht			Bestimmung des Eigengewichtes	Chemische und physikalische Prüfungen	Härtegrad	Wasseraufnahme	Wasseraufnahme und -abgabe	Wasserdurchlässigkeit	Abbindeproben	Raumbeständigkeit	Mörtelergiebigkeit	Putzversuche	Prüfung auf Richtigkeit (Stückzahl)	Prüfung auf praktische Verwendbarkeit	Versuche verschiedener Art	Amtliche Probenentnahme	Herstellung der Versuchsstücke, Probenbearbeitung usw.	Photographien	Gutachten	
Dichtigkeitsgrad	Mahlungsfeinheit, Glühverlust	Ablöschversuch, Wärmeerhöhung, Ergiebigkeit																	gerichtliche	andere
330	—	—	—	52	3	460	—	5	—	—	—	—	—	—	—	1	1845	48	1	1
186	—	—	—	279	—	336	—	30	—	—	—	—	—	—	2	—	3492	2	2	1
72	—	—	—	4	—	30	80	—	—	—	—	—	—	—	—	6	790	—	—	—
—	—	—	—	15	—	—	—	—	—	—	—	—	—	—	—	—	137	—	—	—
24	—	—	—	6	—	50	20	5	—	—	—	—	—	—	—	—	242	—	—	—
24	—	—	—	—	—	—	—	—	—	—	—	—	—	—	—	—	75	—	—	—
6	—	—	—	2	—	—	—	—	—	—	—	—	—	—	—	—	40	—	—	—
—	—	—	—	40	—	—	16	10	—	—	—	—	—	—	—	1	14	—	1	—
—	—	—	—	20	—	24	—	—	—	—	—	—	—	—	—	—	10	2	—	—
—	—	—	—	—	—	—	—	—	—	—	—	—	—	—	—	—	—	—	—	—
—	—	—	—	—	—	—	—	—	—	—	—	—	—	—	—	—	—	—	—	—
36	—	—	—	36	—	60	—	43	—	—	—	—	—	—	—	—	—	—	2	1
—	—	—	—	—	—	—	—	9	—	—	—	—	—	—	—	—	—	—	—	—
—	—	—	—	—	—	—	—	—	—	—	—	—	—	—	2	—	2	3	—	—
—	—	—	—	—	—	—	—	—	—	—	—	—	—	—	—	—	—	4	—	—
76	—	—	—	68	—	60	—	—	—	—	—	—	—	—	—	—	122	14	—	—
30	—	—	—	12	1	20	—	5	—	—	—	—	—	—	—	—	6	5	—	—
18	—	—	—	1	—	30	—	65	—	—	—	—	—	—	—	—	48	7	—	—
—	—	—	—	—	—	—	—	—	—	—	—	—	21	—	—	—	—	—	—	—
—	—	—	—	—	—	—	—	—	—	—	—	—	11	—	—	—	—	—	—	—
—	—	—	—	—	—	—	—	—	—	—	—	—	369	—	—	—	—	—	—	—
—	—	—	—	—	—	—	—	—	—	—	—	—	652	—	—	—	—	—	—	—
—	—	—	—	—	—	—	—	—	—	—	—	—	1	—	—	—	—	—	—	—

| Gegenstand der Prüfung | Festigkeitsversuche | | | | | | | | | | Frostversuche | | Feuerversuche | | | |
	Zugfestigkeit	Druckfestigkeit	Biegefestigkeit	Fugen- u. Haftfestigkeit	Stoßfestigkeit	Abnutzung Schleifversuch	Abnutzung Sandstrahlgebläseversuch	Scheiteldruck	Belastungsprobe an Konstruktionen	Erschütterungsversuch an Konstruktionen	Frostwirkung	Frostwirkung mit anschließendem Festigkeitsversuch	Glühwirkung	Glühwirkung mit anschließendem Druckversuch	Schmelzversuch	Brandproben
Mörtelstoffe																
Zement	3900	6459	—	—	—	—	—	—	—	—	—	—	—	—	—	—
Kalk	555	470	—	—	—	—	—	—	—	—	30	—	—	—	—	—
Traß	390	390	—	—	—	—	—	—	—	—	20	—	—	—	—	—
Kalk- u. Zementmörtel	60	136	—	—	—	4	—	—	—	—	20	—	—	—	—	—
Sand	40	85	—	—	—	—	—	—	—	—	—	—	—	—	—	—
Kies und Kleinschlag	10	42	—	—	—	—	—	—	—	—	75	—	—	—	—	—
Beton (aus erhärtetem Beton hergestellte Probekörper)	—	46	—	—	—	—	—	—	—	—	—	—	—	—	—	—
Beton (fertig eingereichte Probekörper)	27	1056	42	—	—	—	—	—	—	—	—	—	—	—	—	—
Beton (im Amt hergestellte Probekörper)	—	679	43	—	—	—	—	—	—	—	—	—	7	12	—	—
Ton (Rohmaterial)	40	40	—	—	—	—	—	—	—	—	—	—	—	—	7	—
Konstruktionen u. Konstruktionsteile																
Decken	—	—	—	—	—	—	—	—	31	7	—	—	—	—	—	1
Wände	—	—	9	—	—	—	—	—	6	13	—	—	—	—	—	1
Feuersichere Türen, Fenster, Drahtglasscheiben	—	—	—	—	—	—	—	—	3	—	—	—	—	—	—	11
Kaminsteine	—	3	—	—	—	—	—	—	—	—	—	—	—	—	—	2
Kleine Gebäude	—	—	—	—	—	2	6	—	—	—	—	—	—	—	—	8
Verschiedenes	80	80	5	—	10	—	—	—	—	—	75	—	—	—	11	—

Anzahl der Prüfungen nach den

Abteilung 3 für papier- und

Betriebsjahr	Festigkeit und Dehnung	Widerstand gegen Falzen	Aschengehalt	Aschengehalt mit Prüfung der quantitativen Zusammensetzung der Asche	Dicke und Gewicht	Verholzte Fasern	Art der verholzten Fasern	Schätzung der Menge der verholzten Fasern	Mikroskopische Untersuchung	Schätzung des Mengenverhältnisses der Fasern	Untersuchung teils chemischer, teils physikalischer, teils mikroskopischer Natur
	300	301	302	303	305	306	307	308	309	310	311
1902	1174	1366	1169	—	21	11	1	18	1066	127	1202
1903	967	1152	946	—	17	6	—	15	902	167	1003
1904	1393	1414	111	—	11	—	1	25	1270	136	1436
1905	1527	1512	158	3	9	—	—	29	1337	221	1614
1906	1241	1226	100	—	7	11	—	8	1080	153	1314
1907	1352	1249	117	2	10	6	—	7	1188	134	1355
1908	1549	1458	122	—	16	6	—	18	1318	167	1564
1909	1356	1282	153	—	19	5	—	23	1177	166	1433
1910	1302	1267	79	1	7	9	—	11	1138	106	1378

Dichtigkeitsgrad	Mahlungsfeinheit, Glühverlust	Ablöschversuch, Wärmeerhöhung, Ergiebigkeit	Bestimmung des Eigengewichtes	Chemische und physikalische Prüfungen	Härtegrad	Wasseraufnahme	Wasseraufnahme und -abgabe	Wasserdurchlässigkeit	Abbindeproben	Raumbeständigkeit	Mörtelergiebigkeit	Putzversuche	Prüfung auf Richtigkeit (Stückzahl)	Prüfung auf praktische Verwendbarkeit	Versuche verschiedener Art	Amtliche Probenentnahme	Herstellung der Versuchsstücke, Probenbearbeitung usw.	Photographien	Gutachten gerichtliche	Gutachten andere
—	1515	—	—	672	—	—	—	—	1014	1880	—	—	—	—	30	—	—	—	—	1
—	140	88	—	352	—	—	—	—	66	285	10	3	—	—	6	4	—	—	4	4
—	—	—	—	201	—	—	—	20	—	—	—	—	—	—	—	4	14	—	5	8
—	—	—	—	365	—	—	—	29	—	—	—	—	—	—	—	—	5	—	1	—
—	—	—	—	628	—	—	—	—	—	—	—	—	—	—	—	—	—	—	—	—
—	—	—	—	146	—	—	—	—	—	—	—	—	—	—	—	—	—	—	—	—
—	—	—	—	409	—	—	—	—	—	—	—	—	—	—	—	—	46	—	—	—
—	—	—	—	45	—	—	—	—	—	—	—	—	—	—	—	2	1102	—	—	1
—	—	—	—	—	—	—	—	—	—	—	—	—	—	—	—	—	989	—	—	—
—	—	—	—	24	—	—	—	—	—	—	—	—	251	—	—	—	—	—	—	6
—	—	—	—	15	—	—	—	—	—	—	—	—	—	—	4	—	—	17	—	—
—	—	—	—	—	—	—	—	—	—	—	—	—	—	—	1	—	3	7	—	—
—	—	—	—	—	—	—	—	—	—	—	—	—	—	—	—	—	6	32	—	—
—	—	—	—	—	—	—	—	—	—	—	—	—	—	—	—	—	3	—	—	—
—	—	—	—	—	—	—	—	—	—	—	—	—	—	—	1	14	—	27	—	—
24	—	—	—	130	—	40	—	50	—	10	—	—	—	—	13	—	38	1	—	—

Ansätzen der Gebührenordnung.

textiltechnische Prüfungen.

Untersuchungen teils chemischer, teils physikalischer, teils mikroskopischer Natur, quantitativ	Festigkeit und Dehnung	Prüfung von Fäden auf Festigkeit	Aschengehalt	Bestimmung der Faserart in Schuß und Kette	Bestimmung der Fadenzahl auf 1 cm in Schuß und Kette	Bestimmung der Fadenstellung	Untersuchung auf Schlichte, Stärke, Farbe, Wasserdurchlässigkeit	Apparatprüfungen	Mikrophotographische Aufnahmen	Photographische Aufnahmen	Prüfung von Dachpappe auf Zugfestigkeit
312	314	315	316	317	318	319	320	108	116—117	119	254
—	36	42	1	34	4	—	6	3	—	—	2
—	35	21	11	22	16	2	55	1	—	—	1
—	62	7	—	54	1	—	20	1	—	—	11
—	107	1	—	123	73	22	251	5	—	1	—
—	118	3	—	102	74	1	397	1	—	—	6
—	77	2	2	27	44	3	282	3	—	1	17
—	98	8	—	72	72	—	390	3	—	—	7
—	97	1	—	30	34	—	331	1	1	—	4
—	117	3	1	36	36	—	539	1	—	—	15

Abteilung 4 für Metallographie.

Gegenstand	Anzahl der einzelnen Untersuchungen			Verschiedenes
	Feststellung der Bruchursache	Ätzproben. Gefügeuntersuchung	Aufklärung besonderer Erscheinungen	
Abgabe von Diapositiven	—	—	—	19[1]
„ „ Lichtbildern	—	—	—	51[1]
„ „ Metallschliffen	—	—	—	13[1]
„ „ Vergleichsstählen für Kohlenstoffbestimmung	—	—	—	3
Aluminiumgeräte	—	—	1	—
Aluminiumkabel	1	—	—	—
Ankerwelle	1	—	—	—
Ballonstoffe (Wasserstoffdurchlässigkeit)	—	—	—	8
Bandstahl	—	—	1	—
Büchsenlauf	1	—	—	—
Chirurgische Instrumente	—	—	1	—
Drahtseil	—	1	—	—
Duranametall	—	1	—	—
Eisenbleche	1	1	1	—
Eiserne Schwellen	—	—	1	—
Fahrradrohre	—	—	1	—
Feuerbuchsen aus Kupfer	1	—	—	—
Flammrohr	2	—	—	—
Förderseile	2	—	—	—
Glühlampenfaden	—	—	1	—
Gußstücke	—	2	—	—
Hängeeisen einer Gußform	1	—	—	—
Holzarten (Einfluß auf den Rostangriff des Eisens)	—	—	1	—
Kegelräder	1	—	—	—
Kesselblech	1	—	—	—
Kettenglieder	2	—	—	—
Kolbenstange	1	—	—	—
Königsstange	2	—	—	—
Kugellager	1	—	—	—
Kupfer (Verhalten in Beton)	—	—	1	—
Kupferblech	1	—	—	—
Kupferkabel	—	1	—	—
Kumpelteile	1	—	—	—
Kurbelwelle	1	—	—	—
Maßbänder (Verhalten beim Ätzen)	—	—	1	—
Messingrohre	1	—	—	—
Nickellegierung	—	1	1	—
Nickelstahl (Spannungen)	2	—	—	—
Nickelschaufeln	2	—	—	—
Patentwärmeschutzmasse (Verhalten gegen Eisen)	—	—	1	—
Phosphorbronze	—	1	—	—
Portlandzement (Gefügeuntersuchung)	—	1	—	—
Radreifen	1	1	—	—
Rostanfressungen an Rohren	—	—	8	—
Rohre (Ursache des Aufreißens)	3	—	—	—
„ (Art der Schweißung)	—	1	—	—
„ (Art des Materials)	—	3	—	—

[1] Anzahl der abgegebenen Diapositive, Lichtbilder und Schliffe.

Gegenstand	Anzahl der einzelnen Untersuchungen			Ver-schiedenes
	Feststellung der Bruch-ursache	Ätzproben. Gefüge-untersuchung	Aufklärung besonderer Erscheinungen	
Rubin (Härtebestimmung)	—	—	—	1
Schienenstoße (Art der Schweißung)	—	2	—	—
Schnelldrehstahl	—	1	—	—
Schrauben	1	1	—	—
Spiralfedern aus Messing	1	—	—	—
Stahlguß	—	2	—	—
Stahlbänder	—	1	1	—
Stahlbleche	—	—	2	—
Stahlkugeln (Art der Härtung)	—	1	—	—
Stehbolzen	1	1	—	—
Tenderradreifen	—	—	3	—
Turbinenschaufeln (Bronze, Nickel)	2	1	—	—
Verzinkung (Prüfung auf Rostschutz)	—	—	2	—
Ventilspindel	1	—	—	—
Welle	2	—	—	—
Weißmetalle (Härte, Gefüge)	—	1	—	1
Zollfragen	—	—	—	2

Abteilung 5 für allgemeine Chemie.

Betriebsjahr	Roheisen, Eisen, Stahl, Eisenlegierungen, Stahllegierungen	Kupfer, Rohkupfer, Blockkupfer, Elektrolyt-Kupfer	Zinn	Zink	Andere Metalle: Gold, Silber, Platin, Iridium, Blei, Antimon, Aluminium, Wolfram usw.	Messing, Bronze	Andere Metallegierungen: Weißmetall, Hartblei, Aluminiumbronze, Kupfer-Nickel usw.	Erze, Mineralien, Schlacken, Oxyde usw.	Sand, Sandstein, Ton, Ziegelsteine, Schiefer usw.	Kalkstein, Kalk, Zement, Traß, Luftmörtel, hydraul. Mörtel	Mineral-Farben: Eisenmennige, Bleimennige, Bleiweiß, Zinkweiß, Lithopone, Zinnober usw.	Wasser, Soolen, Laugen, Salze, Säuren	Brennmaterialien: Anthrazit, Steinkohlen, Braunkohlen, Torf, Holz, Heizöle, Briketts	Verschiedene andere Produkte wie Leim, Gewebestoffe, Sprengstoffe, Blitzpulver, Leder usw.	Kautschuk und Kautschukmaterialien	Tinten	Gase	Fette, Öle, Mineralöle, Harzöle, Teeröle, Asphalt, Goudron, Pech usw.
1910	282	19	9	8	17	47	36	28	47	24	7	60	191	42	216	12	2	24
																		1071

Abteilung 6 für

| Gegenstand der Prüfungen | Beschaffenheit | Spezifisches Gewicht | Ausdehnungsvermögen | Flüssigkeitsgrad | | Kälteprobe | | Reibungsversuch | Fließpunkt |
| | | | | je 1 Wärmegrad | 4 Wärmegrade | je 1 Wärmegrad | Umfassende Prüfung | | |
	400	401	402	403	404	405	406	407	408
Benzin	4	9	—	1	—	—	—	—	—
Petroleum	10	13	—	—	—	2	1	—	—
Laternenöle	—	—	—	—	—	—	—	—	—
Mineral-Spindelöle	—	—	—	—	—	—	—	—	—
Leichte Mineralmaschinenöle	11	12	—	15	—	1	5	—	—
Wagen-Mineralschmieröle	—	—	—	—	—	12	1	—	—
Schwere Mineralmaschinenöle	7	33	—	50	1	9	7	—	—
Zylinderöle	36	66	—	105	—	—	—	—	—
Fette Öle	—	1	—	4	—	—	2	—	—
Gemische von Mineralöl mit fettem Öl	30	33	—	32	2	—	—	—	—
Schmierfette	—	—	—	—	—	—	—	—	—
Talg	—	—	—	—	—	—	—	—	—
Paraffin, Ceresin, Wachs, Stearin	—	—	—	—	—	—	—	—	—
Teer, Pech, Asphalt	—	—	—	1	—	—	—	—	—
Transformatorenöl	—	8	—	8	—	—	7	—	—
Terpentinöl	—	—	—	—	—	—	—	—	—
Harzöl	—	—	—	—	—	—	—	—	—
Firnis	—	—	—	—	—	—	—	—	—
Apparate	—	—	—	—	—	—	—	—	—
Sonstiges	5	17	—	4	—	1	1	—	—

Antragsteller mit 1 und mehr Anträgen im Jahr.

| Antragsteller hat das Amt in Anspruch genommen | Abteilungen | | | | | | Summe |
	1	2	3	4	5	6	
1 mal	300	625	764	80	285	212	2266
2 „	43	104	117	8	50	38	360
3 „	7	17	51	—	11	19	105
4 „	10	10	19	1	6	7	53
5 „	3	5	7	—	8	5	28
6 „	1	2	4	—	2	6	15
7 „	2	1	5	—	—	1	9
8 „	2	1	4	—	1	2	10
9 „	1	1	2	—	3	—	7
10 „	1	—	1	—	1	1	4
11 „	1	2	—	—	—	—	3
in Summe	371	768	974	89	367	291	2860

Ölprüfung.

Flammpunkt: Pensky-Martens bezw. Abel	Flammpunkt: Offener Tiegel	Brennpunkt	Säuregehalt: eines Öles	Säuregehalt: eines Fettes	Chemische Prüfung	Destillationsprobe	Vollständige Prüfung: auf Reinheit	Vollständige Prüfung: nach 400, 401, 404, 406, 407, 409, 410, 411 und 413	Vollständige Prüfung: nach 400, 401, 403, 405, 409, 411 u. 413	Sonstige Prüfungen von Schmiermitteln	Photometrische Prüfungen	Sonstige Prüfungen	Gutachten: gerichtliche	Gutachten: außergerichtliche	Gutachten: zolltechnische	Außertarifmäßig
409	409	410	411	412	413	414	415	416	417	418	418	419				
2	2	—	—	—	3	—	—	—	—	17	—	—	—	—	—	1
13	—	1	—	—	5	—	—	—	—	11	3	—	1	—	1	—
1	1	—	—	—	—	—	—	—	—	1	1	—	—	1	—	—
—	—	—	—	—	—	—	—	—	1	—	—	—	—	1	—	—
6	10	9	11	—	13	—	1	2	19	8	—	—	—	1	—	—
—	4	—	—	—	1	—	—	—	74	13	—	—	—	6	—	—
27	12	19	16	—	13	—	—	2	55	27	—	—	—	3	—	—
106	129	69	63	—	47	—	—	12	26	76	—	—	—	2	—	—
3	2	—	8	—	2	—	3	—	—	15	—	—	—	—	—	—
30	5	4	31	—	32	—	—	4	9	37	—	—	—	5	—	—
—	—	—	—	3	—	—	—	—	—	16	—	—	—	1	—	—
—	—	—	—	—	—	—	—	—	—	7	—	—	—	—	—	—
—	—	—	1	—	—	—	—	—	—	24	—	—	—	2	—	1
—	—	—	—	—	—	—	—	—	—	17	—	—	—	1	—	—
3	6	1	11	—	9	—	—	—	—	11	—	—	—	1	—	—
1	1	—	—	—	—	—	—	—	—	4	—	—	—	—	—	—
—	—	—	—	—	—	—	—	—	—	—	—	—	—	—	—	—
2	2	—	—	—	—	—	1	—	—	4	—	—	—	1	—	—
—	—	—	—	—	—	—	—	—	—	—	—	—	—	—	—	—
8	8	2	5	2	3	—	1	—	3	72	—	—	1	7	3	—

Antragsteller hat das Amt in Anspruch genommen	Abteilungen						Summe
	1	2	3	4	5	6	
Übertrag	371	768	974	89	367	291	2860
12 mal	—	1	—	—	2	1	4
13 „	—	—	—	—	—	2	2
14 „	—	—	—	—	—	—	—
15 „	—	—	—	—	—	—	—
16 „	—	—	1	—	—	—	1
17 „	—	—	—	—	—	—	—
18 „	—	—	—	—	1	—	1
19 „	1	—	—	—	—	—	1
20 „	—	—	—	—	—	—	—
mehr als 20 „	1	1	4	—	—	1	7
in Summe	373	770	979	89	370	295	2876
davon neu	232	472	271	68	229	136	—
mit Anträgen	286	588	384	72	265	159	—

Zahl der Anträge und Anteil bezogen auf $\Sigma = 100$.

Abteilungen	1		2		3		4		5		6		1—6	
Anträge in Σ	560		1068		1529		100		581		548		4386	
	Behörde	Privat	Behörde	Privat	Behörde	Privat	Behörde	Privat	Behörde	Privat	Behörde	Privat	Behörde	Privat
Verhältnisse bezogen auf $\Sigma = 100$														
Preußen ohne Berlin	10,3	32,2	14,8	44,0	37,4	25,3	13,0	44,0	16,4	57,4	15,7	35,5	22,6	34,4
Berlin	10,9	29,7	5,0	13,6	7,6	8,5	7,0	16,0	1,4	16,3	11,2	16,2	6,9	14,8
Bayern	—	1,7	0,2	1,1	0,1	1,2	—	3,0	0,2	0,3	0,5	0,9	0,3	1,1
Sachsen	—	5,0	0,6	2,8	1,2	3,0	1,0	1,0	—	1,5	0,4	0,5	0,6	2,9
Baden	—	0,5	—	1,5	0,1	0,7	—	—	0,2	0,3	0,4	0,4	0,2	0,7
Württemberg	—	0,4	—	0,3	0,1	0,5	—	—	—	0,3	—	1,1	0,1	0,5
Mecklenburg	—	0,8	0,2	0,9	0,1	0,2	—	—	—	—	—	—	0,2	0,5
Reichslande	0,9	—	0,6	1,4	0,5	0,1	—	—	0,2	0,2	—	0,2	0,6	0,6
Reichsstädte	0,1	2,7	0,6	3,5	7,0	1,0	1,0	6,0	—	—	2,2	10,8	3,0	3,0
Oldenburg	—	—	—	0,3	0,1	—	—	—	—	—	—	—	0,1	0,2
Braunschweig	—	—	0,2	1,4	0,2	0,3	—	—	—	0,5	—	—	0,2	0,7
Hessen	—	—	—	0,1	0,3	0,1	—	—	—	—	—	—	0,3	0,1
Anhalt	—	0,5	—	1,2	—	0,1	—	1,0	—	0,2	—	—	—	0,4
Sonstige deutsche Staaten	—	0,7	0,6	1,6	1,2	0,5	—	—	—	—	—	0,4	0,7	0,8
Inland	22,2	73,2	22,8	73,7	55,9	41,5	22,0	71,0	18,4	77,0	30,4	66,0	35,8	60,7
Afrika (deutsche Kolonien)	0,6	—	—	—	0,1	—	—	—	—	0,2	—	—	0,1	—
Amerika	—	—	—	0,1	—	—	—	—	—	—	—	—	—	0,1
Belgien	—	—	0,1	0,5	—	—	—	—	—	0,2	—	0,2	0,1	0,2
Dänemark	0,1	—	—	0,2	—	—	—	—	—	—	—	0,2	0,1	0,1
Frankreich	—	—	—	—	—	0,3	—	—	—	0,4	—	—	—	0,1
Holland	—	0,4	—	0,2	—	—	—	1,0	—	—	—	—	—	0,1
Indien	—	—	0,1	—	—	—	—	—	—	—	—	—	0,1	—
Italien	—	—	—	0,2	—	—	—	—	—	—	—	0,7	—	0,1
Luxemburg	—	0,4	—	0,1	—	0,1	—	—	—	—	—	0,2	—	0,1
Norwegen	—	0,1	—	—	—	0,1	—	—	—	—	—	0,4	—	0,1
Österreich-Ungarn	0,4	0,6	0,1	1,0	0,2	0,8	1,0	3,0	0,2	1,0	—	1,5	0,2	0,7
Rumänen	—	0,4	—	0,2	—	0,1	—	1,0	—	—	—	—	—	0,1
Rußland	—	0,4	—	0,5	—	0,2	—	—	—	1,4	—	0,2	—	0,5
Schweden	0,4	—	—	0,2	0,1	0,1	—	—	—	0,7	—	0,2	0,1	0,2
Schweiz	—	0,4	—	—	—	0,3	—	—	—	0,2	—	—	0,1	0,1
Serbien	—	—	—	—	—	—	—	1,0	—	—	—	—	—	0,1
Türkei	—	0,1	—	—	0,1	—	—	—	—	0,2	—	—	—	0,1
Ausland	1,5	3,1	0,3	3,2	0,5	2,1	1,0	6,0	0,2	4,4	—	3,6	0,8	2,7

Tabelle b.

Übersicht über die literarischen Arbeiten der Beamten im Etatsjahre 1910.

(Anschluß an das vollständige Inhaltsverzeichnis der Jahrgänge 1883 bis 1902 der Mitteilungen, wie es in Tab. 6 der Denkschrift: „Das Königliche Materialprüfungsamt der Technischen Hochschule Berlin zu Groß-Lichterfelde West" enthalten ist, und an den vorjährigen Jahresbericht).

Die Arbeiten sind tunlichst in solcher Folge aufgeführt, daß die gleichen Gegenstände hintereinander stehen. Der Inhalt der Arbeiten ist in Spalte d kurz angegeben; die Stichworte sind gesperrt gedruckt. Von den Arbeiten in fremden Blättern sind in den Spalte a—c die Quellen, von den Druckwerken in Spalte d die Verleger genannt.

Lfde. Nr.	Jahrgang Ergänzungsheft	Seite Tafel	Autor Abteilung	Überschrift und kurzer Inhalt
	a	b	c	d
1	Sitzungsberichte der Kgl. Preuß. Akademie der Wissenschaften			Über die technische Prüfung des Kautschuks und der Ballonstoffe im Königlichen Materialprüfungsamt zu Groß-Lichterfelde West.
	11	S. 346	Martens A	
	Elektrotechnische Zeitschrift			Die Organisation technisch-wissenschaftl. Forschungsarbeiten.
2	11	218	Martens A	Meinungsäußerung.
	Armierter Beton			Würfelprobe oder Kontrollbalken?
3	11	160	Martens A	Meinungsäußerung.
	Handbuch für Eisenbetonbau (Herausgeber F. v. Emperger)			Verlag von Wilhelm Ernst & Sohn, Berlin. 2. Auflage. Abfassung des Kapitels „Baustoffe" Zusammenfassung der wichtigsten Eigenschaften des Eisens, Zementes, der Zuschlagstoffe und des Mörtels und Betons, in Rücksicht auf die Verwendung beim Eisenbetonbau.
4	10		Memmler A Burchartz 2	
	Der Kautschuk und seine Prüfung			Verlag von S. Hirzel, Leipzig. Eingehende Abhandlung in Buchform über chemische und mechanische Prüfungsverfahren für Kautschuk und kritische Besprechung der bisherigen einschlägigen Kautschukliteratur.
5	10		Hinrichsen 5 Memmler A	
6	10	307	Memmler A Schob A	Elektrische Beheizung von Probestäben und Wärmemessung bei den Dauerversuchen mit Rohrmaterialien. Beschreibung der von Siemens & Halske nach Angaben von A. Martens gebauten Beheizungsanlage. Nachweis, inwieweit die von den Thermoelementen angezeigte Wärme der wahren Stabwärme entspricht. Einfluß verschiedener Eintauchtiefe der Thermoelemente in den Ofenraum.
	Verhandlungen des Vereins zur Beförderung des Gewerbefleißes			Mechanische Kautschukprüfung, insbesondere über die Probenform beim Zugversuch mit Weichgummi.
7	10	276	Memmler A Schob A	Mit sechs verschiedenen Weichgummisorten ausgeführte Zerreißversuche ergaben erhebliche Mängel der stabförmigen Probe. Ringförmige Probestücke führen zu einwandfreierer Bewertung besonders elastischer Gummisorten, aber auch nur dann, wenn die Proberinge während des Versuches über die Einspannrollen wandern.
	Vom Kgl. Kolonial-Museum in Haarlem (Holland) ausgeschriebener Wettbewerb wissenschaftlicher Arbeiten auf dem Gebiete des Kautschuks			Über mechanische Kautschukprüfung. Auf Grund der im Amte ausgeführten Festigkeitsversuche mit Weichgummi werden verschiedene Prüfungsverfahren kritisch besprochen, die Anwendung der über die Einspannrollen wandernden Ringproben für Zugversuche empfohlen und ferner der Nachweis erbracht, daß die Herstellungsart der Ringe (Schneiden oder Stanzen) ohne Einfluß ist. Der Einfluß der Querschnittsgröße ist bei verschiedenen Sorten verschieden, am größten bei reinen Sorten mit großer Dehnung.
8	11		Memmler A Schob A	Die Arbeit wurde durch eine silberne Medaille ausgezeichnet.
	Deutscher Ausschuß für Eisenbeton			Versuche mit Eisenbetonsäulen (Reihe I und II). Über den Einfluß verschiedenartiger Querbewehrungen auf die Festigkeit, Zusammendrückbarkeit und Querdehnung. Einfluß der
9	10	Heft 5	Rudeloff 1	Dichte des Betons und der Unterschiede an verschiedenen Stellen der stehend gestampften Säulen.

Lfde. Nr.	Jahrgang Ergänzungsheft	Seite Tafel	Autor Abteilung	Überschrift und kurzer Inhalt
	a	b	c	d
10	11	Beton und Eisen Heft 5	Rudeloff 1	Vortrag, gehalten auf der XIV. Hauptversammlung des Deutschen Betonvereins am 14. Febr. 1911, über verschiedenen Ortes ausgeführte Versuche mit Betonsäulen. Betrachtungen über das Zusammenwirken des Eisens mit dem Beton, über die Einflüsse der Festigkeitseigenschaften des Eisens, der Dichte des Betons, der Art der Querbewehrungen auf die Bruchfestigkeit und die Lage der Bruchstellen. Bei gleichmäßiger Materialfestigkeit ist der Bruch über einer Druckfläche infolge Sprengwirkung durch den Druckkegel der normale.
11	10	„Der Eisenbau“ Heft 6	Rudeloff 1	Prüfung des Thermitverfahrens zum Nachspannen von Schrägstäben bei eisernen Brücken und ähnlichen Bauwerken. Das Nachspannen schlaffer Eisenstangen an einem Rahmenwerk war leicht und bequem auszuführen; die erzeugten Spannungen lassen sich mit dem Dehnungsmesser Manet-Rabut hinreichend genau ermitteln. Die Festigkeitseigenschaften des Materials sind durch das Umgießen und Stauchen durch stetigen Druck nicht wesentlich verändert.
12	10	Dinglers Polytechn. Journal Heft 26, 27	Rudeloff 1	Die Materialfestigkeit und Zugspannung im fertig geschlagenen Niet. Zugspannungen im geschlagenen Niet gleich 0—1250 kg/qcm ermittelt. Durch das Pressen des Nietes aus der Stange war σ_B um 27 %; σ_S um 68 % und die Scherfestigkeit um 28 % gesteigert. Durch Erhitzen des Nietes gingen diese Festigkeitssteigerungen verloren, sie waren aber an dem fertig geschlagenen und in der Verbindung erkalteten Niet nahezu wieder vorhanden. Die Kerbzähigkeit des Materials erschien durch das Pressen sowie durch das Schlagen des Nietes vermindert. Die Härte war besonders in der Nähe der Köpfe wesentlich gesteigert.
13	11	Armierter Beton Heft 5, 6	Rudeloff 1	Die Bestimmung der Wärmeausdehnung von Zementbeton und anderen Baustoffen. Ältere Versuche. Besprechung des Versuchsverfahrens, Versuchsergebnisse, Längenänderungen beim Erhärten im Apparat und ihre Bestimmung.
14	10	Deutscher Ausschuß für Eisenbeton Heft 6	Müller 1	Der elektrische Widerstand von nicht bewehrtem Beton und seiner Einzelbestandteile.
15	10	Deutsche Zeitschrift für Luftschiffahrt S. 17 Nr. 19 „ 46 „ 20	E. Rasch und E. Feddern 1	Konstruktion von Ballonkörpern und Beanspruchung der Ballonhülle im ellipsoidischen Prallballon.
16	10	Zeitschrift für Architektur und Ingenieurwesen	Stock 1	Fortlaufende Literaturauszüge aus dem Gebiete der Materialienlehre.
17	10	Gewerbliche Materialkunde	Stamer 1	Die üblichen Prüfungsmethoden für Hölzer.
18	10	23	Gary 2	Prüfung erhitzter Schamottesteine auf Druckfestigkeit. Schilderung des Verfahrens für die Prüfung im elektrischen Ofen und Mitteilung von Versuchsergebnissen.
19	10	155	Gary 2	Die Prüfung von Traß. Vorschläge für einheitliche Vorschriften für die Prüfung von Traß.
20	10	1	Burchartz 2	Die Eigenschaften deutscher Portlandzemente. Zusammenstellung der Versuchsergebnisse der im Jahre 1909 geprüften Portlandzemente und kritische Besprechung derselben.
21	10	276	Burchartz 2	Versuche mit gefrorenem und wieder aufgetautem Mörtel und Beton. Bericht über die Ergebnisse der Abbinde- und Festigkeitsversuche mit gefrorenem und wieder aufgetautem Zement, Mörtel und Beton. Schlußfolgerungen.

Lfde. Nr.	Jahrgang Ergänzungsheft	Seite Tafel	Autor Abteilung	Überschrift und kurzer Inhalt
	a	b	c	d
22	10	338	Burchartz 2	**Der Einfluß von Chlorkalzium auf Portlandzement.** Besprechung der Ergebnisse von Versuchen über den Einfluß des Zusatzes von Chlorkalzium auf die Raumbeständigkeit von Portlandzement.
23	11	Tonindustrie-Zeitung 290	Burchartz 2	**Versuche über den Einfluß des Undichtigkeitsgrades des Steinmaterials auf die Erhärtung von Kalkmörtel.** Die Versuche bezweckten die Feststellung des Verhaltens von Kalkmörtel zwischen Materialien verschiedenen Dichtigkeitsgrades (Ziegel, Dachziegel, Kalksandsteine, Glas) in gewöhnlicher, kohlensäurefreier und kohlensäurereicher Luft.
24	10	Zentralblatt der Bauverwaltung S. 258	Schneider 2	**Das Verhalten hydraulischer Bindemittel im Seewasser.** Kurzgefaßte Darstellung der hauptsächlichsten Ergebnisse der Meerwasserversuche auf Sylt.
25	10	161	Herzberg 3	**Papiernormalien in Schweden.** Die in Schweden im Jahre 1907 erlassenen Bestimmungen über die Beschaffung und Kontrolle der von den Staatsbehörden zu verwendenden Papiere lehnen sich in den meisten Punkten an die deutschen an.
26	10	170	Herzberg 3	**Papier ist geduldig.** Dem Papier wird oft die Schuld an Übelständen zugeschrieben, die auf andere Umstände zurückzuführen sind.
27	10	171	Herzberg 3	**Fettdichte Papiere.** Um die Fettdichtigkeit von Pergamentpapier, Pergamentersatz und Pergamyn festzustellen, genügt nicht die sogenannte Blasenprobe, es ist nötig, das Papier auch mit Terpentinöl zu behandeln.
28	10	178	Herzberg 3	**Zerstörung der Leimfestigkeit von Papier beim Einpressen künstlicher Wasserzeichen.** Papiere mit künstlichem Wasserzeichen sind oft an den Stellen, an denen das Zeichen eingeprägt ist, nicht leimfest. Besprechung der Ursachen.
29	10	457	Herzberg 3	**Normalpapiere 1909.** Im Jahre 1909 wurden 1102 Normalpapiere im Auftrage von Behörden geprüft. 92,5 % erfüllten die vorgeschriebenen Bedingungen, 7,5 % nicht (im Vorjahre 91,8 % und 8,2 %). Verstöße bei den Wasserzeichenpapieren meist mild. 1035 Normalpapiere hatten Wasserzeichen. Die durch das Wasserzeichen gewährleisteten Eigenschaften waren bei 94,0 % vorhanden, bei 6,0 % nicht (Vorjahr 93,3 % und 6,7 %). Verstöße einzeln aufgeführt.
30	10	247	Herzberg 3	**Neues auf dem Gebiete der Papierprüfung im Jahre 1909.** Behandelt Bestimmung der Maschinenrichtung, Füllstoffe, mikroskopische Prüfung von Pergamentpapier, Zellulosebestimmung, Saugfähigkeit, Randzone bei Tintenflecken, Leimfestigkeit, Tierleim, Harzbestimmung, Rötungskörper in Sulfitzellstoff, Bleichbarkeit von Halbstoffen, Eisengehalt, metallschädliche Körper im Papier, Ultramarin, Aufnahme von Farbstoffen, Kopierpapier, Messen von Farben, Festigkeit und Feuchtigkeit, Festigkeitseigenschaften, Festigkeitswerte Schopper-Rehse.
31	10	Papierzeitung, Wochenblatt für Papierfabrikation	Herzberg 3	Regelmäßige Beiträge.
32	10	Handlexikon für die Papierindustrie und das Buchgewerbe	Herzberg 3	Mitglied des Redaktionsausschusses. Regelmäßige Mitarbeit. Afrikanische Hölzer, Rauhrand-Papiere, Bücherdesinfektion, Zellstofftrocknung, Halbstoffprüfung, Durchschnittsproben, Amtliche Papierprüfungen.

Lfde. Nr.	Jahrgang Ergänzungsheft	Seite Tafel	Autor Abteilung	Überschrift und kurzer Inhalt
	a	b	c	d
33	10	41	Heermann 3	Die Verfälschungen der Orseille und deren Nachweis. Orseille wird vielfach mit künstlichen Farbstoffen und mit Naturfarbstoffen geschönt, gemischt und verfälscht. Einwandfreie planmäßige Verfahren zur Aufdeckung dieser Verfälschungen sind bisher nicht bekannt geworden. Die Arbeit schafft ein System, nach dem alle in Frage kommenden Zusatzfarbstoffe aufgefunden werden können.
34	10	57	Heermann 3	Über das Anlaufen von Goldfäden in Stickereien und Geweben. Der vielfach empfundene Mißstand, daß Gold- und Silberfäden in Stickereien und Geweben anlaufen, gibt Veranlassung zu der Arbeit, welche aufzuklären sucht, worauf das Anlaufen zurückgeführt werden muß.
35	10	138	Heermann 3	Derzeitiger Stand der Echtfärberei im Spiegel der Farbstoff-Industrie-Entwicklung. Während die Farbstoffindustrie in den letzten Jahrzehnten große Erfolge auf dem Gebiete der Neu-Darstellung von echten Farbstoffen aufweist, geht die Färberei- und gesamte Textilveredlungsindustrie an diesen Errungenschaften vielfach achtlos vorüber.
36	10	220	Heermann 3	Zur Gewährleistungsfrage des Katechu und des Gambirs. Im Handel und Verbrauch von Katechu und Gambir herrscht große Uneinigkeit und Mißwirtschaft inbezug auf wirksame Bestandteile der Ware, bezw. inbezug auf den wirksamen Gerbstoffgehalt der gewährleistet werden sollte. Die Abnehmer sollten von den Einbringern einen Mindestgehalt von 30 °/₀ Gerbstoff verlangen und Maßregeln ergreifen, sich von dem rohen ungereinigten, ohne Garantie gehandelten Handelsartikel zu befreien.
37	10	227	Heermann 3	Über den Schwefelsäuregehalt von Nitrokunstseiden. Nach den Versuchen ist der bei Nitrokunstseiden vielfach gerügte Fehler der kalkigen und mürben Stellen darauf zurückzuführen, daß die Kunstseide nicht sorgfältig genug hergestellt wird, vor allem Schwefelsäure enthält.
38	1910 Ergänzungsheft I		Heermann 3	Über Waschechtheit, waschechte Färbungen und Prüfung derselben. Die Waschechtheit der Färbungen hängt nicht nur von den angewandten Farbstoffen, sondern auch von der Art der Färbung ab. Man hat infolgedessen nicht nur darauf zu achten, daß gute Farbstoffe verwendet, sondern auch, daß sie auch richtig verwendet werden. Die Beurteilung der Waschechtheit erfolgt heute noch unter sehr verschiedenen Gesichtspunkten und nach verschiedenen Verfahren. In Übereinstimmung mit maßgebenden Erzeugerkreisen werden vom Verfasser Normal-Prüfungsvorschriften vorgeschlagen.
39	10	Färber-Zeitung Nr. 22, 23, 24	Heermann 3	Der Einfluß der Färbe-, Beiz- und Beschwerungsvorgänge auf die Volumenerweiterung der Fibroinfaser. Während bisher der Einfluß der verschiedensten Behandlungen der Seide auf Gewicht und Länge der Faser schon studiert worden ist, fallen in der Literatur jegliche Angaben über den Einfluß der erwähnten Behandlungen auf das Volumen der Seide. An Hand von etwa 50 Veredlungsvorgängen wird die erwähnte Volumenzunahme der Seide festgestellt.
40	10		Heermann 3	Verlag von Julius Springer. Anlage, Ausbau und Einrichtungen von Färberei-, Bleicherei- und Appretur-Betrieben. Grundsätze über Neuanlagen usw.
41	10	351	Herzog 3	Faserlängenmessungen an Kammzügen und daraus gesponnenen Garnen. Die Arbeit soll Aufklärung darüber bringen, in welchem Verhältnis die Faserlänge im Kammzug und im fertigen, daraus hergestellten, Garne zueinander stehen.

Lfde. Nr.	Jahrgang Ergänzungsheft	Seite Tafel	Autor Abteilung	Überschrift und kurzer Inhalt
	a	b	c	d
42	10	S. 272	Herzog 3	Zeitschrift f. wissenschaftl. Mikroskopie **Spritzglas zur Aufbewahrung von Kupferoxydammoniaklösung unter Luftabschluß.** Durch Überschichtung der Lösung mit Paraffinöl und Luftabschluß wird die Haltbarkeit der sonst leicht zersetzlichen Lösung erhöht.
43	10		Herzog 3	Dinglers polytechnisches Journal Laufende Berichterstattung über wichtige Neuerungen auf dem Gebiete der Textilindustrie. Bücherbesprechungen.
44	10		E. Heyn 4	Internationaler Kongreß Düsseldorf Abt. II Vortrag 14 **Beitrag zur Rostfrage.** Zusammenfassender Bericht über die im Amt ausgeführten Untersuchungen über das Rosten von Eisen in Wasser und wässerigen Lösungen. Vergl. Mitt. 1900 S. 39 (Mitt. I), 1908 S. 1 (Mitt. II) und 1910 S. 62 (Mitt. III).
45	11	S. 201	E. Heyn 4	Zeitschrift des Vereines deutscher Ingenieure **Der technologische Unterricht als Vorstufe für die Ausbildung des Konstrukteurs.** Vorgetragen im Berliner Bezirksverein deutscher Ingenieure.
46	11	Heft 8	E. Heyn 4	Deutscher Ausschuß für Eisenbeton **Versuche über das Verhalten von Kupfer, Zink und Blei gegenüber Zement, Beton und den damit in Berührung stehenden Flüssigkeiten.**
47	10		E. Heyn 4	„Hütte" Verlag von W. Ernst & Sohn, Berlin. Hütte: Taschenbuch für Eisenhüttenleute. Bearbeitung des Kapitels **„Eisengießerei".**
48	10		O. Bauer 4	„Hütte" Verlag von W. Ernst & Sohn, Berlin. Hütte: Taschenbuch für Eisenhüttenleute. Bearbeitung des Kapitels **„Metallographie".**
49	10		O. Bauer 4	Meyers großes Konversationslexikon 6. Aufl. 22. Bd. Verlag von F. A. Brockhaus, Leipzig. Bearbeitung der Artikel **„Legierungen"** und **„Metallographie".**
50	10	302	E. Heyn 4 O. Bauer 4	**Untersuchung eines im Betriebe geplatzten Siederohrs.** Durch örtliches Erglühen auf mindestens 700 C⁰ war die Wandstärke verringert. Stellenweise war das Eisen mit einer oxydischen und sulfidischen Kruste bedeckt.
51	10	333	E. Heyn 4 O. Bauer 4	**Untersuchung einer am Federgehäuse gebrochenen Hinterachse eines Motorlastwagens.** Die Zapfen waren gehärtet. Durch die Härtung war das Material des Gehäuses ebenfalls beeinflußt worden. Die Kugeldruckhärte und Festigkeit waren erhöht, die Dehnung verringert. Außerdem waren Spannungen vorhanden.
52	10	344	E. Heyn 4 O. Bauer 4	**Über den Einfluß der Wärmebehandlung von Bronze auf die Härte.** Bronzeproben von derselben chemischen Zusammensetzung zeigten verschiedene Härte. Die Gefügeuntersuchung ergab, daß die härteren Proben raschere, die weicheren langsamere Abkühlung nach dem Guß durchgemacht hatten.
53	11	2	E. Heyn 4 O. Bauer 4	**Zersetzungserscheinungen an Aluminium und Aluminiumgeräten.** Aluminium wird durch Wasser und Salzlösungen in verschiedener Art angegriffen. Angriffsart a: Gleichmäßiger Angriff von der Oberfläche her. Angriffsart b: Örtliche Einfressungen, Auftreten von Beulen und Aufblättern. Welche Art des Angriffs eintritt, hängt ab: 1. von dem Zustand, in dem sich das Aluminium befindet und 2. von der Art des Wassers oder der Salzlösung. Je stärker die Kaltreckung, umsomehr ist Neigung zu Angriffsart b vorhanden.
54	11	29	E. Heyn 4 O. Bauer 4	**Untersuchungen über Lagermetalle. Weißmetall.** Von wesentlichem Einfluß auf Gefüge, Härte, Stauch- und Druckfestigkeit des Weißmetalls ist die Art der Abkühlung des Gusses. Das Hauptaugenmerk ist bei Herstellung der Lager auf nicht zu hohe Gießhitze und genügend schnelle Abkühlung zu richten.

11

Lfde. Nr.	Jahrgang Ergänzungsheft	Seite Tafel	Autor Abteilung	Überschrift und kurzer Inhalt
	a	b	c	d
55	11	63	E. Heyn 4 O. Bauer 4	Untersuchungen über Lagermetalle. Rotguß. Die Abkühlungsgeschwindigkeit ist von wesentlichem Einfluß auf die mechanischen Eigenschaften der Bronze. In Kokillen gegossene Lagerschalen zeigen wesentlich höhere Härte, Stauch- und Druckfestigkeit als in Sand gegossene. Beim Umschmelzen wird Bronze durch Aufnahme von Sauerstoff (Zinnsäure) verschlechtert. Arsengehalte bis zu 1,52 % Arsen haben auf die Gießbarkeit keinen nachteiligen Einfluß.
56	11	Stahl und Eisen Nr. 13	E. Heyn 4 O. Bauer 4	Untersuchungen über Lagermetalle. Weißmetall. Auszug aus der in den Mitteilungen erschienenen gleichnamigen Arbeit.
57	11	Internationale Zeitschrift für Metallographie 16	E. Heyn 4 O. Bauer 4	Über Spannungen in kaltgereckten Metallen. Spannungen in kaltgezogenem Nickelstahl. Aufreißen von Rundstangen aus Eisen beim Hämmern. Aufreißen von überzogenem Flußeisendraht im Innern. Aufreißen kaltgereckter metallischer Stoffe; 1. durch zusätzliche Spannungen infolge ungleichmäßiger Erwärmung; 2. durch zusätzliche Beanspruchungen infolge der Einwirkung äußerer Kräfte; 3. durch Verletzung der Oberfläche. Nachrecken. Vorkehrungen gegen Aufreißen infolge von Reckspannungen.
58	11	Stahl und Eisen Nr. 6	O. Bauer 4 E. Wetzel 4	Beschädigungen von Tenderradreifen durch starke örtliche Kaltbearbeitung. Durch starkes Bremsen, starke Schläge usw. im Betriebe können Abschilferungen und Abblätterungen an Tenderradreifen erzeugt werden. Das Material weist an diesen Stellen die Kennzeichen starken Kaltreckens auf.
59	11	Stahl und Eisen Nr. 19	E. Heyn 4 O. Bauer 4	Über Spannungen in Kesselblechen. Überschreiten die infolge ungleichmäßiger Erwärmung herbeigeführten Wärmespannungen die derzeitige Streckgrenze des Materials, so daß bleibende Formänderungen eintreten, so werden beim Temperaturausgleich wieder bleibende Formänderungen im entgegengesetzten Sinne erzielt. Das Material erfährt Kaltrecken. Die Spannungen verschwinden nicht wieder, sondern sind bleibend. Erläuterung durch ein Beispiel aus der Praxis.
60	10	Chemikerzeitung S. 781	Deiß 5	Über die Verwendung von Natriumkarbonat als Oxydationsmittel. Die Wirkungsweise des Natriumkarbonats beim Erhitzen mit Metallpulvern zum Zweck des Aufschließens wurde untersucht.
61	10	Stahl und Eisen Nr. 18	Deiß 5	Über die Titration von Permanganat mit arseniger Säure in neutralen oder schwach alkalischen Lösungen. Die Umsetzung beider Stoffe verläuft nicht gemäß der von Schöffel und Donath angegebenen Gleichung. Für das Verfahren der „Rücktitration" ist der Wirkungswert der Arsenitlösung unter möglichst gleichen Bedingungen zu ermitteln.
62	10	1117	Schürmann 5	Zinnbestimmung in Weißmetallen durch Elektrolyse. Ausfällung des Zinns aus chlorfreier, salpeter-weinsäurehaltiger Lösung durch Phosphorsäure, Lösen des Niederschlages in Kalilauge und Abscheidung des Zinns auf einer verkupferten Platinnetzelektrode durch den elektrischen Strom.
63	10	349	Schürmann 5	Neues Verfahren zur Untersuchung von Weißmetallen. Aufschließen des Materials mit einer Lösung von Brom in Chloroform, Trennung der löslichen Bromide (Zinn, Arsen, Antimon) von den unlöslichen (Kupfer, Blei usw.) durch Filtration und Bestimmung der einzelnen Bestandteile nach zum Teil im Amt ausgearbeiteten Verfahren.
64	10	229	Hinrichsen 5 Dieckmann 5	Zur Analyse von Chrom-Wolframstahl. Beschreibung eines Verfahrens, das auf der gemeinsamen Fällung von Chrom, Wolfram und Phosphor durch Merkuronitrat und nachheriger Titration des Chroms und Bestimmung der Phosphorsäure mit Magnesiamischung beruht.

Lfde. Nr.	Jahrgang Ergänzungsheft	Seite Tafel	Autor Abteilung	Überschrift und kurzer Inhalt
a		b	c	d
65	10	283	Hinrichsen 5	**Zur Kenntnis des auf elektrischem Wege gewonnenen Ferrosiliziums.** Untersuchung über die Entwicklung von giftigen Gasen (Phosphorwasserstoff usw.) aus hochprozentigem Ferrosilizium.
66	10	Zeitschr. f. angewandte Chemie 1345	Hinrichsen 5	**Physikalisch-chemische Kautschukstudien.** Zusammenfassender Vortrag vor der Hauptversammlung des Vereins deutscher Chemiker in München.
67	10	Chemikerzeitung 839	Marcusson 6 und Hinrichsen 5	**Zur Bestimmung der Füllstoffe in Kautschukmischungen.** Um Zersetzung gewisser Füllstoffe, wie Goldschwefel, Magnesiumkarbonat u. a. zu vermeiden, empfiehlt sich die Anwendung von Anisol und ähnlichen Verbindungen, welche vulkanisierten Kautschuk bereits bei etwa 110 C$^{\circ}$ zu lösen vermögen.
68	10	Die chemische Industrie Nr. 15, 16	Hinrichsen 5	**Neuere Kautschukforschungen.** Zusammenfassende Darstellung.
69	10	Zeitschr. f. Chemie u. Industrie der Kolloide 65	Hinrichsen 5	**Physikalisch-chemische Kautschukstudien.** Auszug aus dem in München gehaltenen Vortrage (vergl. oben Ztschr. f. angewandte Chemie).
70	10	Zeitschr. f. Elektrochemie 873	Rasch 1 Hinrichsen 5	**Über die elektrische Leitfähigkeit von Isolatoren und deren Temperaturabhängigkeit.** Berichtigung von Prioritätsansprüchen J. Königsbergers.
71	10	Gummimarkt 458	Hinrichsen 5	**Zur Bestimmung der festen Paraffinkohlenwasserstoffe in Kautschukmischungen.** Das Chloralhydratverfahren zur Trennung von Kautschukharz und Paraffinkohlenwasserstoffen vermag bei unvulkanisierten Mischungen befriedigende Ergebnisse zu liefern. Dagegen ist seine Anwendung auf vulkanisierte Materialien nicht ohne weiteres zulässig.
72	10	Die Umschau 528	Hinrichsen 5	**Kautschuk.** Volkstümliche Darstellung der Gewinnung und Verarbeitung des Kautschuks.
73	10	774	Hinrichsen 5	**Die künstliche Herstellung des Kautschuks.** Geschichte und wirtschaftliche Bedeutung der Synthese des Kautschuks.
74	11	Fortschritte der Chemie, Physik und physikalischen Chemie 199	Hinrichsen 5 u. Kindscher 5	**Bericht über die Atomgewichtsforschung.** Kritische Besprechung der Veröffentlichungen auf diesem Gebiete vom November 1909 bis November 1910.
75	11	Technische Rundschau 1	Hinrichsen 5	**Über Schreibtinte.** Geschichte der Tinte mit besonderer Berücksichtigung der Herstellung von Eisengallustinten, Normaltinten und Schreibmaschinenfarbbänder.
76	11	Kunststoffe 43	Hinrichsen 5	**Zur Theorie der Vulkanisation des Kautschuks.** Zusammenstellung der Gründe, welche gegen die reine Adsorptionstheorie der Vulkanisation sprechen. Bei der Vulkanisation müssen sowohl physikalische als auch chemische Vorgänge sich abspielen.
77	11	Schriftmuseum	Hinrichsen 5	**Über Schreibtinte.** Abdruck des oben genannten Aufsatzes aus der Technischen Rundschau.
78	11	Chemikerzeitung, Chemische Industrie usw.	Hinrichsen 5	Bücherbesprechungen, Referate.
79	10/11	Chemikerzeitung	Kindscher 5	Referate.
80	10	Ingenieur, Chemikerzeitung, Technische Rundschau	Kedesdy 5	Ständige Mitarbeit.

Lfde. Nr.	Jahrgang Ergänzungsheft	Seite Tafel	Autor Abteilung	Überschrift und kurzer Inhalt
	a	b	c	d
81	10	Nr. 23	Zeitschr. f. Elektrochemie Holde 6	Über hydrolytische Spaltungen von alkoholisch-wässerigen Alkaliseifenlösungen. Im Zusatz von Benzin bietet sich ein Mittel, um Hydrolyse wässerig-alkoholischer Seifenlösungen weit schärfer als bisher nachzuweisen.
82	10	1260	Zeitschr. f. angewandte Chemie Holde und Marcusson 6	Nachweis von Cruciferenölen in Ölgemischen.
83	10		Chem. Techn. Untersuchungsmethoden von Lunge-Berl, II. Aufl. III. Bd. Holde	Verlag von Julius Springer, Berlin. Die technische Analyse der Mineralöle (Rohpetroleum, Benzin, Leuchtöl, Braunkohlenteeröl, Asphalt, Paraffin usw.) und der Schmiermittel wird behandelt.
84	11	413	Chemikerzeitung Schwarz und Schlüter 6	Über Automobil- und Gasmotorenöle. Die im Amt gesammelten Erfahrungen über die Eigenschaften von Automobil- und Gasmotorenölen sind übersichtlich zusammengestellt.
85	11		Laboratoriumsbuch für die Industrie der Öle und Fette Marcusson 6	Verlag von Wilhelm Knapp, Halle a./S. Behandelt die chemischen und physikalischen Eigenschaften sowie die Analyse der natürlich vorkommenden Öle, Fette und Wachse, außerdem die Untersuchung technischer, aus Ölen, Fetten und Wachsen erhältlicher Umwandlungsprodukte, wie Kerzen, Seifen, Firnisse, Lacke usw.
86	10	143	Marcusson 6	Die optisch aktiven Bestandteile des Erdöls. Die vom Verfasser aufgestellte Cholesterintheorie zur Erklärung der optischen Aktivität des Erdöls wird weiter begründet.
87	10	469	Marcusson 6	Zur Kenntnis der Wollfettoleïne (3. Mitteilung). Das früher angegebene Verfahren zur Prüfung von Wollfettoleïnen auf Freisein von Mineralöl und Harzöl ist in mehrfacher Hinsicht vereinfacht und verbessert worden.
88	11	50	Marcusson 6	Geblasene fette Öle. Zur Unterscheidung von geblasenem Rüböl und Baumwollsaatöl dient die verschiedenartige Löslichkeit der aus den Ölen erhältlichen Bleiseifen in Äther.
89	10	285	Chemikerzeitung Marcusson 6	Terpentinöl und Terpentinölersatzmittel. Verfasser bringt erneute Beweise für die Unzulänglichkeit des Herzfeldschen Schwefelsäureverfahrens.
90	11	47	Chem. Revue Marcusson 6	Zur Kenntnis der Asphalte. Naturasphalte lassen sich von Erdölrückständen durch merklichen Gehalt ihrer Destillate an freier Säure unterscheiden. — Zur Entscheidung der Frage, ob einem Naturasphalt minderwertiges Braunkohlenteerpech oder nicht zu beanstandendes Braunkohlenteeröl zugesetzt ist, wird ein neues Verfahren angegeben.
91	10	1057	Zeitschr. f. angewandte Chemie Marcusson und Meyerheim 6	Erdöl- und Schwelparaffin. Erdöl- und Schwelparaffin lassen sich mit Sicherheit durch Bestimmung der Jodzahl ihrer öligen Anteile unterscheiden.
92	10	417	Chemikerzeitung Marcusson und Döscher 6	Die Bestimmung des Schwefel- und Halogengehalts organischer Körper. Das Hempel-Graefesche Schwefelbestimmungsverfahren ist auch für die Bestimmung des Halogengehalts organischer Stoffe brauchbar gestaltet worden.
93	11	249	Seifensiederzeitung Marcusson und v. Huber 6	Nachweis von Tran in Ölen, Fetten und Seifen. Das beschriebene sehr einfache Verfahren beruht auf der Abscheidung von Octobromiden und gestattet noch einen Zusatz von 10 % Tran nachzuweisen.

Lfde. Nr.	Jahrgang Ergänzungsheft	Seite Tafel	Autor Abteilung	Überschrift und kurzer Inhalt
	a	b	c	d
94	10	471	Winterfeld und Mecklenburg 6	**Über den Nachweis von Mineralöl in ausländischen Wollfettoleinen.** Die von J. Marcusson angegebene Äthylalkoholprobe wird dadurch verschärft, daß statt des letzteren ein Gemisch von Methyl- und Äthylalkohol verwendet wird.
95	10	474	Winterfeld 6	**Über den Nachweis von Harzöl in französischen Wollfettoleinen.** Zur Erkennung von Harzöl dienen spez. Gewicht und Brechungsexponent der Wollfettoleine.

Tabelle c.

a) Vermehrung der Betriebsmittel, Instrumente und Apparate.

Anzahl	Gegenstand
1	Vergrößerungskamera mit Verkleinerungsansatz.
1	Kautschukprüfer (Schopper-Dalén) neues Modell.
1	Abnutzungsapparat für Weichgummi-Kugeln (Bauart Martens).
1	Abnutzungsapparat für Weichgummi-Ringe (Bauart Mai).
1	Zerplatzapparat für Ballonstoffe (Bauart Martens).
1	Vorrichtung zur Prüfung prismatischer Zementprobekörper an dem Zerreißapparat Frühling-Michaëlis.
2	Sägeblätter mit je 55 Diamanten.
1	Aschenwage.
1	Versuchsholländer.
1	Chemische Wage.
1	Mikroskop, sowie 3 Objektive und 2 Okulare und 1 aplanatische Lupe.
1	Thermometerprüfungsapparat.
1	Trockenkasten, 2 Elektrolysenstative und 2 Einschlußrohre zum Schließofen.
3	kupferne Wasserbäder zur Kautschukextraktion.

b) Vermehrung der Sammlung und Geschenke.

1. Basse & Selve, Altona: Leichtmetall.
2. Vereinigte Gummiwarenfabriken Harburg-Wien; Franz Clouth, Köln; Continental-Caoutchouc- und Guttapercha-Compagnie, Hannover; Metzeler & Co., München: Ballonstoffe.
3. R. Ganz, Hamburg: 1 Kaltsäge.
4. Gebr. Pfeiffer, Maschinenfabrik und Eisengießerei, Kaiserslautern: 1 Modell-Selektor (Siebapparat mit Luftstrom).
5. Kalle & Co., Akt.-Ges., Biebrich a. Rh.; Badische Anilin- und Sodafabrik, Ludwigshafen a. Rh.; Akt.-Ges. für Anilinfabrikation, Berlin; Farbenfabriken vorm. Friedr. Bayer & Co., Elberfeld; Leopold Casella & Co., Frankfurt a. M.; Gesellschaft für Chemische Industrie, Basel; Farbwerke vorm. Meister, Lucius & Brüning, Höchst a. M.; K. Oehler, Offenbach a. M.: Farbstoffe und Mustertafeln usw.
6. Portlandzement-Fabrik Rüdersdorf, R. Guthmann & Jeserich, Kalkberge (Mark): Portlandzement-Klinkerstücke, Zement, Zementrohmehl.
7. Straßeneisenbahn-Gesellschaft, Hamburg: Schienen mit Riffelbildung.
8. Friedr. Krupp, Akt.-Ges., Essen (Ruhr): Manganstähle.
9. Thyssen & Co., Mülheim a. d. R.: Kesselbleche.

10. Ing.-Chem. Albert Schmidt, Königsberg: Bleirohrabschnitte.
11. Reichsdruckerei, Berlin: Lettern und Schriftmetall.
12. Allgemeine Berliner Omnibus-Akt.-Ges., Berlin; Bergmann-Elektrizitätswerke, Rosenthal b. Berlin; Adlerwerke vorm. Heinr. Kleyer, Akt.-Ges., Frankfurt a. M.; Neue Automobilgesellschaft m. b. H., Ober-Schöneweide; Siemens-Schuckert-Werke G. m. b. H., Berlin-Nonnendamm; Petroleum-Raffinerie, vorm. August Korff, Bremen; Zeller & Gmelin, Eislingen; Mineralölwerke Albrecht & Co., Hamburg; Deutsche Erdölwerke, Wilhelmsburg a. Elbe; Deutsche Vacuum Oil-Compagnie, Hamburg; Ölwerke Stern-Sonneborn Akt.-Ges., Hamburg: Automobil- bezw. Turbinenöl.
13. Leprince & Siveke, Herford (Westf.): 1 schwarze Fettfarbe.
14. Naphta-Produktions-Ges. Gebr. Nobel, Petersburg; Wachs- und Ceresin-Werke J. Schlickum & Co., Hamburg: Ozokerit.
15. Kgl. Bernsteinwerke, Königsberg: Gehärteter Copal.
16. Berliner Ceresinfabrik Graab & Kranich, Rixdorf: Röhrenwachs.
17. Direktor C. Ohly, Berlin: Stahl- und Eisenproben.
18. Siemens-Schuckert-Werke, Berlin-Nonnendamm: Kautschukproben.
19. Kautschukfabrik Schön & Co., Harburg a. E.: Kautschuk- und Harzproben.
20. H. Compes & Co., Düsseldorf: Ceresinproben.

Tabelle d.

Reisen.

Name	Ziel	Zweck
Martens	München	Teilnahme an der Ausschußsitzung des Deutschen Museums von Meisterwerken der Naturwissenschaft und Technik.
„	Breslau	Einweihungsfeier der Technischen Hochschule in Breslau.
„	Brüssel	Teilnahme an der Vorstandssitzung des internationalen Verbandes für die Materialprüfungen der Technik.
„	Nürnberg	Teilnahme an der Vorstandssitzung und Hauptversammlung des Deutschen Verbandes für die Materialprüfungen der Technik. Desgl. an der Sitzung des Vereins Deutscher Portland-Zement-Fabrikanten.
„	Darmstadt	Teilnahme an der Sitzung des Deutschen Ausschusses für Eisenbeton.
„	Berlin u. Umgegend	Teilnahme an Sitzungen von Fachvereinen pp.
„ Heyn	Brüssel Elsaß-Lothringen Rheinprovinz	Besichtigung der Weltausstellung. Besichtigung verschiedener industrieller Werke.
Martens Rudeloff Heyn Memmler	Baumschulen-weg	Teilnahme an der Eröffnung der II. Ton-, Zement- und Kalkindustrie-Ausstellung.
Martens Heyn	Düsseldorf	Teilnahme am Internationalen Kongreß für Bergbau, Hüttenwesen, angewandte Mechanik und praktische Geologie.
Martens Rudeloff	Berlin	Besprechung über auszuführende Versuche.
„	Dresden	Teilnahme an der Sitzung des Deutschen Ausschusses für Eisenbeton.
„	Gleiwitz	Teilnahme an der Hauptversammlung der Eisenhüttenleute Oberschlesiens.
„	Hannover	Besprechung wegen einer neu aufzustellenden 3000 t-Maschine.
„	Berlin	Teilnahme an Sitzungen von Fachvereinen pp.
Rudeloff Memmler	„	Teilnahme am Kolonial-Kongreß.
Rudeloff Stock	Cuxhaven Helgoland	Prüfung von zwei Betonpressen und einer Festigkeitsprobiermaschine. Prüfung einer Betonpresse.
Rudeloff Stock Schulze Panzerbieter Feddern Teige	Plötzensee	Prüfung einer Brücke.
Stock	Spandau	Besprechung über auszuführende Versuche.
„	Schwerte	Prüfung einer Kettenprüfmaschine.

Name	Ziel	Zweck
Schulze	Schöneberg	Prüfung einer Treppe.
Jensch	Fröndenberg	Prüfung einer Kettenprüfmaschine.
„	Bismarckhütte	Prüfung einer Festigkeitsprobiermaschine.
„	Friedenshütte	Prüfung einer Festigkeitsprobiermaschine.
Panzerbieter	Ruhrort	Prüfung einer Betonpresse.
Stamer	Benrath	Prüfung einer Festigkeitsprobiermaschine.
„	Wolgast	Prüfung einer Festigkeitsprobiermaschine.
„	Spandau	Prüfung einer Festigkeitsprobiermaschine.
Gary Burchartz Schneider	Berlin u. Vororte	Teilnahme an Sitzungen in den Ministerien und Fachvereinen, Probeentnahme, Prüfungen in Bauten.
Gary	Springe	Probeentnahme in den Kalkwerken.
„	Neuenstein Coburg	Probeentnahme in Steinbrüchen.
„	Cadinen	Fabrikkontrolle.
„	Geseke	Probeentnahme aus einer Zementfabrik.
„	Schneidemühl	Besichtigung von schadhaften Betonrohren.
„	Brocken Ruhrort Hörnum	Kontrolle der Verwitterungsproben.
„	Amöneburg	Teilnahme an der Vorstandssitzung des Vereins Deutscher Portland-Zement-Fabrikanten.
„	Dresden	Teilnahme an den Sitzungen des Deutschen Ausschusses für Eisenbeton.
Burchartz	Lahngegend	Probeentnahme in drei Kalkwerken.
Schneider	Stendal	Beaufsichtigung der Imprägnierung von Hölzern auf Unentflammbarkeit.
„	Sylt	Kontrolle der Probekörper der Meerwasserversuche.
„	Luckenwalde	Entnahme von Dachpappe.
Schwarz Prase	Freienwalde	Abnahme von Normensand.
Schulze	Berlin	Probebelastungen.
Heermann	„	Besichtigung verschiedener Seidenläger und Probeentnahme.
„	München	Teilnahme an den Beratungen der Fachgruppe des Vereins Deutscher Chemiker für Farbstoff- und Färberei-Chemie.
„	Crefeld	Fabrikationsüberwachung und Probeentnahme.
Herzog	Weißensee	Fabrikationsüberwachung und Probeentnahme.
Dalén	Freiberg i. S., Papierfabrik Weißenborn	Kochen von Holzproben.
„	Goslar	Vertretung des Amtes auf der Hauptversammlung des Vereins Deutscher Papierfabrikanten.
Körner	Berlin	Beratungen über ein Preisausschreiben für Sisalhanfverwertung seitens der Deutschen Landwirtschaftsgesellschaft.
„	„	Beratungen über die neuen Prüfungsbestimmungen für harte Kammgarne (Zollbehandlung).
Herzberg	„	Vertretung des Amtes auf der Hauptversammlung des Vereins der Papier- und Zellstoffchemiker.
„	„	Wiederholte Vertretung des Amtes in der Normenkommission für Rohpappe.
„	„	Vertretung des Amtes auf der Versammlung des Vereins Deutscher Rohpappenfabrikanten.
Heyn	Erfurt	Teilnahme an der Hauptversammlung des Verbandes selbständiger öffentlicher Chemiker Deutschlands.
„	Berlin	Teilnahme an der Sitzung des Dampfkessel-Ausschusses des Vereins Deutscher Ingenieure.
„	„	Teilnahme an den Sitzungen des Deutschen Ausschusses für Eisenbeton.
„	„	Teilnahme an der Generalversammlung des Vereins Deutscher Portland-Zement-Fabrikanten.
„	„	Teilnahme an der Hauptversammlung des Vereins Deutscher Fabriken feuerfester Produkte.
„ Bauer	„	Besprechung in der Reichsdruckerei über Zersetzungserscheinungen an Schriftmetallen.

Name	Ziel	Zweck
Heyn Bauer	Berlin	Besprechung über Prüfung von Profil-Nickelstahl.
„	Brüssel	Vortrag im Deutschen Hause der Internationalen Weltausstellung.
„	Düsseldorf	Teilnahme an der Hauptversammlung des Vereins Deutscher Eisenhüttenleute.
„	Bruckhausen a./Rh.	Überwachung des Gießens von Stahlblöcken und des Walzens von Trägern. Ätzen von Stahlblöcken, Entnahme von Analysenspänen.
„	Spandau	Besprechung über Prüfung von Zünderteilen.
„	Essen (Ruhr)	Besichtigung einer Schleusenanlage des Rhein-Herne-Kanals zwecks Vorschläge über Abdichtung der Kammermauern der Schleusen.
„	Halensee	Rücksprache wegen Ausführung von Beschußproben mit Gewehrläufen.
„	„	Beaufsichtigung beim Beschießen von Gewehrläufen.
„	Neumannswalde	Desgleichen.
Wetzel	Trebsen a. d. Mulde	Besichtigung eines Kolonnenapparates und Probeentnahme.
„	Tegel	Überwachung von Einsatzhärtungen.
Hinrichsen	München	Vortrag auf der Hauptversammlung des Vereins Deutscher Chemiker.
„	„	Besichtigung der Gummiwarenfabrik von Metzeler & Co.
„	Düsseldorf	Besichtigung der Düsseldorfer Röhren- und Eisen-Walzwerke (vormals Poensgen).
„	„	Besichtigung der Ceresinfabrik Compes & Co.
„	Rheydt	Besichtigung des Kabelwerkes Rheydt.
„	Aachen	Besichtigung des Aachener Hüttenvereins (Rothe Erde) der Gelsenkirchener Bergwerks-Aktien-Gesellschaft.
„	Jünckerath i./Eifel	Besichtigung der Jünckerather Gewerkschaft.
„	Nürnberg	Teilnahme an der Jahresversammlung des Deutschen Verbandes für die Materialprüfungen der Technik.
„	Stein b. Nürnberg	Besichtigung der Bleistiftfabrik von A. W. Faber.
Holde	Dresden	Teilnahme an der Sitzung der deutschen Sektion der Internationalen Petroleumkommission in Dresden 17. u. 18. Mai.
„	München	Teilnahme an der Sitzung des Ausschusses 9 des Deutschen Verbandes für die Materialprüfungen der Technik am 20. Mai 1910.
„	Hamburg	desgl. am 28. u. 29. Oktober 1910.
Schlüter	Adlershof	Beglaubigung des Normalbenzins bei C. A. F. Kahlbaum am 20. September 1910.
Marcusson	Berlin	Besprechung über Transformatorenölprüfung in der A.-E.-G. Berlin am 10. November 1910.

Tabelle e.

Besichtigung des Amtes zum Studium der Einrichtungen desselben.

Name	Wohnort
Asaoka, S., Major. — Fahusa	Japan
Goto, M., Prof. an der Kais. Techn. Hochschule	Osaka (Japan)
Seiyiro Hirai, Vizepräsident der japanischen Staatsbahnen	Tokio (Japan)
Karai, Professor	Port Arthur (Japan)
Keimatsu, Dr. — Kondo, Dr.	Japan
Kurihara, K., Dr. Assistenzprofessor an der Kais. Universität — Mano Bunyi — Nosiri, J., Major — Takato, S. — Tanaka, Fuji, Assistent Professor of the College of Engineering Imperial University	Tokio (Japan)
Jagi, J., Prof. a. d. Kais. Techn. Hochschule	Sendai (Japan)
Villegas Augustina, Alexander, Commandante Artilleria	Spanien

Name	Wohnort
Ascher, Erich, Dr. — Gesztessy mit 25 Oberlehrern der Königl. Bau-gewerkschulen Preußens, Dipl.-Ing. — Heinrich, F., stud. phil., mit 15 Herren — Kirchner mit 29 Herren der Militärtechn. Akademie — Lange, Dr. phil., Handelshochschule — Lindenau mit 15 Mechanikern des Städt. Gewerbesaal — Rumschöttel, Geh. Baurat — Schnaubert, Fr., mit 40 höheren Telegraphen-Beamten — Spüller, Oberingenieur — Verein der Berliner Agenten der Textilindustrie — Verein der Buchbindermeister — Versicherungs-Beamtenverein	Berlin
Baboschin, A., Dozent am Petersburger Institut für Wegebau — v. Kowalewsky, Wladimir — Schewliagnia, Ingenieur — Saytzeff, Alexander, Dr. Ing., Assistent am Polytechnikum	St. Petersburg (Rußland)
Bain, J. Watson Professor	Joronte (Kanada)
Becker, Hugo, Chef-Chemiker der „Phönix", A.-G. für Bergbau und Hüttenbetrieb	Hörde i. Westf.
Beckmann, H., Oberförster	Haag (Holland)
Bock, Ernst, Dr. Ing. — Gräbner mit 17 Schülern der höheren Web-schule	Chemnitz
Born, Oberlehrer, mit Handelshochschülern — Pudor, Heinrich, Dr.	Leipzig
Breistorsd, R. — Geßler, M. — Leimdorfer, J.	Budapest (Ungarn)
Buncke, G.	Philadelphia (U. S. A.)
Ceradini, Philipp, Instituta, Sperimento ladella	Rom (Italien)
Danacla — Dr. Ing. — Exz. Fleck, Vors. d. Vereins z. Beförd. d. Gewerbefleißes — Nolborn, Professor — Pantasis, Kimon, Dipl.-Ing. — Schulten, Dr. — Wiebe, Geh. Reg.-Rat Prof. Dr.	Charlottenburg
Deetharengrad	Lormua
Delbrück, Konrad, Dr.	Elberfeld
Diakon, Dipl. Ingenieur	Nowotscherkessk (Rußland)
Dirks, B. Henry, Ingenieur	Urbana (Illin. U. S. A.)
Egerer, Dr., von der Hochschule	Drontheim (Norwegen)
Dr. Possanner von Ehrenthal, Bruno, Dozent am Stdt. Friedrichs-Polytechnikum	Köthen
Englebert — Neet, A.	Liege
Fol, J. G., Ing., Techn. Hochschule — von Iterson, G., Prof. Dr., Techn. Hochschule	Delft (Holland)
5 französische Zementfabrikanten	Frankreich
Treadwell & Sohn, Prof. Dr. — Schmid, Alfred, Ing., Chemiker der Firma Escher Wyss & Co.	Zürich (Schweiz)
Göbel, K. K. Ing. Prof., mit 3 Professoren und 36 Schülern — Haberkalt, Karl, K. K. Ministerialrat — Pazzanni, A., Direktor — Ritter von Pollack, Rudolf, K. K. Ministerialrat	Wien (Österreich)
Gensen, Königl. Baurat — Gerdan, B., Direktor — Kurrein, Max, Dr.	Düsseldorf
Gerold, Wilhelm, Oberreal-Professor	Temesvar (Ungarn)
Heni, H., Chefchemiker	Gleiwitz
Hermann, Hugo, K. K. Fachlehrer	Teplitz (Böhmen)
Jschewsky, W., Polytechnikum	Kiew (Rußland)
Jüngst, A., Ingenieur — Wach, Jos., Oberingenieur	Höchst (M.)
Kayser, Prof. Dr.	Spandau
Kind, Dr., von der Textilschule	Sorau
König, Johann, Prof.	Zehlendorf
Krämer, Prof. Dr., 2. Vors. d. Vereins z. Beförd. d. Gewerbefleißes	Wannsee
Kubelka, Gustav, Oberingenieur	Kladen b. Prag (Böhmen)
Oppenheim, Paul, Ingenieur und Mitinhaber der Firma: E. Weiler, Maschinen-Fabrik	Heinersdorf b. Berlin
Oettli, Emil, Direktor der russischen A. E. G.	Riga (Rußland)
Pfleiderer, Militärbauinspektor	Koblenz
Ramsay, Henrik, Dr.	Helsingfors (Finnland)
Rougeau, W. H., Direktor der Galena-Raffinerie	Rouen (Frankreich)
Schmidt, Oskar, Prof.	Stuttgart
Shields	Manila (Philipp, U. S. A., Islands)
de Souza, Carlos, Dipl.-Ing.	Rio de Janeiro (Brasilien)
Stockmeyer, Prof. Dr., und Frau	Nürnberg
Weber, Jan, Assistent a. d. Techn. Hochschule	Lemberg (Österreich-Ungarn).

Tabelle f.

Im Berichtsjahre hat das Amt mit nachstehend genannten Behörden und Vereinen gemeinsame Arbeiten unternommen.

Name der Behörden und Vereine	Bezeichnung der Arbeiten
Abteilung 1.	
Minister der öffentlichen Arbeiten.	Versuche über den Porendruck des Wassers im Mauerwerk.
Minister der geistlichen, Unterrichts- und Medizinal-Angelegenheiten.	Festigkeitsversuche von mit Zucker imprägniertem Holz.
Deutscher Ausschuß für Eisenbeton.	Festigkeitsversuche mit Betonproben und Säulen und Versuche über das Verhalten von Eisen im Mauerwerk.
Gouverneure von Togo und Kamerun.	Festigkeitsversuche mit Kolonialhölzern.
Kanalamt von Kiel-Wik.	Versuche mit Beton auf Festigkeit, Porendruck des Wassers im Mauerwerk und Haften des Eisens im Beton.
Ingenieur-Komitee.	Vergleichende Versuche mit Holzkonservierungsmitteln.
Verein zur Beförderung des Gewerbefleißes.	Festigkeitsversuche mit Eisen-Nickel-Legierungen.
Verein Deutscher Brücken- und Eisenbau-Fabriken.	Festigkeitsversuche mit Nietverbindungen.
Verband Deutscher Elektrotechniker.	Festigkeitsversuche mit Isoliermaterialien.
Artillerie-Prüfungs Kommission.	Versuche mit Kupferzylindern für Gasdruck-Messungen.
Abteilung 2.	
Minister der öffentlichen Arbeiten.	Versuche mit Stampfbeton.
” ” ” ”	Prüfung feuerfester Materialien.
Deutscher Ausschuß für Eisenbeton.	Versuche mit Beton für Eisenbetonsäulen.
” ” ” ”	Versuche über das Verhalten von Beton im Feuer.
” ” ” ”	Versuche über das Verhalten von Mörtel im Moorwasser.
Vereinigte Traßgrubenbesitzer.	Vereinbarung einheitlicher Prüfungsvorschriften für Traß.
Verein Deutscher Portland-Zement-Fabrikanten.	Normensandkontrolle.
” Deutscher Eisen-Portland-Zement-Werke. }	Vergleichende Versuche mit Portland-Zement und Eisen-Portland-Zement.
Verein Deutscher Portland-Zement-Fabrikanten.	Kritische Untersuchung der Verfahren zur Prüfung von Abbindezeit und Raumbeständigkeit.
Deutscher Verband für die Materialprüfungen der Technik.	desgl.
desgl. Ausschuß 1b.	Aufsuchung einheitlicher Verfahren zur Prüfung der Wetterbeständigkeit natürlicher Bausteine.
desgl. Ausschuß 14.	Prüfung plastischer Mörtel.
Internationaler Verband für die Materialprüfungen der Technik.	desgl.
desgl. Ausschuß 5.	Aufsuchung eines Verfahrens zur schnellen Ermittelung der Raumbeständigkeit von Portland-Zement.
Verein Deutscher Kalkwerke.	Normenkalkkontrolle.
Abteilung 3.	
Bekleidungsamt des Garde-Korps.	Beratungen über Neu-Ausgabe der Dienstanweisungen für die Bekleidungsämter.
Reichs-Marineamt.	Ausarbeitung von Lieferungsbedingungen für Asbest.
Reichs-Schatzamt.	Beratungen über die neue Prüfungs-Anleitung von harten Kammgarnen (für Zollbehandlung).
Deutsche Landwirtschafts-Gesellschaft, Berlin.	Beratungen über Preisbewerb für Sisalhanf.
Verein Deutscher Dachpappen-Fabrikanten.	Aufstellung von Normalien für Rohpappe.
Reichsdruckerei.	Feststellung neuer Bedingungen für Postkartenkartons.

Name der Behörden und Vereine	Bezeichnung der Arbeiten

Abteilung 4.

Deutscher Ausschuß für Eisenbeton, Berlin.	Versuche über das Verhalten von Kupfer, Zink und Blei gegenüber Zement, Beton und den damit in Berührung stehenden Flüssigkeiten.
Minister der öffentlichen Arbeiten.	Untersuchungen über die Wärmeleitfähigkeit feuerfester Steine.
Verein Deutscher Portland-Zement-Fabrikanten, Kalkberge (Mark).	Untersuchungen über die Konstitution des Portland-Zementes.
Verein zur Beförderung des Gewerbefleißes, Charlottenburg.	Untersuchungen von Lagermetallen.
Deutsche Dampfkessel-Normen-Kommission, Berlin.	Umfrage über das Verhalten von weichen und harten Kesselblechen im Betriebe.

Abteilung 5.

Deutscher Ausschuß für Eisenbeton, Moorversuche, Berlin.	Versuche mit Moorwasser.

Abteilung 6.

Minister der öffentlichen Arbeiten. Finanzminister. Kriegsminister.	Unterscheidung von Natur- und Kunstasphalt. Nachweis von Erdölpech in Fettdestillationsrückständen.
Minister der öffentlichen Arbeiten. Reichs-Marineamt. Minister für Handel und Gewerbe.	Verharzungsfähigkeit von Dampfturbinenölen.
Minister der geistlichen, Unterrichts- und Medizinal-Angelegenheiten. Minister für Landwirtschaft, Domänen und Forsten.	Vergleichende Prüfung von Spiritusproben.
Finanzminister. Technische Prüfungsstelle des Reichs-Schatzamtes.	Begutachtung der Zollbehandlung von Vaselineölen und paraffinhaltigen Erzeugnissen.
Versuchsabteilung der Verkehrstruppen, Schöneberg.	Aufstellung von Lieferungsbedingungen für Automobil- und Flugmotorbenzin sowie Automobilschmieröle.
Königliche Pulverfabrik, Spandau.	Festsetzung von Lieferungsbedingungen für Maschinen- und Zylinderöl, Gewehrreinigungsöl, Gasöl, Maschinenschmierfett, Rüböl, Leinöl, Baumöl, Knochenöl und Terpentinöl.

Personalien.

Seine Majestät der Kaiser und König haben Allergnädigst zu gestatten geruht,

dem Direktor, Geheimen Ober-Regierungsrat, Professor, Dr.-Ing. Martens, die Annahme und Anlegung des von Seiner Majestät dem Könige von Dänemark verliehenen Kommandeurkreuzes II. Klasse des Danebrogordens und

dem Abteilungsvorsteher Professor Gary die Annnahme und Anlegung des von Seiner Königlichen Hoheit Prinz Luitpold von Bayern verliehenen Verdienstordens vom heiligen Michael III. Klasse.

Der vorgesetzte Herr Minister hat dem ständigen Mitarbeiter Koerner das Prädikat „Professor" verliehen.

Der Hilfsdiener Glaue ist zum Laboratoriendiener ernannt worden.

Der Bureauvorsteher, Rechnungsrat Hähnel, ist gestorben.

Druck von E. Buchbinder in Neuruppin.

Jahresbericht 1911

(1. April 1911 bis 31. März 1912)

des

Königlichen Materialprüfungsamtes

der Technischen Hochschule zu Berlin

in

Berlin-Lichterfelde West.

(Unter den Eichen 87.)

Sonderabdruck

aus den

Mitteilungen aus dem Königlichen Materialprüfungsamt zu Berlin-Lichterfelde West.

1912.

(Verlag von Julius Springer in Berlin.)

Sonderabdruck

aus den

Mitteilungen aus dem Königlichen Materialprüfungsamt zu Berlin-Lichterfelde West.

1912.

(Verlag von Julius Springer in Berlin.)

Jahresbericht 1911

(1. April 1911 bis 31. März 1912).

A. Allgemeiner Teil.

Über Aufgaben, Gliederung des Betriebes und Grundsätze für die Geschäftsführung des Amtes siehe die Anlage zum Jahresbericht.

Personal.

Während des Berichtsjahres 1911 waren im Amt tätig: 3 Direktoren (davon 2 gleich- Personalbestand. zeitig Abteilungsvorsteher), 4 Abteilungsvorsteher, 16 ständige Mitarbeiter, 6 ständige Assistenten, 45 Assistenten, 7 ständige Techniker, 40 Techniker, 1 Bureauvorsteher, 1 Rendant, 1 Sekretär, 2 Bureauassistenten, 1 Materialienverwalter, 1 Kanzleisekretär, 2 Kanzlisten, 2 Kanzleidiätare, 5 Kanzleihilfsarbeiter, 1 Amtsmechaniker, 8 Diener, 1 Pförtner, 49 Gehilfen, Handwerker und Arbeiter, 1 Maschinist, 2 Heizer, 6 Laboranten, 15 Laboratoriumsburschen, 1 Gärtner, 1 Wächter, 5 Frauen, zusammen 227 Personen, davon 74 akademisch gebildete Beamte.

Wachstum des Betriebes seit 1880.

Das stetige Wachstum und die Entwicklung des Amtsbetriebes läßt sich ohne weitere Betriebsmittel. Erläuterung aus Abb. 1 (S. 4) entnehmen.

Betriebsmittel.

Die allgemeinen Betriebsmittel umfassen zurzeit:

- 3 Dampfkessel (je 70 qm Heizfläche) mit Speisepumpen, Injektor usw.,
- 2 Dampfmaschinen (je 90 PS) mit Kondensation und Rückkühlanlage,
- 2 Gleichstrom-Nebenschluß-Dynamomaschinen (je 60 KW),
- 3 Zusatz- und Umformerdynamos,

1*

   39 Gleichstrom- und Nebenschlußmotoren,

   55 Arbeits- und Werkzeugmaschinen,

     4 Laufkrane (3 elektrisch, einer von Hand betrieben),

     4 Fahrstühle (elektrisch betrieben),

     3 Hochdruck-Hydraulik-Pumpwerke mit je einem Hydraulik-Akkumulator (2 Dampf-, 1 Gewichtsakkumulator),

106 Prüfungsmaschinen für Materialprüfung (teils hydraulisch, teils mechanisch betrieben),

     2 Eismaschinen (schweflige Säure).

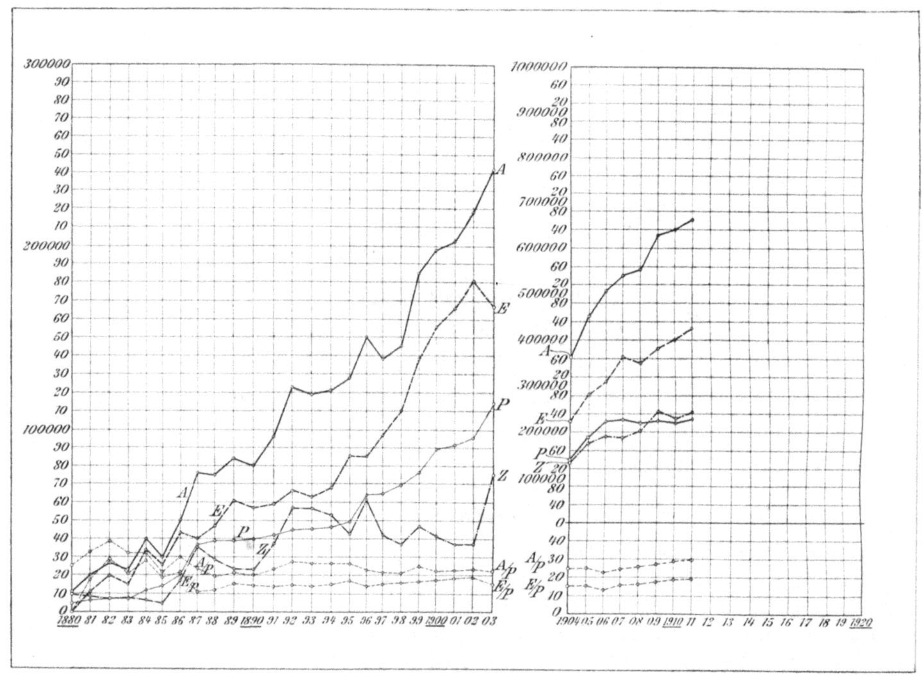

a   Abb. 1.   b

Wachstum des Betriebs

a) der Königlichen Mech.-Techn. Versuchs-   b) des Königlichen Materialprüfungsamtes
anstalt Charlottenburg.   Groß-Lichterfelde.

Zeichenerklärung: E = Einnahme, A = Ausgabe, Z = Staatszuschuß, P = Personenzahl × 1000.

Neueinrichtungen und neue Aufgaben.

Die Forderung für die Errichtung eines Hochspannungslaboratoriums zur Prüfung von Isoliermaterialien auf ihre elektrischen Eigenschaften und eines Laboratoriums zur Untersuchung der Rohmaterialien für die Ton-, Zement- und Kalkindustrie hat auch im verflossenen Jahr wieder nicht in den Staatshaushaltsetat eingestellt werden können.

Die Prüfung von Kautschuk wurde im Jahre 1909 aufgenommen, sie hat wie im Vorjahre, so auch besonders im Jahre 1911 sehr gefördert werden können, und die Veröffentlichungen, sowie die Vorführungen des Amtes auf der Kautschukausstellung in London, haben sehr wesentlich dazu beigetragen, die gegnerischen Stimmen, über die noch im Vorjahrsbericht gesprochen werden mußte, verstummen zu machen. Das Amt hat sich auf dem neuen Gebiete sichtlich mehr Freunde erworben. Es wird durch rege Aufmerksamkeit auf die Bedürfnisse von Erzeuger und Verbraucher von Kautschuk und durch weitere Vervollkommnung seiner Arbeiten und Einrichtungen sich das Vertrauen der gewonnenen Freunde zu erhalten suchen.

Im verflossenen Jahr fanden mehrfach Besprechungen mit Kautschukinteressenten und mit Vertretern des Reichskolonialamtes wegen Förderung der Kautschukerzeugung in den Kolonien statt.

Auf Grund eines Antrages wurde versucht, Verfahren zur Feststellung des Widerstandes von Kautschuk-Stiefelabsätzen gegen den Verschleiß auszubilden. Es gelang nicht, das früher mit gutem Erfolg für die Prüfung von Linoleum benutzte Schleifverfahren[1] auf den vorliegenden Fall zu übertragen. Diese Versuche mußten aufgegeben werden; aber inzwischen ist eine wesentlich einfachere Form gefunden worden, die voraussichtlich zum guten Erfolg führen wird. Bei diesem Verfahren wird die beim Ausstanzen der Ringe für den Zerreißversuch gewonnene Scheibe[2] an einer senkrecht stehenden Achse befestigt, innerhalb einer Masse loser Körner groben Schmirgels in Umdrehungen versetzt. Der Gewichtsverlust der Scheibe während einer bestimmten Zahl von Umdrehungen wird als Maßstab für die Abnutzung benutzt. Das Verfahren gibt ausreichende Übereinstimmung bei Wiederholungsversuchen, so daß damit ein ebenso einfaches wie sicheres empirisches Prüfmittel gefunden wurde. Es ist vom Anstaltsmechaniker Mai angegeben worden.

Bei Versuchen über die Nachwirkungserscheinungen beim Festigkeitsversuch mit Kautschuk tritt bekanntlich die Hysteresis besonders deutlich hervor. Die Nachverlängerung unter einer bestimmten gleichbleibenden Last und die Nachverkürzung nach dem Entlasten wird vielfach als Anhalt für die Beurteilung des Vulkanisationsgrades benutzt. Bei solchen Versuchen mit Dauerbelastung bekommt der belastete Kautschukkörper regelmäßige Oberflächenrisse, wie Abb. 2 zeigt. Diese Risse geben eine Erläuterung für den eben genannten Vorgang. Sie entstehen offenbar dadurch, daß die Einflüsse aus der Atmosphäre durch die Kautschukoberfläche in das Innere dringen. Durch die Einwirkung von außen wird die Dehnungsfähigkeit der Oberflächenschicht herabgesetzt und nun entstehen in bestimmten Abständen, die abhängig sind von dem Verhältnis der Dehnbarkeit der Kautschukmasse zur Dehnbarkeit der veränderten Oberflächenschicht, Querrisse. Dadurch wird die Spannung in der Kautschuk-

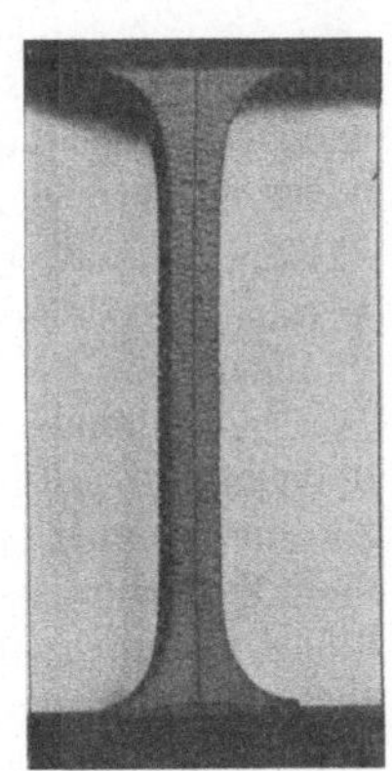

Abb. 2.
Dauerbelastete
Gummiprobe.

Kautschuk-
prüfung.

[1] Siehe „Mitteilungen" 1886, S. 3.

[2] Siehe „Mitteilungen" 1912, Heft 3: Memmler u. Schob, Beiträge zur Frage der mechanischen Prüfung von Weichgummi III. Abnutzungsversuche;

    A. Martens, Über die technische Prüfung des Kautschuks und der Ballonstoffe im Königlichen Materialprüfungsamte, Sitzungsberichte der Königlichen Akademie der Wissenschaften zu Berlin 1911, XIV.

masse wegen der Querschnittsverringerung und damit die Dehnung der Probe vergrößert; die Risse klaffen und werden schließlich sichtbar. Der Angriff von der Oberfläche aus setzt sich allmählich fort, die Risse werden zahlreicher und immer breiter und deutlicher, schließlich muß unter der gleichbleibenden Last der Bruch der Probe eintreten, weil immer wieder frische Oberfläche in den Rißflächen zur Verwitterung kommt. Wenn also auch, was noch nicht feststeht, der Angriff aus der Luft mit dem Dickenwachstum der Oberflächenschicht verlangsamt werden würde, so kann doch die Verlängerung der Probe unter der Last nicht aufhören, wenn an der im Riß entstandenen frischen Oberfläche die Verwitterung durch den Luftangriff immer wieder einsetzt. Ist nun der Vorgang der Verwitterung, wie es auf der Hand liegt, abhängig von der durch den Vulkanisationsgrad veränderlichen chemischen Widerstandskraft des Kautschuks, so muß es hiernach auch die Verlängerung und Rißbildung unter der Dauerbeanspruchung sein.

Es ist verständlich, daß der Vorgang bei verschiedenen Gummimischungen in verschieden langer Zeit zum Bruch führen wird; ein Vorgang, der zur vergleichenden Prüfung sehr wohl ausgenutzt werden kann, besonders deswegen, weil man den Versuch außerordentlich vereinfachen kann. Ich ordnete die Sache zu dem Zweck so an, daß über an den Kanten abgerundete Spiegelglastafeln Gummiringe, wie sie bei den Festigkeitsversuchen benutzt werden, nebeneinander aufgespannt werden, so daß sie alle die gleiche erhebliche Dehnung erfahren, also wie bei dem vorgeschilderten Versuch dauernd unter Spannung bleiben, deren Größe freilich bei verschiedenen Eigenschaften der Proben verschieden sein wird, aber ein Vergleich verschiedener Proben unter gleichen Verhältnissen ist dennoch gegeben. Die Oberflächenwirkung durch Verwitterung und die Rißbildung tritt auch hier an den nicht vom Glas berührten Gummioberflächen ein und muß in ihrem zeitlichen Verlauf ein ähnliches Bild wie oben geschildert über die Eigenschaften der verschiedenen Gummisorten und Vulkanisationsgrade geben. Die Glasplatten mit den Ringen werden nun unter den verschiedensten Umständen aufbewahrt (im Freien, dem Wetter ausgesetzt, in trockener oder feuchter Luft, im Dunkeln oder im Licht, in Flüssigkeiten, Gasen usw.). Das Verhalten der verschiedenen Gummiarten hinsichtlich der Rißbildung und der Zeit bis zum Eintritt des Bruches wird festgestellt. Das Ergebnis läßt sich auch leicht photographisch festlegen.

Das gibt also ein so einfaches und bequemes Prüfverfahren, daß man es in Fabriken usw. in Gebrauch nehmen sollte, vielleicht gemeinsam mit dem früher beschriebenen Abschleifverfahren von Mai[1]). Ich würde mich freuen, wenn auch hier das Amt zur Vereinfachung und Verbreitung einfacher praktischer Prüfverfahren beigetragen hätte und der Gummiindustrie nützen konnte; die Verwitterungsprobe würde sich ja leicht in anderer Form an allen Gummiwaren ausführen lassen, denen man auf irgend eine Weise eine beträchtliche Formänderung verleihen kann.

Auch Erzeugern künstlichen, synthetisch hergestellten Kautschuks hatte das Amt bereits Gelegenheit mit seinen Prüfeinrichtungen zu dienen.

Die Frage, welche Stellung man zu den Kautschukregeneraten und Kautschukersatzmitteln einnehmen soll, ist im verflossenen Jahre wiederum mehrfach zur Erwägung gekommen. Man kann hierüber folgendes aussagen:

Das Amt steht allen diesen Stoffen mit voller Objektivität gegenüber. Gerade durch die Entwicklung des Prüfungswesens, insbesondere auch der Verfahren zur Prüfung der

---

[1]) Vergl. Martens: Über die technische Prüfung des Kautschuks und der Ballonstoffe. Sitzungsbericht der Königlichen Akademie der Wissenschaften zu Berlin 1911, XIV.

mechanischen Eigenschaften von Kautschuk und seinen Ersatzstoffen im frischen Zustand und nach längerer Lagerung unter verschiedenen Bedingungen ist den Erzeugern solcher Stoffe Gelegenheit gegeben, gegen etwaige unberechtigte Vorurteile wirksam anzukämpfen und ihren Erzeugnissen die Stellung auf dem Markte zu verschaffen, die sie auf Grund ihrer Eigenschaften verdienen. Einsichtige Erzeuger solcher Stoffe haben diesen Weg auch bereits beschritten.

Auf der vorjährigen Kautschukausstellung in London hat das Amt mit gutem Erfolg seine Prüfungsvorrichtungen für Kautschuk, sowie einige Ergebnisse seiner wissenschaftlichen Untersuchungen und die aus seinem Kreise hervorgegangenen literarischen Arbeiten ausgestellt. Der Erfolg der Ausstellung gibt sich durch die aus dem Auslande einlaufenden Anfragen und Aufträge auch heute noch zu erkennen.

Die Ständigen Mitarbeiter Professor Dr. Hinrichsen und Professor Memmler hielten auf dem Internationalen Kautschukkongreß in London mit Beifall aufgenommene Vorträge. In den Kautschukkommissionen des Deutschen und des Internationalen Verbandes für die Materialprüfungen der Technik ist das Amt durch seine führenden Beamten auf diesem Gebiete vertreten, so daß es auch hier enge Fühlung hält mit den Vorgängen in der Außenwelt.

Die für die Prüfung von Luftballonstoffen aufgestellten Apparate sind im verflossenen Jahr häufig in Tätigkeit getreten; sie gestatten Zerplatzversuche mit Stoffproben von 0,3, 0,2, 0,1, 0,05, 0,03, 0,02 u. 0,01 qm Fläche anzustellen. Diese Einrichtungen sind noch durch einen von E. Heyn entworfenen Apparat zur Bestimmung der Gasdurchlässigkeit und durch eine von O. Bauer entworfene Vorrichtung zur Ermittelung der Wärmedurchlässigkeit (Strahlung) vervollständigt.

Bei Verhandlungen mit Herstellern von Ballonstoffen ist mit starkem Nachdruck von verschiedenen Seiten der im Grundsatz berechtigte Wunsch ausgesprochen worden, daß die Prüfämter, die Industrie und die Verbraucher überall mit den gleichen Apparaten und nach den gleichen Verfahren arbeiten sollten, damit allenthalben übereinstimmende und vergleichbare Ergebnisse erzielt werden. Man nahm in Anspruch, daß sich die Prüfämter deswegen mit den gleichen Apparaten versehen müßten, die in der Praxis gebräuchlich sind. Namentlich dann, wenn die Prüfverfahren in den praktischen Betrieben bereits durchgebildet und eingeführt seien, sollten die Ämter, die einen solchen Prüfungszweig neu aufnehmen, sich der Neuausbildung von Verfahren enthalten, weil die Industrie und die Stoffverbraucher dadurch beunruhigt würden und wirtschaftlich geschädigt werden könnten.

Wenn auch dieser Grundsatz nicht ohne Not außer acht gelassen werden darf, so dürften m. E. die öffentlichen Prüfämter den schließlich doch wohl noch wichtigeren Grundsatz nicht verleugnen, daß es in erster Linie ihre Aufgabe sein muß, durch Ausbildung objektiver Prüfverfahren den Fortschritt zu fördern und den wirtschaftlichen Nutzen ihrer Tätigkeit vor allen Dingen darin zu finden, daß sie die Eigenschaften der von ihnen geprüften Stoffe der Wahrheit entsprechend und so darstellen, daß der Gebrauchswert unparteiisch zum Ausdruck gebracht wird.

Weil die soeben ausgesprochenen Grundsätze auch früher schon bestimmend für die Tätigkeit des Amtes waren und es auch für die Zukunft bleiben müssen, so ist es zweckmäßig, den Geschäftsfreunden des Amtes in einem gegenwärtigen Falle Rechenschaft darüber zu geben, welche Umstände es bewogen haben, ein Verfahren anzuwenden, welches die zu prüfenden Stoffe bei oberflächlicher Beurteilung wesentlich ungünstiger erscheinen läßt, als die bisher üblichen Verfahren.

Zur Bestimmung der Gasdichtigkeit von Ballonstoffen benutzte die Praxis, Erzeuger wie Verbraucher der Ballonstoffe, vorwiegend die Renard-Surcoufsche Gaswage, während das Amt für seinen Betrieb ein durch den Direktor Professor E. Heyn auf chemischer Grundlage aufgebautes Verfahren zur Bestimmung der durch die Ballonhülle diffundierenden Wasserstoffmenge einführte. Die Begründung zu diesem Vorgehen ist:

Die Renard-Surcoufsche Wage mißt das Gewicht des durch den zu prüfenden Ballonstoff ausgetretenen Wasserstoffs verringert um das Gewicht der dafür in das Gasgefäß von außen her eingetretenen Luft. Für die Bewertung eines Ballonstoffes mit Rücksicht auf Gasdurchlässigkeit und für den Vergleich verschiedener Stoffe nach dieser Richtung hin kommt aber nicht dieser Gewichtsunterschied in Betracht, sondern das Gewicht des ausgetretenen Wasserstoffs (beziehungsweise Leuchtgases). Dieses bedeutet einen Verlust an wertvollem Gas, welcher nach dem Verfahren von Heyn ungekürzt ermittelt wird. Die Renardsche Wage dagegen läßt diesen Verlust um den Betrag der durch den Ballonstoff zurückgetretenen Luft kleiner erscheinen. Es erscheint nicht berechtigt, diese verkleinerte Zahl als Maßstab für die Gasdurchlässigkeit zu wählen, da die zurücktretende Luft den Auftrieb des im Ballon verbleibenden Gasrestes verschlechtert.

Bei der Renardschen Wage kann die in das Gasgefäß zurücktretende Luft noch einen anderen Fehler im Gefolge haben. Die Luft kann unmittelbar unterhalb der zu prüfenden Stoffprobe eine stagnierende Schicht mit geringem Wasserstoffgehalt (also geringem Teildruck des Wasserstoffs) bilden, so daß der Rest der Wasserstoffüllung des Gasgefäßes wegen dieser stagnierenden Gasschicht nicht voll zur Diffusion gelangen kann. Dies ist wiederum eine Fehlerquelle, welche den Gasverlust zu niedrig erscheinen läßt. Während der Diffusion auf der Renardschen Wage liegen somit physikalisch unbestimmte und während der Versuchsdauer wechselnde physikalische Verhältnisse vor. Dies ist bei dem Verfahren von Heyn vermieden, da bei diesem dafür gesorgt ist, daß zu beiden Seiten der untersuchten Stoffprobe der Teildruck des Wasserstoffs während der ganzen Versuchsdauer unverändert erhalten wird.

Fehler, die durch etwaige Undichtheit infolge mangelhafter Abdichtung zwischen Gasgefäß und Stoffscheibe vorkommen können, sind bei dem Verfahren von Heyn vermieden, da vor jedem Versuche die Dichtigkeit der Einspannungsstelle in einfacher Weise festgestellt werden kann. Bei der Renardschen Wage besteht diese Möglichkeit nicht ohne weiteres. Der durch solche Undichtheiten in der Einspannung bedingte Fehler läßt die Gasdurchlässigkeit zu hoch erscheinen.

Bei dem Verfahren nach Heyn können verhältnismäßig kleine Stoffscheiben verwendet werden, die als Abfallteile des Stoffes bei der Zubereitung des Ballons entnommen werden können. Dadurch wird die Möglichkeit gegeben, ohne größere Aufwendung an Probenmaterial zu gleicher Zeit Bestimmungen an verschiedenen aus demselben Stoff ausgeschnittenen Stoffproben auszuführen. Dies ist besonders wichtig, weil dadurch ein Urteil über die Gleichmäßigkeit des Stoffes bezüglich der Gasdurchlässigkeit gewonnen werden kann.

Die kleinen von Abfallteilen entnommenen Probescheiben für das Heynsche Verfahren erleichtern auch die spätere Nachprüfung von aus dem gebrauchten Ballon an verschiedenen Stellen entnommenen Stoffproben. Es kommt ja für einen Ballonstoff nicht nur auf den Grad der Gasdichtigkeit im ursprünglichen Zustand an, sondern auch darauf, ob sich diese Gasdichtigkeit während des Gebrauches mehr oder weniger stark ändert. So kann unter Umständen ein Ballonstoff von anfänglich größerer Durchlässigkeit der wertvollere sein gegenüber einem solchen von anfänglich geringerer Durchlässigkeit, wenn die Durchlässigkeit des ersteren im Laufe der Zeit und bei der Verwendung im Ballon weniger schnell zunimmt als bei dem letzteren.

Aus den oben angegebenen Gründen muß die Zahl, welche die in 24 Stunden durch 1 qm des Stoffes durchgegangene Menge Wasserstoff in Litern angibt, bei der Renardschen Wage geringer sein, als nach dem Heynschen Verfahren. Das ist natürlich bei der Aufstellung und Beurteilung von Lieferbedingungen zu berücksichtigen.

Bei Prüfung von Ballonstoffen nach dem Heynschen Verfahren haben sich bis jetzt folgende Zahlen (1 in 24 Std. auf 1 qm Stoff) ergeben, wobei Zahlen von über 100 ausgeschieden sind, in der Annahme, daß sie nicht mehr einwandfreien Stoffen entsprechen:

12,2; 14,0; 15,9; 17,1; 17,7; 18,6; 20,2; 20,9; 22,3; 22,4; 23,7; 23,7; 24,5; 25,5; 26,0; 29,4; 47,9.

Dies würde als Mittel **22,5** liefern.

Die mitgeteilten Zahlen sollen nur einen vorläufigen Anhalt gewähren. Um zu einem Mittelwert zu gelangen, der für Lieferungsbedingungen Verwendung finden könnte, müßte die Zahl der Versuche erheblich vermehrt werden.

Die Einrichtungen zur Prüfung der Ballonstoffe auf **Faserart, Festigkeit, Wetterbeständigkeit** und **Verhalten gegen Sonnenlicht und Feuchtigkeit** waren bereits in der Abteilung für papier- und textiltechnische Prüfungen vorhanden. Ballonstoffe können also jetzt nach jeder Richtung hin geprüft werden.

Ein mit den Luftschifferkreisen festgestellter Plan für eine große Untersuchung von Ballonstofftypen wurde in Angriff genommen, so daß es möglich werden wird, die Ergebnisse von vergleichenden Prüfungen dieser Art im kommenden Jahre wesentlich zu fördern. Bei dieser Gelegenheit wird es sich vielleicht auch ermöglichen lassen, die in Aussicht genommenen wissenschaftlichen Untersuchungen über mechanische Eigenschaften von Leichtmetallen, die ja für die Luftschiffahrt von besonderer Bedeutung sind, auszuführen.

Die im Auftrage des Verbandes Deutscher Elektrotechniker ausgeführten Versuche mit **Isoliermaterialien** für Spannungen bis zu 500 Volt sind beendet. Eine Reihe von Fabriken hat die erheblichen Mittel zur Durchführung der Versuche bewilligt, die unter anderem auch bezwecken, die Ersatzstoffe für Hartgummi in ihren Eigenschaften zu erforschen und ihren Gebrauchswert gegenüber den Kautschukprodukten festzulegen. Demgemäß ist geprüft worden die **Bearbeitungsfähigkeit** in der Werkstatt, die **Festigkeit** und **Sprödigkeit** bei **Zug-, Druck- und Biege-Beanspruchung,** sowie die **Härte** (alles bei verschiedenen Wärmegraden). Auch die **Wetterbeständigkeit** und die **Widerstandsfähigkeit** gegen **chemische Einflüsse** wurden geprüft.

Die sehr lehrreichen Ergebnisse dieser Versuche sind von der Kommission des Verbandes bearbeitet worden, um für die Aufstellung von Normalien für Isoliermaterialien verwendet zu werden[1]). Es ist zu erwarten, daß hierbei auch die Ersatzstoffe für Hartgummi zu ihrem Recht kommen werden.

Im vorjährigen Berichte wurde bemerkt, daß es Sache der freien Vereinbarung zwischen den Erzeugern und Verbraucherkreisen bleiben müsse, Normalien für Verbrauchsstoffe festzusetzen, daß das Amt aber gern hierzu seinen Rat und seine Erfahrungen zur Verfügung stellt. In diesem Punkte sind die Bemühungen auf guten Boden gefallen.

Ein Bericht aus der Fachzeitschrift „Bitumen" (1912, S. 35) sagt hierüber: „Die Kommissionen der Rohpappen- und Dachpappenindustrien zur Festsetzung von Gütevor-

Isoliermaterial
(elektrisches).

Normalien für
Roh- und Dach-
pappen.

---

[1]) Vergl. den Bericht von Passavant in „Elektrotechnische Zeitschrift" 1912, S. 540.

schriften für Rohpappen haben ihre Arbeiten im großen und ganzen beendet, und sich auf eine Reihe von Normen geeinigt . . . . Mit Befriedigung kann festgestellt werden, daß eine ganze Anzahl von Industriellen, die sich anfangs gegen die Normen erklärten, zu ihren überzeugten Anhängern geworden sind . . . . War ursprünglich befürchtet worden, daß die Normen Anlaß zu Streitigkeiten zwischen Lieferanten und Abnehmern bieten würden, so ist heute die Erkenntnis allgemein geworden, daß gerade sie ein Mittel zur Schlichtung von Streitigkeiten sind . . . . . Die Normen sind zum festen Maßstabe geworden, an dem alle Rohpappen gemessen werden können . . . . Nach Anführung eines lehrreichen Beispiels fährt der Autor fort: „Der Schaden, den die Käufer — (durch Lieferung minderwertiger Ware) — erleiden, ist ein augenscheinlicher, in den Normen besitzen sie nunmehr ein Mittel, um sich gegen einen solchen zu schützen . . . Aber sie sind nicht nur dazu geschaffen, um in Streitfällen . . . . Lieferanten und Abnehmer zu schützen, sondern sie sollen auch als Werkzeug dienen, um minderwertige Rohpappen jeder Art vom Markte zu verdrängen . . . Schlechte Rohpappen müssen schlechte Dachpappen geben; schlechte Dachpappen aber diskreditieren den Artikel Dachpappe überhaupt. Ein jeder Fabrikant, gleichviel, ob Rohpappen- oder Dachpappenfabrikant, hat ein Interesse daran, daß ein (schlechtes) Material ausgemerzt wird . . . Jeder Dachpappenfabrikant muß es sich zur Pflicht machen, die Rohpappe, die er verarbeiten soll, auf ihre Güte mit Hilfe der Normen zu prüfen. Er wird sich dadurch nicht nur vor Schaden schützen, indem er schlechte Waren von der Produktion ausschließt und für minder gut gelieferte eine Entschädigung fordert, sondern er wird auch nach und nach dazu gelangen, seine (eigenen) Erzeugnisse dadurch zu verbessern, daß er mit Hilfe der Normen bestimmte Forderungen an seine Lieferanten stellt und beim Kauf diejenigen bevorzugt, die ihm Rohpappen liefern, welche einen recht geringen Aschengehalt und eine hohe Saugfähigkeit haben. Die Organisationen der Roh- und Dachpappen-Industrien werden es als ihre Pflicht erachten müssen, die Rohpappen aller Fabrikanten in bestimmten Zwischenräumen zu prüfen und jene der Öffentlichkeit namhaft zu machen, welche fortgesetzt Rohpappen liefern, die nicht normengemäß sind . . . Auch . . . . . hält den Vorschlag, einen Verbandsstempel einzuführen, für zweckmäßig. Der Verband muß sich eine Schutzmarke eintragen lassen, die nur diejenigen Fabrikanten führen dürfen, die Normalware herstellen . . . Die Industrien in ihren einzelnen Mitgliedern dürfen es an der bessernden Hand nicht fehlen lassen; in ihnen muß der Wille erstarken, nur gute Fabrikate herzustellen. Es ist unlauterster Wettbewerb, wenn heute bewußt einzelne Fabrikanten minderwertige Rohpappe zu Dachpappen verarbeiten und diese dann als gute Qualitäten in den Verkehr bringen; es ist eine kaum zu verstehende Selbsttäuschung, wenn einzelne glauben, solche Rohpappen billig gekauft zu haben, die ihnen unter dem Marktpreis angeboten worden sind . . . . Die Normen sind dazu geschaffen worden, um die Fabrikanten vor Schaden zu schützen, ihnen die Mittel an die Hand zu geben, die Fabrikate zu verbessern. Dazu ist es nötig, daß die Rohpappen ständig kontrolliert werden; geschieht dies nicht, so haben die Normen ihren Zweck verfehlt."

Seiden- und
Textilindustrie. Die in den Vorjahren angeknüpften Verhandlungen mit der Seiden- und der Textilindustrie sind fortgesetzt worden und haben bewirkt, daß dem Amt auch im Berichtsjahre zahlreiche Aufträge zugeflossen sind und die bisher im Amte ausgeführten Untersuchungen auf diesem Gebiete ziemlich großen Umfang erreicht haben.

Die auf Gründung eines besonderen Prüfamtes für die Textilindustrie oder auf Erweiterung des Materialprüfungsamtes hinzielenden Bestrebungen, die nicht nur in der Fachliteratur, sondern auch im deutschen Reichstage erörtert wurden, haben zu eifrigen Verhandlungen geführt, ohne daß bisher bestimmte Entschlüsse gezeitigt wurden. Mit Vertretern der Wollspinnerei, Färberei und Textilindustrie wurden auch mehrfach Verhandlungen über Normalien über die Lieferung von Erzeugnissen dieser Industrien geführt. Bekannt ist und von vielen Seiten wird zugegeben, in wie hohem Maße unlauterer Wettbewerb und Übervorteilung der Verbraucher im Handel und Gewerbebetrieb eingerissen ist. Auch hier wird, wie in anderen Gewerben, geltend gemacht, daß sich die Warenerzeuger bisweilen genötigt sehen, den unvorhergesehenen und in die Berechnung nicht eingesetzten Ausfall an Rohstoff, den sie bei der Erzeugung der Ware haben, durch Verwendung von Ersatzstoffen wieder gut machen zu müssen, oder daß das Gewerbe gar durch die Wünsche der Verbraucher gezwungen würde, die Waren für gewisse Zwecke brauchbarer oder billiger zu machen oder sie sonstigen Wünschen der Käufer anzupassen. Das ist dann der Ausgangspunkt, der zuerst die Technik vervollkommnet und das Geschäft fördert; aber gar bald folgt der Auswuchs: Die erworbene Kunstfertigkeit wird dann gebraucht, um die Ware über Gebühr zu „Schönen“, zu „Appretieren“ usw. usw. So hat man es immer besser gelernt, dem Ersatzstoff das Aussehen und die Oberflächenbeschaffenheit der Edelware zu geben. Das Wolltuch beschwert man mit Fremdkörpern, gibt ihm ein bestechendes Äußere, ersetzt die Dicke teilweise durch Scherhaare, durch eingewebte und eingesponnene Baumwolle u. a. m. Der Seidenfärber hat gelernt, durch Beschwerung aus 1 kg Seide 2—3 und mehr kg zu machen und dabei ein äußerlich bestechendes Aussehen zu erzielen; Kunstseide wird täuschend ähnlich der Naturseide hergestellt und mit Naturseide verarbeitet, als solche auf den Markt gebracht usw. usw.

Wenn durch diese Kunst zugleich der Gebrauchswert der Ware erhöht wird, oder wenn man den Nutzen, den man durch die Verwendung billiger Ersatzstoffe erzielt, wenigstens teilweise dem Käufer und dem Verbraucher zufließen ließe, und wenn man offen den wahren Zustand der Ware bekennen würde, so würde sich ja kaum etwas dagegen einwenden lassen, daß Handel und Industrie nach Verbilligung unserer Verbrauchsstoffe streben und durch Vervollkommnung ihrer Kunst den Ersatzstoffen neue Verwendungsgebiete schaffen. Aber man sucht zumeist nur den eigenen Vorteil. Und doch führt die Jagd hiernach zur immer weiteren Unterbietung des Wettbewerbers; in die Industrie zieht ein Wettkampf aller gegen alle ein; Treue und Glaube wird auf eine sehr geringe Stufe herabgedrückt; der anfangs gewonnene Nutzen wird vermindert und schließlich Ansehen und Kredit des Landes auf dem Weltmarkt untergraben. Diese Umstände führen dann schließlich dahin, daß alles nach Umkehr ruft und sich gegen den anfangs geduldeten und großgezogenen Wettbewerb auf ungesunder Grundlage wendet. Dann kommt unvermeidlich der Ruf nach Kontrolle, nach festen Normen für die Lieferung usw., um den dem Gewerbe zugefügten Schaden wieder zu beseitigen. — Es wird sicher nicht lange dauern, so werden auch im Textilfache die gesunden Kräfte wieder Oberwasser bekommen, denn auch auf diesem Gebiet treten heute schon Stimmen hervor, die nach Aufstellung von Normalien und nach einer öffentlichen Kontrolle der Waren rufen. Das Amt hat demgemäß sich auch auf dem Gebiet der Textilindustrie bemüht, diesem Streben entgegen zu kommen, und hat sich mit Umfragen an die Industrie- und Handelskammerkreise gewendet; es hat zwar bisher nur geringes Verständnis gefunden, wird aber seine Bemühungen fortsetzen, weil es sieht, daß es auch hier schließlich gelingen wird, den unlauteren Wettbewerb einzudämmen und dem Segeln unter offener Flagge Fahrwasser zu gewinnen. — Ich hoffe demgemäß im nächsten Jahre über Fortschritte auf diesem Wege berichten zu können.

2*

Als schlagenden Beleg für die Tragweite der eben entwickelten Anschauungen, darf ich hier wohl einen ganz kurzen Auszug aus einer Notiz mitteilen, die der „Berliner Lokalanzeiger" über eine Auslassung eines sehr hervorragenden Kenners der englischen Industrie über deutsche Verhältnisse in der „Daily Mail" ausgesprochen hat; Sir Robert Hadfield führte aus: „Deutschlands Fortschritt auf dem Gebiete der Industrie ist einfach verwirrend. Als ich das riesige neue chemisch-physikalische Laboratorium sah, das Krupp soeben mit einem Kostenaufwande von 2 Millonen Mark innerhalb der Fabrikmauern errichtet hat, ein Institut, wie es keine Universität der Welt besitzt, da wurde mir einmal wieder so recht offenbar, wie wirksam Deutschland die Wissenschaft der Industrie dienstbar gemacht hat. Meine Bewunderung wuchs noch, als ich die Physikalisch-Technische Reichsanstalt in Berlin und das Königliche Material-prüfungsamt in Berlin-Lichterfelde sah, ein Institut zur Prüfung und Untersuchung von Erzen (muß heißen von Bau- und Verbrauchsstoffen der Technik), wo man die schwierigsten Rätsel der Industrie löst. In den Laboratorien von Essen, Berlin und Berlin-Lichterfelde erficht die deutsche Industrie ihre Siege." Ich darf mit Stolz hinzufügen, daß die Prüfungszeugnisse von Berlin-Lichterfelde in manchen Fällen genügten, um bei großen Exportgeschäften den deutschen Waren in einfachster Weise im Auslande den Weg frei zu machen. Das Urteil Sir Hadfields würde sich aber sicher noch auf viele andere deutsche Laboratorien ausgedehnt haben, wenn er auch diese noch kennen gelernt hätte.

<table>
<tr><td>Normaltinten.</td><td>Die im Vorjahre der Staatsregierung unterbreiteten Vorschläge auf Abänderung der Tintennormalien, die aus den Verhandlungen des Amtes mit einer Reihe von Tinten-fabrikanten entstanden waren, sind Gegenstand der Beratung des Königlichen Staats-ministeriums gewesen. Die Veröffentlichung eines entsprechenden Erlasses steht unmittel-bar bevor.</td></tr>
<tr><td>Kontrolle der Kautschukhülle von Zimmer-leitungskabeln.</td><td>Die Abmachungen mit den Vereinigten Fabriken für isolierte Leitungen über die Kontrolle der Kautschukhülle von Zimmerleitungskabeln haben auch im Berichtsjahre die Abteilung für allgemeine Chemie lebhaft beschäftigt. Von der Einrichtung machen die beteiligten Kreise weitgehenden Gebrauch. Mehrfach sind auch von Fabriken, die Gummi-massen für die Kabel liefern, diese Massen daraufhin geprüft worden, ob sie der vor-genannten Anforderung entsprachen.</td></tr>
<tr><td>Dauerversuchs-anlage.</td><td>In der aus Reichsmitteln errichteten Anlage für Dauerversuche, deren Entwurf in der „Denkschrift" S. 231 ff· beschrieben ist und über deren Ergänzungen und Verbesserungen schon in den vorjährigen Jahresberichten gesprochen wurde, ist der regelmäßige Betrieb mit Versuchen an 20 Maschinen bei Zimmerwärme, sowie bei 100, 200, 300 und 400 C⁰ weiter durchgeführt, so daß jetzt schon einzelne Versuchsstäbe über 35 Millionen Beanspruchungen ausgesetzt gewesen sind.</td></tr>
</table>

Die im Vorjahre der Staatsregierung unterbreiteten Vorschläge auf Abänderung der Tintennormalien, die aus den Verhandlungen des Amtes mit einer Reihe von Tinten-fabrikanten entstanden waren, sind Gegenstand der Beratung des Königlichen Staats-ministeriums gewesen. Die Veröffentlichung eines entsprechenden Erlasses steht unmittel-bar bevor.

Die Abmachungen mit den Vereinigten Fabriken für isolierte Leitungen über die Kontrolle der Kautschukhülle von Zimmerleitungskabeln haben auch im Berichtsjahre die Abteilung für allgemeine Chemie lebhaft beschäftigt. Von der Einrichtung machen die beteiligten Kreise weitgehenden Gebrauch. Mehrfach sind auch von Fabriken, die Gummi-massen für die Kabel liefern, diese Massen daraufhin geprüft worden, ob sie der vor-genannten Anforderung entsprachen.

In der aus Reichsmitteln errichteten Anlage für Dauerversuche, deren Entwurf in der „Denkschrift" S. 231 ff· beschrieben ist und über deren Ergänzungen und Verbesserungen schon in den vorjährigen Jahresberichten gesprochen wurde, ist der regelmäßige Betrieb mit Versuchen an 20 Maschinen bei Zimmerwärme, sowie bei 100, 200, 300 und 400 C⁰ weiter durchgeführt, so daß jetzt schon einzelne Versuchsstäbe über 35 Millionen Beanspruchungen ausgesetzt gewesen sind.

Um schneller zu Versuchsergebnissen zu gelangen, wird seit dem 1. Dezember 1908 die Anlage täglich 17 Stunden (von früh 7 Uhr bis nachts 12 Uhr) in Betrieb gehalten, so daß jeder Stab täglich rund 35—40000 Belastungen erfährt. Die Erwärmung der Probe-stäbe durch elektrische Öfen sowie die Messung der Wärme mittels Thermoelemente hat sich auch im abgelaufenen Jahre im Dauerbetrieb gut bewährt[1]).

---

[1]) Ausführliche Beschreibung der gesamten elektrischen Heiz- und Wärmeeinrichtungen der Dauerversuchsanlage s. Mitteilungen 1910, Heft 4.

Die als Kraftmesser an den Dauerversuchsmaschinen verwendeten Meßdosen[1]) haben sich auch im abgelaufenen Jahre trotz der ungewöhnlich häufigen Dauerbeanspruchung als durchaus betriebssicher erwiesen. An 7 von 20 Maschinen sind noch die ersten Dosenbleche (Messingblech von 0,35 mm Dicke mit aufgeklebter Paragummischeibe von 1 mm Dicke) nun bereits 5 Jahre im Betrieb, was etwa einer Gesamtzahl von 35—38 Millionen Anstrengungen entspricht.

Erfahrungen mit Meßdosen.

Dauerbiegeversuche mit verschiedenen Flußeisenmaterialien auf der Maschine von Martens, bei der ein Normalrundstab an den beiden verlängerten Enden durch Federkraft belastet und ständig in Umdrehung (rund 60 pro Minute) versetzt wird, so daß die Angriffsebene für die Biegung ständig wechselt, sind bis auf 2 Stäbe zum Abschluß gebracht.

Für Dauerversuche mit hoher Lastwechselzahl wurde ein mit Wechselstrom betriebener Apparat nach Kapp (vergl. Zeitschr. d. Vereins Deutscher Ingenieure 1911, S. 1445) beschafft, der demnächst in Betrieb genommen wird.

Der Bücherbestand umfaßt zurzeit 4975 Bände fachwissenschaftlichen und allgemein technischen Inhalts, im Berichtsjahre belief sich der Zuwachs auf 294 Bände; 143 technische Fachzeitschriften, darunter 108 in deutscher, 23 in englischer, 7 in französischer, 3 in schwedischer, 1 in norwegischer und 1 in russischer Sprache wurden regelmäßig gehalten. Das in ihnen enthaltene Literaturmaterial wird, soweit es die Fachwissenschaften des Amtes berührt, auf Auszugskarten ausgezogen; diese Auszüge werden nach Stoff geordnet, in einem Zettelregister gesammelt. Mit der Zeit wird also auf diese Weise eine reichhaltige geordnete Sammlung von Literaturauszügen über alle das Materialprüfungswesen betreffenden Fragen geschaffen werden.

Bücherei.

Da die Literatur über die einzelnen Sondergebiete des Materialprüfungswesens außerordentlich umfangreich, mannigfaltig und weit zerstreut ist, so wird das Amt die berufenste Stelle bleiben, um die einschlägige Literatur regelmäßig zu verfolgen. Um diese Sammlung der Allgemeinheit zuzuführen, ist beabsichtigt, sie durch Beantwortung entsprechender Anfragen von Behörden und Privaten im öffentlichen Interesse nutzbar zu machen. Von dieser Einrichtung ist in mehreren Fällen Gebrauch gemacht worden.

In ähnlicher Weise werden später auch die Sammlungen des Amtes für wissenschaftliche Arbeiten und für Interessenten nutzbar gemacht werden können.

Auch im abgelaufenen Jahr ist das Amt von einer großen Reihe von Vereinen, Teilnehmern an Lehrkursen, Vertretern von Behörden und Privaten, Personen des In- und Auslandes zum Zwecke des Studiums seiner Einrichtungen besucht worden. Eine Liste der Besucher findet sich im Anhang, Tabelle e.

Besuche.

Die Beamten haben zur Vertretung des Amtes in Versammlungen und bei feierlichen Gelegenheiten, zum Zwecke des Studiums oder zur Abnahme von Proben für die Versuche, zur Besprechung von Versuchsreihen auf Grund genauer Einsichtnahme in den Betrieb, zum Austausch der Erfahrungen, zur Untersuchung von Materialprüfungsmaschinen und Vorkehrungen, zur Ausführung von Abnahme- und Belastungsproben an Bauwerken und aus anderen Gründen Reisen in die Industriebezirke und selbst ins Ausland unternommen.

Reisen.

---

[1]) Vergl. „Denkschrift" S. 231 und Zeitschrift des Vereines Deutscher Ingenieure 1906, S. 1310 sowie Mitteilungen über Forschungsarbeiten auf dem Gebiete des Ingenieurwesens; herausgegeben vom Verein Deutscher Ingenieure 1907, Heft 38: A. Martens, Die Meßdose als Kraftmesser in der Materialprüfmaschine, sowie Zeitschrift des Vereines Deutscher Ingenieure 1909, Heft 18 unter: Prüfung der Druckfestigkeit von Portlandzement, und A. Martens: Die Messung großer Kräfte im Materialprüfungswesen, Sitzungsbericht der Königlichen Akademie der Wissenschaften 1911, L III.

Dank.

Eine Zusammenstellung über diese Vorgänge findet sich im Anhang, Tabelle d.

Allen denjenigen, die bei diesen Gelegenheiten dem Materialprüfungsamt und seinen Angehörigen ihr freundliches Entgegenkommen bewiesen haben, ist an dieser Stelle öffentlich zu danken; sie haben nicht nur die Beamten persönlich gefördert, sondern haben hiermit ganz besonders auch das Amt selbst geeigneter gemacht, seinen hohen und wichtigen Aufgaben immer besser gerecht werden zu können.

Das Amt würde es mit Freude begrüßen, wenn dieser Jahresbericht wiederum Anlaß zu Anregungen aus der Praxis geben würde, wie das Amt seinen Nutzen für das deutsche Gewerbe immer mehr heben kann. Jede Anregung wird gewissenhaft erwogen werden. Dieser Aufforderung ist im verflossenen Berichtsjahre in mehreren Fällen entsprochen worden, wofür auch an dieser Stelle zu danken ist.

Berlin-Lichterfelde im Juni 1912. A. Martens.

Abteilung 1 für Metallprüfung.

In der Abteilung 1 für Metallprüfung wurden insgesamt 540 Anträge (560 im Vorjahre) erledigt, von denen 67 auf Behörden und 473 auf Private entfallen. Diese Anträge umfassen etwa 9000 Versuche. Über die geprüften Kontrollstäbe und verschiedenen Meßapparate gibt die nachstehende Tabelle Aufschluß.

Antragsteller	Kontrollstäbe für Kraftleistung		Meßdosen	Kraftprüfer	Spiegelapparate und andere Meßapparate	Manometer
	t	Stück	Stück	Stück	Stück	Stück
Mannheimer Maschinenfabrik Mohr & Federhaff	50	2	—	—	—	—
	130	1	—	—	—	—
Düsseldorfer Masch.-A.-G. Losenhausen	10	1	—	—	—	—
Feuerwerkslaboratorium Spandau	5	1	—	—	—	—
F. Schichau, Elbing	10	1	—	—	—	—
	40	1	—	—	—	—
Hüttenverwaltung Baildonhütte	50	1	—	—	—	—
Materialprüfungsstation Warschau	100	1	—	—	—	—
	10	1	—	—	—	—
Maschinenfabrik Augsburg-Nürnberg A.-G.	—	—	1	—	—	—
A. Borsig, Tegel	—	—	1	—	—	—
G. Wazau, Geithain i. S.	30	—	—	1	—	—
Geschützgießerei Spandau	—	—	—	—	1	—
Artilleriewerkstatt Lippstadt	—	—	—	—	1	—
Geschoßfabrik Siegburg	—	—	—	—	1	—
Eisenbahndirektion Köln	—	—	—	—	—	2
Mengeringhausen Nachf., Iserlohn	—	—	—	—	—	3
Deutsche Maschinenfabrik A.-G. Duisburg	—	—	—	—	—	2

Wissenschaftliche Untersuchungen.

Über einige weitere, auf Antrag ausgeführte Untersuchungen sei folgendes berichtet: Von den im Gange befindlichen wissenschaftlichen Untersuchungen mit Eisenkonstruktionen für den Verein Deutscher Brücken- und Eisenbaufabriken sind im letzten Jahre die Versuchsreihen I—IV abgeschlossen worden.

An Prüfungsmaschinen sind im Berichtsjahre 1911 folgende untersucht worden:

Antragsteller	Bestimmung	Bauart	Leistung t	Geprüft bis t	Stück
Mengeringhausen Nachf., Iserlohn .	Kettenprüfung	Mengeringhausen	200	100	1
A.-G. Steffens & Nölle, Berlin . . .	Festigkeit	—	25	10	1
Deutsche Maschinenfabrik A.-G. Duisburg	Kettenprüfung	—	350	240	1
Feuerwerkslaboratorium Spandau . .	Festigkeit	Schenck	30	20	1
Eisenbahndirektion Köln	Betonpresse	Martens	300	300	1
O. A. Richter, Dresden	Zementpresse	„	60	50	21
Maschinenfabrik Augsburg-Nürnberg A.-G.	„	„	50	50	10
Mannheimer Maschinenfabrik Mohr & Federhaff	„	—	50	50	1 [1]
Düsseldorfer Maschinenbau A.-G. vorm. Losenhausen	„	—	50	50	1
Tonindustrie Berlin	„	Martens	50	50	1
Deutsche Waffen- und Munitionsfabriken Karlsruhe	Ölprüfung	„	—	—	4
Ölwerke Stern-Sonneborn Hamburg .	„	Wendt	—	—	1

Außerdem wurden drei Autoklaven bis 25, 100 und 125 at Höchstdruck geprüft.

Der von Geh. Regierungsrat Professor Rudeloff hierüber erstattete Bericht (III) ist in den „Verhandlungen des Vereins zur Beförderung des Gewerbfleißes" Beiheft 1911 erschienen. Eine auszugsweise Wiedergabe aus den bisher vorliegenden drei Berichten findet sich in der Zeitschr. d. V. d. Ing. 1912 S. 1101. Festigkeitsversuche für Brückenbau.

Der Bruch eines Einspannquerhauptes an der 500 t-Maschine gab Anlaß zur Betriebsstörung. Bei drei Versuchsanstalten wurde angefragt, ob sie im Bedarfsfalle Versuche mit Zugkräften von über 100 t übernehmen könnten. Dies war nicht möglich, sodaß die Antragsteller bis zur vollendeten Reparatur der Maschine vertröstet werden mußten. Die Maschine ist seit Schluß des Jahres wieder in vollem Betriebe. Die vom Deutschen Brückenbauverein aufgestellte 3000 t-Maschine geht ihrer Vollendung entgegen.

Über Versuche zur Bestimmung der Längenänderung von Beton während des Erhärtens und infolge von Wärmeänderungen bei Lagerung der Proben an der Luft und unter Wasser, insbesondere über die angewandten Meßverfahren wurde von Rudeloff in „Armierter Beton" 1911 in Heft 5 und 6 S. 172 und 207 berichtet. Die Versuche werden fortgesetzt. Ausdehnung von Beton.

Die Druckversuche mit Eisenbetonsäulen, die insbesondere zur Bestimmung des Einflusses verschiedener Querbewehrung dienten, sind fortgesetzt; der von Rudeloff erstattete Bericht erschien in Heft 15 der Mitteilungen des Deutschen Ausschusses für Eisenbeton. Versuche über Eisenbeton.

Die Versuche von im Betriebe gebrochenen Maschinenteilen und Baugliedern wurden meistens gemeinsam mit den Abt. 4 und 5 erledigt, es sei daher an dieser Stelle auch auf die dort erwähnten Fälle hingewiesen. Aufklärung von Bruchursachen.

An zwei zersprungenen Ventilgehäusen von 150 mm l. W., von denen das eine für 8 at und 300 C° Überhitzung, das andere für 14 at Überdruck bestimmt war, wurde durch Zug- und Biegeversuche bei Zimmerwärme und bei höheren Wärmegraden bis 450 C°, ungeeignetes Material als Bruchursache ermittelt. Die Festigkeit des gesunden Materials genügte Gußeiserne Ventilgehäuse.

---

[1] Zweimal geprüft.

nur den Anforderungen für gewöhnlichen Maschinenguß, aber nicht den für Maschinenguß von hoher Festigkeit, die man für Formstücke aus Gußeisen für Dampfleitungen verlangen sollte. Außerdem wies der Guß zahlreiche große Hohlräume (Blasen) und Fehlstellen auf.

Doppelschaken für die Eimerkette eines Schwimmbaggers. Für die Eimerkette eines Schwimmbaggers waren Doppelschaken aus Stahlguß mit 4000 bis 4500 kg/qcm Festigkeit und 20 % Dehnung bestellt worden. Bei Inbetriebnahme des Baggers gingen mehrere Schaken zum Bruch. Die Untersuchung von ganzen und gebrochenen Schaken ergab, daß die Dehnung des Materials bei weitem zu gering war; sie betrug nur 10,5 bis 13,9 % bei 3940 bis 4300 kg/qcm Festigkeit.

Kurbelwellen. Versuche mit zwei im Betriebe gebrochenen Kurbelwellen, die anscheinend Motoren für Luftfahrzeuge entstammten, ergaben für die eine Welle 8540 bis 9140 kg/qcm Zugfestigkeit bei 7,7 bis 12,1 % Dehnung und für die andere Welle sogar 9820 bis 10520 kg/qcm Festigkeit bei 5,8 bis 10,8 % Dehnung. Es erscheint mindestens zweifelhaft, ob Material von so geringer Dehnung trotz seiner hohen Festigkeit überhaupt noch für schnell gehende Maschinenteile geeignet ist.

Gerissenes Drahtseil. Das Seil eines Greiferkranes, das im Betriebe ohne vorhergehende Anzeichen von Beschädigungen gerissen war, sollte auf Ursache des Bruches untersucht werden. Der Umstand, daß das zu prüfende sowie auch die vorher verwendeten Seile immer an derselben Stelle gebrochen waren, deutete zwar darauf, daß die Brüche nicht durch Materialfehler, sondern durch irgendwelche Überanstrengungen im Betriebe verschuldet waren. Die Untersuchungen haben aber keine bestimmte Aufklärung gegeben. Die Bruchlast des Seiles war gleich der 8,5fachen Betriebslast. Zur Herstellung des Seiles war Drahtmaterial von sehr verschiedenen Festigkeiten verwendet. Das Verhältnis des Seildurchmessers d zu den Durchmessern D der Rollen und der Trommel war nur $^1/_{32}$; wie in früheren Berichten, ist auf diesen Punkt aufmerksam zu machen.

Untersuchung von Gußeisen. Bei Lieferung von Gußeisen waren zwischen der Gießerei und der Maschinenfabrik Meinungsverschiedenheiten darüber entstanden; die gewährleisteten Werte waren nicht innegehalten. Die Gießerei begründete die Abweichungen damit, daß zu den Versuchen Zerreißstäbe von zu kleinem Durchmesser verwendet waren und Proben von verschiedenem Querschnitt entnommen wären. Hierzu äußerte das Amt sich wie folgt.

Nach dem mehr oder weniger starken Abdrehen von gußeisernen Probestäben für Zerreißversuche können Unterschiede in den Festigkeiten sich dann ergeben, wenn das Material nicht über den ganzen Querschnitt gleichmäßig ist, und Eigenspannungen im Material vorhanden sind. Jedenfalls empfiehlt es sich, zur Kontrolle der Lieferung Gußstäbe einheitlicher Abmessungen vorzuschreiben und auch die Entnahmestelle der Zugproben, sowie ihre Abmessungen zu vereinbaren. Bei Gußeisen sollte man, den Vorschlägen des **Deutschen Verbandes für die Materialprüfungen der Technik** entsprechend, nicht Zug-, sondern Biegeproben vereinbaren, wobei der Gußstab mit seinem vollen Querschnitte geprüft wird.

Altes Brückenmaterial. Ein alter eiserner Überbau, der bereits 40 Jahre im Betriebe war, sollte verstärkt werden. Um der statischen Berechnung möglichst die der Wirklichkeit entsprechenden Werte für die Festigkeitseigenschaften des alten Brückenmaterials zugrunde legen zu können, wurde einem Obergurtstabe der Brücke ein Winkeleisen entnommen und an ihm Zug- und Druckfestigkeit des Materials, sowie die Knickfestigkeit des Winkels ermittelt. Das alte Schweißeisen hatte 3400 kg/qcm Zugfestigkeit und 10,4 % Dehnung.

Versuche auf inneren Druck. Die Versuche auf inneren Wasserdruck erstreckten sich wie früher auf Steinzeug- und Zementröhren, ferner auf Gummischläuche, Gasröhren, Fittings usw.

Über die neueren Versuche mit Stein- und Zementrohren wird demnächst wieder berichtet werden.

Von den untersuchten Gummischläuchen waren einige beanstandet worden, weil sie bei 10 at zum Bruch gegangen sein sollten. Bei der Prüfung hielten sie 36 bis 40 at aus.

Bei den Gasrohren handelte es sich um den Vergleich geschweißter Rohre, die aus zwei verschiedenartigen Materialien und nach verschiedenen Verfahren hergestellt waren. Die eine Sorte zeigte fast den dreifachen Widerstand gegen inneren Druck als die andere.

Zu einer Lieferung von Gasfüllschläuchen für eine ausländische Eisenbahnbehörde, die für 8 bis 10 at Druck Verwendung finden sollten, ergab der Versuch, daß die Schläuche den vorgeschriebenen Probedruck von 20 at aushielten.

An einer Zusammenstellung aus $1/2$ bis $2''$ sog. „Weichguß-Randfittings" konnte der Wasserdruck bis 350 at gesteigert werden, ohne daß die einzelnen Stücke beschädigt wurden, die Verbindungsstellen wurden bereits bei 200 at undicht.

Ein Schwimmkörper aus 0,03 cm dickem Messingblech und 11 cm Durchmesser wurde auf äußeren Wasserdruck geprüft. Der Schwimmer wurde bei 1,28 at eingedrückt.   Schwimmkörper. Außendruck.

Vergleichende Prüfungen zur Beurteilung der Haltbarkeit von sog. H-Stollen für Hufbeschlag erstreckten sich auf Abschleifversuche und Dauerschlagversuche. Entsprechend der Beanspruchung der Stollen bei der Verwendung wurde bei den Dauerschlagversuchen die Auftrittfläche der Stollen in gleichmäßiger Wiederholung mit bestimmten Schlagarbeiten und Geschwindigkeiten gegen eine Steinfläche gestoßen. Nach einer bestimmten Anzahl von Schlägen wurde der Gewichtsverlust und das Aussehen der Stollen festgestellt. Das Prüfverfahren hat sich gut bewährt und ließ Unterschiede in der Schlagfestigkeit bei den verschiedenen Sorten deutlich erkennen.   H-Stollen.

Die vergleichende Untersuchung von zwei Sorten Hartgläser für Wasserstands-Anzeiger umfaßte 1. Härtebestimmungen nach dem Ritzverfahren von Martens, 2. Feststellung des Verhaltens der Gläser gegen schroffen Temperaturwechsel und gegen Dampfdruck, 3. die Prüfung des Schliffes darauf, ob bei beiden Gläsern das Wasser in gleicher Farbe erschien. Bei den Versuchen auf Widerstand gegen Dampfdruck wurde der Druck bis 24 at gesteigert.   Wasserstandsprüfer.

Aus Blech gestanzte Preßwinkel, die dazu bestimmt sind, Holzverbindungen in den Ecken zu versteifen, wurden auf Widerstand gegen Zusammendrücken geprüft. Es handelte sich um den Vergleich zweier Sorten, von denen die eine glatt, die andere Sorte mit eingedrückten Verstärkungsrippen versehen war. Durch die Verstärkungsrippen wurde die Festigkeit der Preßwinkel um 15 bis 20 % erhöht.   Preßwinkel.

Neuartige geschweißte Rahmenverbindungen für Fahrräder, bei denen die Rahmenrohre aus am Ende verstärkten nahtlosen Rohren bestanden, wurden auf Widerstand gegen Zusammendrücken geprüft. Die Bruchlasten waren nahezu 100 % höher als für die nach dem bisherigen Lötverfahren hergestellten Rahmenverbindungen.   Rahmenverbindungen für Fahrräder.

Holzfournierrohre von 105 cm Länge, 2,6 bis 4,7 cm innerem Durchmesser und 0,33 bis 0,55 cm Wandstärke, deren Verwendungszweck nicht angegeben war, wurden im Auftrage einer ausländischen Firma auf Biegefestigkeit geprüft. Die erzielten Bruchspannungen betrugen 450 bis 710 kg/qcm.   Fournierrohre.

Zwei Sorten Staubdichtungsringe für Achsbüchsen an Eisenbahnwagen, von denen die eine Sorte aus gewöhnlichem Buchenholz, die zweite nach einem besonderen Verfahren aus einzelnen dünnen verleimten Holzplatten hergestellt war, wurden zum Vergleich   Staubdichtungsringe.

3

ihrer Haltbarkeit auf Druck geprüft. Für die letztere Sorte wurden 68 % höhere Bruchlasten gefunden.

Holz.

Einfluß verschiedener Tränkungsverfahren auf die Festigkeit.

Aus den Untersuchungen von Hölzern sind zu nennen:

1. Vergleichende Biegeversuche von getränktem und ungetränktem Kiefernholz, zur Feststellung des Einflusses verschiedener Tränkungsverfahren auf die Festigkeit. Das Tränken der Holzproben erfolgte im Laboratorium der Antragstellerin unter Aufsicht des Amtes, wobei 12 verschiedene Tränkungsflüssigkeiten verwendet wurden. Die Prüfung der Proben erfolgte sowohl im nassen Zustande als auch, nachdem die Proben 4 Wochen an der Luft gelagert hatten.

Die Proben waren dem Splintholz eines Kieferstammes von 28 bis 32 cm Durchmesser entnommen, wobei besonders darauf geachtet ist, daß die zu den verschiedenen Tränkungsverfahren benutzten Proben möglichst gleichartiges Holz enthielten. Die getränkten Proben hielten naß etwa 40 % weniger als die wieder getrockneten.

Durch Wassertränkung ging die Festigkeit des lufttrockenen Kiefernholzes von 1099 kg/qcm auf 497 kg/qcm, d. h. um 55 % zurück. Die Festigkeit des wieder getrockneten Holzes betrug 864 kg/qcm, also 80 % des urspünglichen Wertes.

Einfluß des Imprägnierens auf die Brennbarkeit.

2. Die Prüfung von imprägniertem und nicht imprägniertem Kiefern- und Buchenholz auf die Brennbarkeit. Die Verminderung der Brennbarkeit durch das Imprägnieren betrug für Buchenholz etwa 15 und für Kiefernholz etwa 20 %.

Faulen von Holz.

3. Die Untersuchung von Pfählen aus einer Spundwand, die im Ebbe- und Flutgebiet der Weser gestanden hatte, auf Feststellung der Fäulnisgrenze in der Höhenlage.

Die Pfähle entstammten einer Wand, die im Jahre 1901 gerammt war. Der Wasserwechsel infolge von Ebbe und Flut war bei mittlerem Wasserstande zu — 0,7 bis 2,50 Bremer Null angegeben. Die Pfähle waren 1910 auf — 2,0 Bremer Null abgeschnitten, sie waren in der Nähe der Nullmarke stark verfault.

Durch Druckversuche an Proben, die in 5 Höhenlagen entnommen waren, konnte festgestellt werden, daß die Festigkeit des Holzes von unten nach oben, d. h. nach der Nullmarke hin stetig abnahm. Die untere Grenze, bis zu welcher nennenswerte Fäulniserscheinungen wahrnehmbar waren, lag zwischen — 0,5 und 1,0 unter 0,0.

Holzstreben für Flugfahrzeuge.

4. Vergleichende Zugversuche mit Holzstreben für Flugfahrzeuge, die an den Enden mit eisernen Hülsen und Zungen armiert waren. Die Zugkraft griff an den Zungen mittels passender Bolzen an, die Holzstreben waren aus Esche und Lindholz gefertigt. Die Lindenstreben zeigten die geringere Bruchlast und auch geringeres Gewicht.

Abdichtungen. Ausdehnungsfugen bei Betonbauten.

Zum Abdichten senkrechter Ausdehnungsfugen an Schleusenwänden waren herabhängende Streifen von Gummi oder Chromleder in Aussicht genommen. Die Dichtungsfähigkeit war durch Versuche festzustellen. Die Versuchseinrichtung wurde so ausgebildet, daß die bis auf schmale Ränder mit Eisen belegten Probestreifen auf einem mit Schlitz hergestellten Betonkörper verschoben werden konnten, während ein gemessener Wasserdruck auf die Streifen einwirkte. Der Wasserdruck wurde in vier Stufen von je 0,5 at bis 2 at gesteigert und bei jeder Stufe die durchfließende Wassermenge festgestellt. Der Dichtungsstreifen lag entweder unmittelbar auf dem Beton auf, oder auf Eisenblech, das um den

Schlitz herum in den Beton eingelassen war. Aus den sehr umfangreichen Versuchen sei nur hervorgehoben, daß die beste Dichtung mit Gummi auf Eisen erzielt ist.

An Konstruktions- und Bauteilen sind bis zum Bruch oder bis zu bestimmten Höchstlasten geprüft Doppelhaken, Schäkel, Kran- und Gelenkketten verschiedener Art, Nietverbindungen zur Feststellung des Gleitbeginns, elektrisch geschweißte Ketten. Bei den letzteren lag die Schweißstelle in der Mitte einer Längsseite der Glieder. Die Versuche ergaben bei 2,8 cm Eisenstärke 1370 kg/qcm Streckgrenze und 3500 kg/qcm Bruchfestigkeit. Der Bruch erfolgte außerhalb der Schweißstelle. Ferner seien erwähnt Versuche mit sogenannten Rostgittern in verschiedenen Größen und Stärken, auf Tragfähigkeit bei gleichmäßig verteilter Last und Einzellast in der Mitte; Versuche mit patentierten Gerüsthaken und mit Seilkupplungen, bei denen die Seilenden vergossen waren. Bei den letzteren Versuchen erfolgte der Bruch des Seiles innerhalb des Eingusses. *(Konstruktions- und Bauteile.)*

Normalstauchkörper, für die die Beziehungen zwischen Höhenverminderung und Schlagarbeit ermittelt waren, sind abgegeben zum Eichen eines Fallwerkes und zum Messen von Gasdrucken bei Pulverprüfungen. *(Normalkupferkörper.)*

In folgenden Streitfällen ist die Entscheidung des Amtes angerufen. *(Streitfälle.)*

Bei der Ausfuhr nach Frankreich waren sechs Sorten Stahldraht vom Zollamt als Drähte von mehr als 17500 kg/qcm Festigkeit behandelt und mit 17 Fr. Zoll belegt, während die ausführende Firma behauptete, daß es sich um Draht bis 17500 kg/qcm Festigkeit handele, der nur dem Zollsatz von 10 Fr. unterliege. *(Stahldraht.)*

Von den zur Untersuchung eingesandten sechs Drahtsorten war nur auf eine Sorte der höhere Zollsatz anzuwenden.

Zur Entscheidung einer Patentstreitsache vor dem Reichsgerichte wegen Nichtigkeitserklärung eines Patentes wurden Erzbriketts aus verschiedenen Materialien unter verschiedenen hohen Drücken hergestellt und auf Haltbarkeit geprüft. Das Reichsgericht kam auf Grund der Versuchsergebnisse zu der Überzeugung, daß das patentierte Verfahren zu dem vom Anmelder verheißenen technischen Erfolge nicht führe und das Patent daher zu vernichten sei. *(Patentstreitsache.)*

In zwei Fällen wurden auf Veranlassung des Gerichtes Gutachten über die Ursachen des Bruches von Kranketten abgegeben. Die Unfälle hatten den Tod von Menschenleben zur Folge gehabt. *(Gutachten über gebrochene Kranketten.)*

Zum Ausprobieren einer geeigneten Zughakenform für Eisenbahnfahrzeuge wurden umfangreiche Versuche mit Haken verschiedener Herkunft, Bauart und aus verschiedenem Material angestellt. Die höchsten Bruchlasten der Haken wurden für das Material mit höchster Festigkeit gefunden. Unterschiede in den verschiedenen Zughakenformen traten klar zutage. *(Prüfung von Zughaken.)*

In mehreren Fällen wurde die Festigkeit von geschweißten und genieteten Blechen gegenüber der Festigkeit des vollen Materials bestimmt. *(Geschweißte und genietete Bleche.)*

Ein mittels Wassergas geschweißtes Blech von 1,0 cm Dicke ergab *(Wassergasschweißung.)*

a) für das volle Material $\sigma_S = 2530$ kg/qcm $\sigma_B = 3500$ kg/qcm und $\delta_{11,3} = 31,1\,\%$,

b) für das geschweißte Material $\sigma_S = 1950$ kg/qcm $\sigma_B = 3250$ kg/qcm und $\delta_{11,3} = 18,6\,\%$.

Also folgende Verhältnisse bezogen auf a = 100

$$\sigma_S = \frac{1950}{2530} = 77; \quad \sigma_B = \frac{3250}{3500} = 93; \quad \delta_{11,3} = \frac{18,6}{31,1} = 60.$$

In einem anderen Falle wurde ein im Koksfeuer von Hand geschweißtes Kesselblech untersucht. Die Probebleche wurden hierzu einmal dem geschweißten Kesselschuß entnommen, das andere mal wurden die Bleche im ungebogenen Zustande zusammengeschweißt, um gleichzeitig den Einfluß des Geraderichtens festzustellen. Die Ergebnisse ließen erkennen, daß durch das Geraderichten der aus dem Kesselschuß entnommen Proben die Festigkeitseigenschaften sowohl des ungeschweißten als auch des geschweißten Materials nicht beeinflußt worden waren[1]. Durch das Schweißen war die Streck- und Bruchgrenze, sowie die Bruchdehnung herabgemindert worden und zwar σ_S um 17 %, σ_B um 20 %, $\delta_{11,3}$ um 55 %.

Schleudertrommel.   Zur Feststellung, ob bei Schleudertrommeln die bisher übliche Vernietung durch autogene Schweißung ersetzt werden kann, wurden vergleichende Zugversuche mit geschweißten und genieteten Blechstreifen von 0,7 cm Dicke und 18 cm Breite angestellt. Die genieteten Bleche waren auf 80 cm schräg überlappt und in 3 Nietreihen genietet. Die Nietteilung betrug 2,6 cm im Quadrat. Für die autogen geschweißten Bleche wurde 29 % höhere Bruchfestigkeit gefunden. Die Bruchspannung betrug im Mittel 2560 kg/qcm für das genietete und 3150 kg/qcm für das geschweißte Blech. Der Bruch erfolgte bei den geschweißten Blechen in der Schweißung, die genieteten Bleche rissen in einer Nietreihe.

Vernickeltes Aluminiumblech.   Vernickeltes Aluminiumblech von 0,05 cm Dicke wurde durch Zugversuche und Hin- und Herbiegeproben auf Verhalten der Nickelschicht gegen Abblättern untersucht. In keinem Falle konnte Abblättern der Nickelschicht, auch nicht an der Bruchstelle, festgestellt werden. Die Bruchdehnung betrug bis 2,2 %.

Steinschrauben.   Die Untersuchung von zwei Steinschraubensorten, von denen die eine nach DRP. mit muldenförmiger Einpressung, die andere mit gedrehtem Blatte hergestellt, ergab, daß der Widerstand gegen Herausziehen aus Zementmörtel bei der ersteren Sorte um 35 % größer war.

Kugelprüfung. $^5/_8$- und $^3/_4$zöllige Stahlkugeln, deutschen und englischen Ursprungs, sind auf Bruchfestigkeit, Härte und ehemische Zusammenstellung des Materials untersucht. Zur Prüfung auf Bruchfestigkeit wurden nach dem bekannten Verfahren von Rudeloff je drei Kugeln senkrecht übereinanderliegend belastet, sodaß die beiden äußeren Kugeln das Widerlager für die mittlere Kugel bildeten. Für die Härtebestimmung wurden gleichfalls je drei Kugeln wie vorher übereinander gelegt und stufenweise belastet. Nach jeder Laststufe wurde der Durchmesser der Druckfläche an der mittleren Kugel bestimmt.

Beide Fabrikate erwiesen sich als gleichwertig. Die mittlere Bruchlast betrug für die $^5/_8$zölligen Kugeln 14300 kg und für die $^3/_4$zölligen Kugeln 20200 kg. Die Härte war bei den kleineren Kugeln etwas größer.

Drahtlose Telegraphie.   Für Zwecke der drahtlosen Telegraphie wurden wiederholt sog. Sattel- und Spruchschutzisolatoren verschiedener Systeme auf Zugfestigkeit, und Glas- und Mikanitisolatoren auf Druckfestigkeit geprüft. Für elektrische Straßenbahnen lagen mehrfach Anträge auf Prüfung von Isolatorenhalter und von Verbindungsösen auf Zugfestigkeit vor.

Treppenprüfungen.   Treppenläufe aus Kunststeinstufen sind in zwei Fällen durch Belastungsproben auf Tragfähigkeit geprüft. Die freitragenden Längen der Treppen betrugen 1,40 und 1,5 m, die erreichten Höchstlasten 14000 und 9660 kg. Die Ergebnisse können als günstig bezeichnet werden.

---

[1] S. Rudeloff, Untersuchungen über den Einfluß voraufgegangener Formänderungen auf die Festigkeitseigenschaften der Metalle. Mitteilungen aus den Kgl. technischen Versuchsanstalten 1901. Erg.-H. I.

Abteilung 2 für Baumaterialprüfung.

In der Abteilung für Baumaterialprüfung wurden im Betriebsjahr 1911 insgesamt 1023 Anträge mit rund 39000 Versuchen, gegen 1068 Anträge mit rund 45000 Versuchen im Vorjahre erledigt. Es wurden für Gerichte 10, für private Antragsteller 28 Gutachten abgegeben. Von den 39000 Versuchen entfallen etwa 20600 auf Bindemittel und 18400 auf Steine aller Art, Konstruktionen und Verschiedenes. Die im Vorjahre nicht zum Abschluß gebrachten Versuche, die sich auf mehrere Jahre erstrecken, sowie die im wissenschaftlichen Interesse ausgeführten Versuche sind in diesen Zahlen nicht mit enthalten.

Natürliche Gesteine wurden meist in dem üblichen Umfange geprüft.

In einem Falle handelte es sich darum, festzustellen, ob die gelbliche Färbung des einen von zwei aus demselben Gebirgsstock stammenden und zu vergleichenden Gesteinen die Festigkeit des Gesteins beeinträchtigt. Die durch die geologische Landesanstalt zu Berlin ausgeführte petrographische Untersuchung und die Festigkeitsversuche ergaben, daß die im Granit befindlichen gelben Flecke kein Zeichen von Verwitterung sind und ihr Vorkommen die Güte des Steines nicht beeinträchtigt.

Die Kaiserin Augusta-Stiftung in Jerusalem sandte zwei Gesteinsproben ein, die als Werksteine in der Fassade des Neubaues der Stiftung verwendet werden sollten. Die beiden Steinsorten konnten als sehr dichte Kalksteine mit hoher Festigkeit und als zu Bauwerken gut geeignet bezeichnet werden.

In einem Falle sollte ein Gutachten darüber abgegeben werden, ob die Auswitterungen von Ziegelsteinen auf Putz und Tapeten zerstörend wirken und die Steine daher minderwertig seien. Aus dem Befund der Besichtigung und der Prüfung war ohne weiteres zu erkennen, daß der Ausschlag von den Steinen, nicht von dem Mörtel herrührte. Die Steine enthielten 0,11 % lösliche Salze, davon waren 0,10 % leicht löslich und zwar im wesentlichen schwefelsaure Alkalien. Beim Versuch zeigten die Steine starke krustenartige Auswitterungen. Nach sorgfältigem Abbürsten traten die Auswitterungen in erheblicher Stärke bereits nach einem Tage wieder auf. Die in den Steinen enthaltenen Salze waren geeignet, auf Putz und Tapeten zerstörend einzuwirken, und die Steine waren daher als minderwertig zu bezeichnen.

Eine ähnliche Untersuchung wurde mit Handstrichdachziegeln ausgeführt und ergab, daß die Ursache des Zersetzens der Dachsteine in wasserlöslichen Salzen (schwefelsaurem Kalk und schwefelsaurer Magnesia) zu suchen waren. Beim Auswitterungsversuch traten erhebliche Salzauswitterungen auf. Die Steine zeigten poröses Gefüge.

Bei einer weiteren Steinsorte sollte festgestellt werden, ob schädliches Ausblühen von Salzen zu befürchten war. Die Prüfung ergab so geringe Mengen wasserlöslicher Salze, daß die Verwendung der Steine zu Bauzwecken unbedenklich erschien.

Auf Ersuchen eines Gerichtes wurde entschieden, daß der als „Hintermauerungsstein" von der Klägerin hinterlegte Stein als „poröser Vollstein" zu bezeichnen ist.

Zement-, Sand-, Beton- und Schlackensteine wurden in mehreren Fällen auf Druckfestigkeit und sonstige Eigenschaften geprüft.

Mehrfach ist auch die Prüfung solcher Steine auf mechanische Zusammensetzung (Mischungsverhältnis von Bindemittel zum Zuschlagmaterial) ausgeführt worden.

Portlandzemente und Eisenportlandzemente wurden in der Hauptsache nach den neuen deutschen Normen, mehrfach auch nach fremdländischen Normen-Vorschriften geprüft, Trasse nach den vom Deutschen Verband für die Materialprüfungen der Technik vorgeschlagenen einheitlichen Bestimmungen.

Die Einführung der neuen deutschen Normen für Zementprüfung hat eine erhebliche Erhöhung der Druckfestigkeiten der deutschen Zemente zur Folge gehabt. In einem Falle hatte ein Zement in der Normenmischung 1 : 3 nach 7 Tagen Wasserlagerung 35,1 kg/qcm Zug- und 460 kg/qcm Druckfestigkeit, nach 28 Tagen = 39,8 bezw. 597 kg/qcm. Nach 28 Tagen kombinierter Lagerung wies dieser Normenmörtel 48,7 kg/qcm Zug- und 692 kg/qcm Druckfestigkeit auf, eine Festigkeit, die bisher im Amt noch nicht beobachtet wurde.

In einem Falle der Beanstandung eines Zementes gab das Amt folgendes Gutachten ab:

Das Umschlagen von Portlandzement, d. h. die plötzliche Umwandlung eines langsambindenden Zementes in einen schnellbindenden, braucht nicht notwendig auf „Mängel der Ware" zurückgeführt zu werden. Die Abbindezeit von Portlandzement wird stark durch die Wärme beeinflußt, und es ist daher möglich, daß ein bei mittleren Wärmegraden langsambindender Zement bei Wärmesteigerung schnellbindend wird. Es gibt aber auch Zemente, die bei normaler Wärme plötzlich ihre Bindezeit ändern. Da mit dieser Erscheinung zunächst ein Zerfall selbst der feinen Körner des Zementes Hand in Hand geht, nimmt man eine Umlagerung der kleinsten Teile des Zementklinkers an, über deren Ursachen und Natur indessen noch Unklarheit herrscht. In jedem Falle aber, in dem nicht falsche Behandlung des angelieferten Zementes durch den Empfänger nachgewiesen wird, hat der Lieferant nach Handelsgebrauch das „Umschlagen" zu vertreten.

Eine Portlandzementfabrik verlangte ein Gutachten darüber, ob das angewendete Verfahren zur Prüfung von Portlandzement auf Raumbeständigkeit (Lagerung von Kuchen mit 20 cm Durchmesser bei etwa 3 cm Dicke 7 Tage in Wasser, dann an Luft) den deutschen Normen entspricht. Das Gutachten wurde, wie folgt, abgegeben:

Nach den deutschen Normen gilt als entscheidende Raumbeständigkeitsprobe: „Ein auf einer Glasplatte hergestellter Kuchen aus reinem Zement, nach 24 Stunden unter Wasser gelegt, darf auch nach längerer Beobachtungszeit keine Verkrümmungen und Kantenrisse zeigen." Die gemischte Lagerung der Kuchen (erst Wasser, dann Luft) ist in den Normen nicht vorgesehen.

Einfluß von Öl auf Zement.

Versuche über den Einfluß von Öl und Petroleum auf Zement und Zementmörtel ergaben, daß dieselben Mischungen, in der gleichen Weise hergestellt, durch die Lagerung in Öl (nachdem sie 28 Tage an der Luft im Zimmer erhärtet waren) wesentlich an Festigkeit einbüßten gegenüber denjenigen Proben, die nur an der Luft im Zimmer 28 Tage erhärteten. In gleicher Weise wirkte Petroleum. Bei den mageren Mischungen (1 : 5) war der Einfluß der Öle noch bedeutender.

Treiberscheinungen.

Bei einer Kläranlage hatten sich in dem aus Zement und Sand bestehenden Fugenmörtel Treibrisse gezeigt. Zwecks Beweissicherung sollte ein Gutachten darüber abgegeben werden, ob:

1. das jetzt noch vorhandene Mauerwerk, nachdem das früher Treiberscheinungen zeigende entfernt ist, neuerdings Treiberscheinungen zeigt;
2. ob zu befürchten ist, daß mit Rücksicht auf die früheren bezw. neueren Treiberscheinungen das jetzt bestehende Mauerwerk auch noch durch weiteres Treiben des Zementes geschädigt werden wird?

Eine Besichtigung und die Prüfung von 3 Mörtelproben führte zu folgendem Gutachten:

Zu 1: „Das noch vorhandene Mauerwerk zeigt Treiberscheinungen des Mörtels. Daß es sich um Treibrisse handelt, läßt sich sowohl aus der Art und dem Verlauf der Risse, als auch daraus schließen, daß der verwendete Zement außerordentlich kalkreich war.“

Zu 2: „Es ist nicht ausgeschlossen, daß das Mauerwerk auch noch durch weiteres Treiben des Zementes geschädigt werden kann. Wie lange das Treiben anhalten wird, kann mit Bestimmtheit nicht angegeben werden, weil die Hydratisierung des in dem Zement enthaltenen freien Kalkes je nach der geringeren oder stärkeren Beeinflussung des Mörtels durch feuchte Luft oder Wasser langsamer oder schneller vor sich geht.“

Eine Verkaufsstelle von Zement forderte ein Gutachten darüber, ob ein Material folgender Erklärung entsprach:

„Hydraulischer Kalk ist ein aus Kalksteinen durch Brennen unterhalb der Sintergrenze gewonnenes ablöschfähiges Produkt, welches in Stücken oder gemahlen, gelöscht oder ungelöscht ohne Zusätze eines Fremdkörpers in den Handel gebracht wird.“

Ferner sollte begutachtet werden, als was für ein Bindemittel das Material anzusprechen sei.

Das Material wurde nach den Normen und auf chemische Zusammensetzung untersucht, sowie in leichte und schwere Anteile zerlegt. Man fand keinen Anhalt dafür, daß dem Material ein „Fremdkörper“ zugesetzt war. Die schweren Anteile zeigten die Zusammensetzung normaler Portlandzemente. Nach den Ergebnissen handelte es sich um ein aus tonigem Kalkstein ungleicher Zusammensetzung gebranntes, trocken gelöschtes und gemahlenes Erzeugnis.

Zement- und Kalkmörtel sowie Beton wurden in vielen Fällen auf Mischungsverhältnis geprüft.

Ein Oberlandesgericht fragte, ob das Mischungsverhältnis eines Mörtels und die zu letzterem verwandte Asche den Vorschriften eines Kostenanschlages, nach denen die Mörtel aus Wasserkalk und Asche in Mischung 1 : 3 hergestellt werden sollten, entsprächen, und ob die Asche zweckentsprechend sei. Die Beklagte behauptete, daß die Asche teilweise aus Formsand bestehe. Es konnte begutachtet werden, daß das Mischungsverhältnis der Mörtel fetter als 1 : 3 war. Der zu ihrer Herstellung verwendete Kalk ist wahrscheinlich hydraulischer Kalk gewesen; eine sichere Entscheidung hierüber konnte bei der Natur des Zuschlagstoffes nicht getroffen werden. Das Zuschlagmaterial bestand aus Kohlenschlacke und Asche, die reich an staubartigem feinkörnigen Material war. Quarzsand, der von Formsand herrühren könnte, wurde nur in einem Mörtel in geringerer Menge vorgefunden. Hiernach entsprachen die Mörtel den Vorschriften des Kostenanschlages und den Bedingungen. Die Frage, ob die Asche zweckdienlich sei, konnte nicht beantwortet werden.

In einem weiteren Gutachten mußte entschieden werden, ob ein im Mörtel enthaltenes Bindemittel aus Zement und Kalk oder nur aus Kalk bestand. Die Prüfung ergab, daß es sich im vorliegenden Falle nicht um reinen Portland-Zement handeln konnte. Als Bindemittel war wahrscheinlich nur Luft- oder hydraulischer Kalk verwendet worden.

In einem Neubau hatten sich an dem Putz der Wände und der Decken Schäden gezeigt. An den Wänden der Zimmer und namentlich der Decken hatte der abgeschlämmte Putz zahlreiche erhabene, netzartig verlaufende weiße Streifen. Die Ursache dieser Erscheinung ließ sich nicht einwandfrei feststellen.

In einer Streitsache handelte es sich um die Abgabe eines Gutachtens über die Güte des verwendeten Zementes und darüber, „ob die von dem Beklagten vorgenommene „Kuchenprobe" zur Ermittelung der Bindekraft eines Zementes genüge bezw. tunlich war". Das Gutachten stützte sich auf ein Prüfungszeugnis über den fraglichen Zement, der wohl die Normenzugfestigkeit erreichte, nicht aber die in den Normen vorgeschriebene Druckfestigkeit, diese blieb weit hinter der Vorschrift zurück (112 kg/qcm statt 160 kg/qcm). Die übrigen Fragen wurden wie folgt beantwortet:

„1. Die Untauglichkeit des zu den Bauten verwendeten Mörtels ist mit großer Wahrscheinlichkeit hauptsächlich auf den zur Mörtelbereitung benutzten Zement zurückzuführen.

2. Frost kann das Erhärten von Zementmörtel wohl zeitweise unterbinden, jedoch nicht dessen Bindefähigkeit völlig aufheben. Ebensowenig vermag scharfer Zugwind die Bindefähigkeit von Mörtel aufzuheben.

3. Für den Beklagten war es nicht tunlich, durch eine sogen. Kuchenprobe eine Untersuchung des ihm vom Kläger gelieferten Zementes auf Bindekraft vorzunehmen. Die Prüfung auf Abbinden läßt sich zwar auf einfache Weise mit Hilfe der Kuchenprobe ausführen. Die Ermittelung der Bindekraft (Festigkeit) ermöglicht sich jedoch nur unter Anwendung von Hilfsmitteln, die einem Händler im allgemeinen nicht zu Gebote stehen."

Beton. Eisenbeton.   Eine Bergbaugesellschaft beantragte ein Gutachten über die Widerstandsfähigkeit des Eisenbetons gegenüber dem Einfluß von chlormagnesiumhaltigen Kalisalzen und darüber, ob Eisenbeton zum Ausbau eines Schachtes und zur Ausführung von Gebäuden, bei denen das Mauerwerk mit chlorkaliumhaltigen Salzen in Verbindung kommt, geeignet ist. Chlormagnesiumhaltige Salze greifen Zement in jedem Falle an.

Kalksteinschotter.   Ein Kalkwerk ließ Kalksteinschotter prüfen zwecks Feststellung, ob er zur Herstellung von Stampfbeton und Eisenbeton geeignet ist. Nachdem die dichteste Mischung des Schotters ermittelt worden war, wurden verschiedene Betonmischungen auf Druckfestigkeit geprüft. Die Versuche ergaben, daß der geprüfte Kalksteinschotter zur Herstellung von Stampfbeton wohl geeignet ist und, da er frei von schädlichen Stoffen ist, auch zur Herstellung von Eisenbeton.

Frostschutzmittel.   Die Prüfung von Beton mit einem Frostschutzmittel, welches dem Anmachewasser beigemischt war, ergab nach 1 Tag Luftlagerung, darauffolgender Wasserlagerung und 25 maliger Frostbeanspruchung keine äußerlich sichtbaren Veränderungen. Bei den Gleitversuchen mit Eiseneinlagen in Betonwürfeln ergab sich, daß der Gleitwiderstand des Eisens in dem mit dem Frostschutzmittel versehenen Beton sehr viel niedriger war als in dem Beton ohne Zusatz.

Zementplatten.   Zementplatten, sogen. „Granitoidplatten" wurden in großer Zahl geprüft. Die Kunststeinfliesen-Vereinigung läßt die Erzeugnisse ihrer Mitglieder dauernd kontrollieren. Die im Jahresbericht 1909 erwähnten „Bedingungen für die Lieferung und Prüfung von Bürgersteigplatten" sind übrigens, wie der Polizeipräsident zu Berlin mitteilte, nicht von dem Kgl. Polizeipräsidium aufgestellt worden, sondern von der „Städtischen Polizei-Verwaltung — Abteilung I Straßenbau".

Zement- und Tonrohre.   Zementrohre und Tonrohre wurden in fast allen gangbaren Rohrweiten auf Scheiteldruck geprüft. Mehrfach wurden auch Wasseraufnahme- und Säurebeständigkeits-, sowie Abnutzversuche des Rohrmaterials durchgeführt.

Eine Gemeinde beantragte die Prüfung von Zementrohren, die aus einem verlegten Kanal stammten. Nach einem Jahr Lagerung der Rohre im Boden machten sich Mängel in dem Sammelkanal bemerkbar. Beim Aufgraben ergab sich, daß auf einer Strecke von etwa 300 m jedes dritte Rohr zerstört war. Es wurde vermutet, daß der Boden Säuren und andere für Zementrohre schädliche Stoffe enthielt. Das Rohrmaterial wurde auf Mischungsverhältnis geprüft und die Bodenprobe auf Gehalt an Stoffen, die erfahrungsgemäß Beton anzugreifen vermögen. Auf Grund der Ergebnisse ließen sich keine sicheren Schlüsse auf die Ursachen der Zerstörung der Betonrohre ziehen. Die äußere Beschaffenheit des Rohrmaterials war keine besonders gute, was auf mangelhafte Herstellungsweise schließen ließ. Das Bodenmaterial enthielt keine auf Beton bezw. Zement schädlich einwirkenden Stoffe.

Zur Feststellung der Widerstandsfähigkeit gegen Abnutzen wurden 5 ausländische, für den Bau eines Schleusentores in Aussicht genommene Holzsorten auf Abschleifen geprüft. Die Hölzer wurden unter Wasserberieselung auf einer polierten Granitplatte (die die Gleitbahn eines Schleusentores darstellte) hin- und hergezogen. Hierbei ergaben sich nur geringe Unterschiede in der Abnutzung der 5 Hölzer.

Ein vergleichender Abnutzungsversuch von Kunstholz (Steinholzfußboden) mit Eichenholz ergab, daß das Eichenholz 0,06 ccm Materialverlust auf 1 qcm Fläche erlitt, während die Kunstholzprobe bei gleicher Beanspruchung 0,27 ccm, also weit größeren Materialverlust aufwies.

Für einen Antragsteller wurden Steindecken in 4 verschiedenen Spannweiten geprüft und gleichzeitig die Druckfestigkeit der zum Aufbau der Decken verwendeten Steine ermittelt. Außerdem wurden auf Tragfähigkeit bei gleichmäßig verteilter Belastung geprüft:

1. Bimsbeton-Dielen-Decken,
2. Steineisen-Decken,
3. Dielen, die aus einem Material bestanden, das nach Art der Kunstholzfußböden zusammengesetzt ist, aber in einzelnen Dielen bezw. Brettern verlegt wird, in denen die Zugspannungen durch eingelegte Holzlatten aufgenommen werden.

Ein Versuchshäuschen aus Schlackensteinen, die nach einem besonderen Verfahren hergestellt waren, bewährte sich im Feuer besonders gut. Brandproben mit Kalksandsteinen, zum Teil im Vergleich mit Ziegelsteinen (Hintermauerungssteinen) ergaben die gleichen Ergebnisse wie frühere Versuche gleicher Art.

Feuersichere Türen wurden in mehreren Fällen geprüft.

Der Vergleich einer gewöhnlichen Kalkputzdecke mit einer Gipsdecke ergab größeren Widerstand der Gipsdecke.

Lehm- und Tonproben wurden auf Verwendbarkeit zur Ziegelfabrikation, wie auch zur Herstellung feinerer keramischer Produkte, geprüft und vielfach auch Glasuren angewendet und erprobt. Mehrere Kalk- und Tonproben wurden auf Verwendbarkeit zur Zement- und Kalkfabrikation geprüft. Im wissenschaftlichen Interesse wurden folgende Versuchsarbeiten ausgeführt:

1. Kontrollprüfungen von Normensand. Ungeeigneter Sand fand sich nicht vor.
2. Einfluß von Bimssand auf die Festigkeit von mit Schlacke vermischtem Portlandzement, im Vergleich zu Normensand[1]).
3. Die Eigenschaften von Portlandzementen, Eisenportlandzementen und anderen Zementen[2]).
4. Eigenschaften der hydraulischen Kalke und der hydraulischen Bindestoffe anderer Art als Kalk und Zement.

---

[1]) Schneider, Mitteilungen 1912, S. 98 ff.
[2]) Burchartz, Mitteilungen 1911, S. 130 ff.

5. Einfluß der Höhe des Sandzusatzes auf die Festigkeit von Traßkalkmörteln[1]).

6. Nachprüfung der „Le Chatelier-Probe" zur Ermittelung der Raumbeständigkeit von Portlandzementen.

7. Versuch zur Verbesserung des Verfahrens für die Festigkeitsprüfung mit Prismen aus plastischem Mörtel[2]).

8. Gefrierversuche mit Mauersteinen im Gefrierkasten und in der Kühlgrube[3]).

9. Ermittelung des Mischungsverhältnisses von Mörtel und Beton behufs Feststellung des Zuverlässigkeitsgrades des Verfahrens[4]).

10. Versuche über den Einfluß des Zusatzes von Si-Stoff und Portlandzement zu hydraulischem Kalk auf dessen Erhärtungsfähigkeit[5]).

Außerdem beteiligte sich die Abteilung an Arbeiten der vom Internationalen und Deutschen Verbande für die Materialprüfungen der Technik eingesetzten Kommissionen für die Prüfung plastischer Mörtel, für Bindezeit und Raumbeständigkeit und für Verwitterungsversuche mit natürlichen Gesteinen, sowie an den Versuchen für den Deutschen Ausschuß für Eisenbeton.

Die auf Veranlassung des letztgenannten Ausschusses vorgenommenen Versuche über den Einfluß von Kälte und Wärme auf die Erhärtung von Beton[6]) wurden erledigt. Die im Auftrage des Ausschusses auszuführenden Versuche im Moorwasser wurden fortgesetzt, ebenso die im Auftrage des Herrn Ministers der öffentlichen Arbeiten auszuführenden Versuche über das Verhalten von Schamottesteinen bei Erhitzung unter gleichzeitiger Belastung.

Größere Versuche sind auf Antrag des Ministers der öffentlichen Arbeiten unter Teilnahme des Reichsmarineamts und des Deutschen Portland-Zement-Fabrikanten-Vereins in Helgoland in Ausführung begriffen, um die Widerstandsfähigkeit von fetten und mageren Zement-, Zement-Traß- und Zement-Sandmehl- sowie Zement-Traß-Kalk-Sandmischungen festzustellen.

Abteilung 3 für papier- und textiltechnische Prüfungen.

In der Abteilung für papier- und textiltechnische Prüfungen wurden im Berichtsjahre 1431 Prüfungsanträge erledigt, 764 im Auftrage von Behörden, 667 im Auftrage von Privaten. Unter den 764 Behördenanträgen stammten 655 von preußischen Behörden, 71 von Reichsbehörden, 34 von städtischen und 4 von ausländischen Behörden.

Geprüft wurden 1559 Papiere, 42 Quittungskartenkartons, 7 Dachpappen, 8 Rohdachpappen, 2 Kartons, 4 Halbstoffe, 1 Holzschliff, 3 Papierrohstoffe, 9 Pappen, 24 Zellstoffe, 3 Isolierpappen, 8 Kohlenpapiere, 5 Schilfproben, 7 Hölzer, 3 Filmrollen, 2 Filtermassen, 1 Asbestprobe, 2 Imprägnierungsmittel, 330 gewebte Stoffe, 297 Garne, 16 Ballonstoffe, 1 Leinenprobe, 13 Seidenproben, 2 Seidenbänder, 2 Rohseiden, 2 Kunstseiden, 1 Hanfprobe, 1 Hanfseil, 5 Isolierbänder, 2 Dochte, 2 Putztücher, 2 gewebte Schläuche, 3 Treibriemen, 3 Filzproben, 2 Bindfäden, 2 Sammete, 2 Roßhaarproben, 10 Strickwoll-

---

[1]) Burchartz, Tonindustrie-Zeitung 1912, Nr. 12, S. 150 ff.
[2]) Gary, Internationaler Verband.
[3]) Schneider, Mitteilungen 1912, S. 100.
[4]) Burchartz, Mitteilungen 1912, S. 118 ff.
[5]) Burchartz, Mitteilungen 1912, S. 133 ff.
[6]) Heft 14 der Mitteilungen des Deutschen Ausschusses für Eisenbeton, Verlag von Ernst & Sohn, Berlin W, Wilhelmstr. 90.

sorten, 1 Mützenband, 1 Preßtasche, 6 Sorten Isoliermaterialien, 2 Moose, 5 Farbstoffe, 20 Farbbänder, 2 Imprägnierungsmittel, 2 Waschmittel, 3 Farbflotten. Außerdem wurden zahlreiche Waschversuche ausgeführt und Wäschestücke nach dem Waschen durch Prüfung auf Abnahme der Festigkeit beurteilt. 13 mikrophotographische Aufnahmen wurden gemacht, 3 Apparate geprüft.

Besondere Gutachten wurden in 37 Fällen abgegeben.

Von den 1431 Anträgen gingen 1389 aus dem Inlande und 42 aus dem Auslande ein; sie verteilen sich auf die verschiedenen Staaten und Länder gemäß der Tabelle a_2 im Anhang.

Die Untersuchung der 1559 Papiere bezweckte in den meisten Fällen die Feststellung der Stoff- und Festigkeitsklassen behufs Einreihung in eine der Verwendungsklassen der amtlichen „Bestimmungen über das von den Staatsbehörden zu verwendende Papier". Bei den übrigen Papieren wurden einzelne Eigenschaften für besondere Zwecke ermittelt. Über einige dieser auf Antrag ausgeführten Versuche sei kurz folgendes berichtet.

I. Papiertechnische Untersuchungen.

In einer Strafsache wegen Urkundenfälschung fragte die Staatsanwaltschaft bei dem Amte an, ob sich aus der Beschaffenheit des Papiers der vorgelegten Urkunde ein Schluß auf dessen Alter ziehen ließe, insbesondere ob das Papier vor 1878 oder später hergestellt worden sei; ferner ob die braunen Flecke auf der Urkunde eine Folge ihres Alters seien und sich aus ihnen Schlüsse auf das Alter des Papiers ziehen ließen. Weiter sollte festgestellt werden, ob sich aus der Beschaffenheit der Tinte ein Schluß auf das Alter der Urkunde ziehen ließe. Die Untersuchung der Urkunde ergab, daß es nicht möglich war, das Alter des Papiers oder der Tinte zu bestimmen; es ergab sich auch kein Anhalt für die Beantwortung der Frage, ob die Urkunde vor dem Jahre 1878 ausgefertigt worden ist oder später. Die braunen Flecken der Urkunde waren keine sogenannten Altersflecken; sie rührten vielmehr von einem feinen, an der Oberfläche des Papiers haftenden bräunlichen Pulver her, das vermutlich Ziegelsteinmehl war. Einen Anhalt für das Alter des Papiers ergab die Prüfung der Flecke ebenfalls nicht.

Im Auftrage einer Papierfabrik wurde die vergleichende Prüfung von 11 Zellstoffproben auf Abmessungen der Fasern, Gehalt an Splittern, Harzgehalt, Aschengehalt und Gehalt an reduzierenden Bestandteilen ausgeführt.

Im Auftrage eines metereologischen Observatoriums suchte das Amt auf Grund von Versuchen Papiersorten aus, die sich zur Registrierung der Sonnenscheindauer in den hierfür gebauten Apparaten (Sonnenstrahlen werden durch eine massive Glaskugel gesammelt und bringen im Brennpunkt Papier zum Glimmen) besonders gut eignen. Die bisher hierzu benützten Sorten haben nicht befriedigt. Auf Grund der im Amt selbst ausgeführten Versuche wurden neue Papiersorten vorgeschlagen, die sich gut bewährt haben.

Eine Firma hatte in einem Rundschreiben behauptet, daß ihre Kohlepapiere die gleichen Eigenschaften hätten, wie die Papiere einer anderen Firma. Es kam zu einem Streit und das Gericht beantragte ein ausführliches Gutachten des Amtes darüber, ob die Kohlepapiere der ersten Firma vollständig gleichwertig mit den von der zweiten vertriebenen Papieren seien, ob sie insbesondere die gleichen Eigenschaften wie diese betreffend Brauchbarkeit, Dauerhaftigkeit, Durchschlagskraft, Ergiebigkeit, Farbenschärfe usw. besäßen. Die vergleichenden Versuche ergaben, daß einzelne Eigenschaften der Papiere der zweiten Firma besser waren als die der ersten, andere weniger gut. Als ganzes betrachtet wurden die Papiere beider Firmen als gleichwertig angesehen.

4*

Alfapapier mit Knötchen.

Eine ausländische Papierfabrik reichte ein aus Alfazellulose hergestelltes Papier ein, das mit kleinen Knötchen übersät war. Trotz langen Kollerns und langer Mahldauer war es der Fabrik nicht gelungen, die Knötchen aus dem Stoffe zu entfernen. Die Fabrik wünschte Auskunft darüber, ob diese Knötchen bereits in der zu dem Papier verarbeiteten Zellulose enthalten waren und wie dieselben entfernt werden könnten. Zunächst wurde festgestellt, daß die Knötchen bereits in der Zellulose vorhanden waren; wurde diese aber $1^1/_2$ Stunde gemahlen, so zeigten die aus diesem Stoff geschöpften Bogen keine Knoten mehr. Aus diesen Ergebnissen geht hervor, daß die Knoten beim Mahlen, ohne daß man den Stoff hierbei totzumahlen braucht, aufgeschlossen und zum Verschwinden gebracht werden konnten.

Sicherheitspapier.

Ein Papier sollte eine besondere Sicherheit gegen Fälschungen und Entfernung von Schriftzügen dadurch bieten, daß das Papier bei Berührung mit Chemikalien seine Farbe veränderte. Die Versuche ergaben, daß sich das Papier bei Behandlung mit Salzsäure und Oxalsäure blau, bei Behandlung mit Natronlauge, Javellescher Lauge und Chlorkalklösung braun färbte. Durch Behandlung mit Oxalsäure und Chlorkalklösung gelang es, Tintenstriche vollständig vom Papier zu entfernen, doch behielt die behandelte Stelle eine braune Färbung.

Benachrichtigung an Papierfabriken.

Auf Grund des § 7 der „Bestimmungen über das von den Staatsbehörden zu verwendende Papier" erhielten 39 Fabriken Mitteilungen über die mit ihren Papieren im Auftrage von Behörden ermittelten Versuchsergebnisse. Insgesamt sind im Betriebsjahre 1911 840 Mitteilungen an die erwähnten 39 Fabriken versendet worden gegen 850 im Vorjahre.

Wasserzeichen.

Im Etatsjahr 1911 wurde ein neues Wasserzeichen angemeldet, nämlich das der „Neuen Papier-Manufaktur in Straßburg i. E.".

Normalpapiere.

Im Kalenderjahre 1911 wurden im Auftrage von Behörden 1005 Papiere vollständig untersucht, hiervon genügten 918 Papiere = 91,3 % den vorgeschriebenen Lieferungsbedingungen, während 87 Papiere = 8,7 % diesen nicht entsprachen. Die Verstöße waren im allgemeinen nicht schwerer Art.

Ausbildung im Papierprüfen.

Papiertechniker wurden im Berichtsjahre nicht ausgebildet, weil der bisher hierzu benützte Raum wegen der Steigerung der Inanspruchnahme der Abteilung jetzt zur Ausführung von Prüfungsarbeiten gebraucht wird. Ob und wann die Ausbildung wieder aufgenommen werden kann, steht noch nicht fest. Der Verein Deutscher Papierfabrikanten hat sich an den Herrn Minister mit der Bitte gewendet, geeignete Maßregeln zu treffen, damit die Kurse wieder aufgenommen werden können.

Erhaltung alter Handschriften.

Mit dem im Amt für die Erhaltung und Ausbesserung alter Handschriften ausgearbeiteten Zellit-Verfahren sind in einigen öffentlichen Bibliotheken und Staatsarchiven praktische Versuche angestellt worden, die in der Hauptsache sehr günstige Ergebnisse geliefert haben. Besonders hervorgehoben wird die große Zunahme an Festigkeit und Geschmeidigkeit, die mit Cellit behandelte Handschriften zeigen, ohne daß bisher nachteilige Folgen der Behandlung beobachtet worden sind.

Normen für Rohdachpappe.

Die im vorigen Jahresbericht S. 40 abgedruckten Normen für Rohdachpappe, die von den beteiligten Industrien im Verein mit dem Amt aufgestellt worden sind, wurden auf der letzten Generalversammlung des Verbandes Deutscher Dachpappenfabrikanten endgültig angenommen.

Wissenschaftliche Arbeiten.

Die aus der Abteilung im Berichtsjahre herausgegangenen wissenschaftlichen Arbeiten sind in den „Mitteilungen" 1911 veröffentlicht und von dort in die bedeutendsten Fachzeitungen übergegangen. Kurze Angaben über den Inhalt dieser Arbeiten finden sich am Schluß des Berichtes, in Tabelle b.

II. Textiltechnische Untersuchungen.

Eine große Anzahl von Erzeugnissen der Textilindustrie wurde auf Art des Materials und Zusammensetzung desselben untersucht. Hierbei kamen Rohstoffe, Garne und Gewebe zur Prüfung. In sehr vielen Fällen handelte es sich darum, festzustellen, ob Wollstoffe aus gesunder Schurwolle ohne Kunstwollzusatz hergestellt waren.

Mehrere Treibriemen wurden auf Art des Haargarn-Materials geprüft. Verschiedentlich waren „Riemen aus garantiert reinen" oder „garantiert unvermischten Kamelhaargarnen" verkauft worden, während die mikroskopische Untersuchung ergab, daß die Haargarne weit überwiegend aus Schafwolle (vermischt mit Ziegenhaaren) und nur zu einem sehr kleinen Teil aus Kamelhaaren bestanden. Nach den Erfahrungen des Amtes muß daher allen Käufern von Kamelhaarriemen der Rat gegeben werden, sich nicht mit einer „schriftlichen Garantie" zu begnügen, sondern möglichst auch Nachprüfungen durch geeignete Sachverständige vornehmen zu lassen. *(Kamelhaar-treibriemen.)*

Ein Putztuch sollte nach Angabe des Herstellers aus einem Garne hergestellt worden sein, das aus einer Mischung von Baumwolle, Wolle, Seide und Asbest bestand. Durch die Prüfung wurde festgestellt, daß von Asbest nur so geringe Spuren vorhanden waren, daß er als technischer Bestandteil des Garnes nicht angesehen werden konnte. *(Putztuch.)*

Eine Firma sandte ein Stück einer „Preßtasche" mit dem Ersuchen ein, festzustellen, ob das Material desselben aus 25 cm langem, ungefärbtem Menschenhaar bestehe. Die mikroskopische Prüfung ergab, daß zu der Preßtasche, bis auf 2 Kennfäden, tatsächlich nur naturfarbiges Menschenhaar verarbeitet worden war. Die hauptsächlichste Länge der Haare lag zwischen 9 und 25 cm. *(Menschenhaare.)*

Nach Angabe einer Zollbehörde sollte eine in Lockenform gelegte Wolle eine Beimischung von 15% Menschen- und Ziegenhaar besitzen, während der Verzoller behauptete, daß die Beimischung von Menschenhaaren weniger als 5% betrüge. Auf Antrag der Behörde sollte das Mischungsverhältnis festgestellt werden. Die Prüfung ergab, daß das Gesamtmaterial aus etwa 92% Wolle einschließlich geringer Mengen Ziegenhaare, 7% Menschenhaare und 1% solcher Haare bestand, die zolltarifarisch zu den groben Tierhaaren gehören.

Auf Antrag einer Firma war die Ursache kleiner weißer Stellen in einem blau gefärbten Stoff zu ermitteln. Die mikroskopische Prüfung ergab, daß die Pünktchen (Noppen) aus unreifer (toter) Baumwolle bestanden, die sich nicht mitgefärbt, bezw. nur schwach angefärbt hatte. Die Fasern waren im Garn mit eingesponnen. *(Tote Baumwolle.)*

a. Die in der „Anleitung für die Zollabfertigung" vorgesehene Nachprüfung harter Kammgarne durch das Amt ist im Betriebsjahre in 182 Fällen beantragt worden. Bei 131 Garnen (= 72%) wurde durch die Nachprüfung der Befund der abfertigenden Zollstellen bestätigt, während 51 Garne (= 28%) der Tarifnummer 420/421 zugewiesen werden mußten. Zur Beurteilung der 182 Garne wurden insgesamt 492 Einzelprüfungen ausgeführt; bei 156 Garnen genügten je 2 bis 3 Einzelprüfungen, bei 26 Garnen mußten mehr als 3 (4 bis 6) Einzelprüfungen ausgeführt werden. *(Garnuntersuchungen im Auftrage von Zollbehörden.)*

b. An Garnen, für die seitens der Einbringer die Verzollung nach Tarifnummer 417 (grobe Tierhaargarne) oder 418/419 (Kamel-, Mohair-, Alpaka-Garne) gefordert wurde, und die daher einer genauen, gewichtsmäßigen Bestimmung hinsichtlich des Anteils der vorhandenen Haararten unterworfen werden mußten, sind im ganzen 17 Proben untersucht worden. Hiervon konnten bei 12 (= 75%) Proben der Befund der Abfertigungsstellen bestätigt, bei 4 (= 25%) Proben nicht bestätigt werden. Bei einer Probe handelte es sich um eine Auskunft. Da die Zahl der Anträge auf Untersuchung von Garnen nach Tarifnummer

417/418/419 in den letzten Jahren beständig abgenommen hat (im vorhergehenden Jahre waren noch 34 Anträge dieser Art zu erledigen) ist anzunehmen, daß die Einbringer durch den in den meisten Fällen ungünstigen Ausfall der Untersuchungen in der Abfassung der Deklaration vorsichtiger geworden sind, d. h. nicht mehr so oft versuchen, einen niedrigeren Zollsatz für Garne zu verlangen, die in ihrer Zusammensetzung den Zollvorschriften nicht entsprechen. Die Tätigkeit des Amtes kann also auch nach dieser Richtung hin als ersprießlich für den Schutz der heimischen Industrie bezeichnet werden.

Zolltarifierung. Ein Zollamt hatte gewirkte seidene Kragenschoner als Spitzenstoff verzollt, während der Einbringer den Zollsatz als Wirkware beanspruchte. Da die Kragenschoner nicht die Merkmale aufwiesen, die nach der Anleitung für die Zollabfertigung Spitzenstoffe oder Spitzen besitzen sollen, die Kragenschoner auch nicht den Charakter eines Spitzenstoffes, sondern vielmehr einer Wirkware besaßen, sie auch handelsüblich als Wirkware bezeichnet werden, so schloß sich das Amt der Ansicht des Einbringers an und bezeichnete die Schoner zolltariflich als Wirkware.

Gutachten für Gerichte. Auf Antrag eines Gerichtes war ein Gutachten darüber abzugeben, ob ein Treppenläufer äußere Mängel gehabt hat, die seinen Wert und seine Brauchbarkeit nicht unerheblich beeinträchtigten und äußerlich nicht erkennbar waren und ob es solchen Mängeln zugeschrieben werden könnte, daß sich der Läufer verhältnismäßig schnell abgenutzt hat. Die Prüfung ergab, daß der Läufer in webereitechnischer Zusammensetzung solche Mängel nicht gehabt hat. Die schnelle Abnutzung konnte daher auf Mängel der gekennzeichneten Art nicht zurückgeführt werden.

In einer Klagesache war einem Gericht ein Gutachten darüber abzugeben, ob zwei Paletotstoffe der Verkaufsprobe entsprachen. Nach den Prüfungsergebnissen mußten beide Paletotstoffe gegenüber der Verkaufsprobe als geringwertiger bezeichnet werden.

In einer Klagesache sollte einem Gericht ein Gutachten über Leinen-Garne abgegeben werden. Nach der ermittelten Festigkeit konnte das Rohgarn noch als vollwertiges Kettgarn bezeichnet werden. Der Bleichgrad des gebleichten Garnes wurde auf $^7/_8$ Bleiche geschätzt.

Bucheinbandstoffe. Auf Antrag einer Firma waren zwei Proben von Leinenstoffen, wie solche zu Büchereinbänden benutzt werden, auf Festigkeit und Verhalten beim Falzen zu prüfen. Die eine Probe war mit Glanzoberfläche, die andere mit matter Oberfläche appretiert. Die Prüfung wurde in der Weise ausgeführt, daß die Bruchbelastung für Kett- und Schußrichtung zunächst

    a) im ursprünglichen Zustande, und dann wiederum nach je

    b) 1000 Doppelfalzungen,

    c) 5000 Doppelfalzungen,

    d) 10 000 Doppelfalzungen im Schopperschen Falzapparat

bestimmt wurde.

Streitige Rohware. Eine Firma sandte einige Abschnitte ungefärbter baumwollener Stoffe ein. Es sollte festgestellt werden, ob die Schußstreifen der Gewebe nach dem Färben noch sichtbar sind. Die verschiedenfarbig erscheinenden Streifen der Rohware verschwanden bereits nach dem Abkochen der Ware in schwach alkalischem Wasser und waren nach dem Färben nicht mehr zu sehen. Die Webefehler waren auch in den gefärbten Proben noch deutlich erkennbar.

Luftdurchlässigkeit von Geweben. Mehrfach wurde die Luftdurchlässigkeit von Schuhsegeltuchen bestimmt, nachdem insbesondere die Marinebekleidungsämter eine entsprechende Vorschrift in die Lieferungsbedingungen für diese Stoffe aufgenommen haben. Die Prüfungen ergaben, daß die mittlere Luftdurchlässigkeit für 1 qdcm Gewebefläche, berechnet bei 5 Minuten Versuchsdauer, zwischen rund 32 und 60 Liter schwankte. In gleicher Weise wurden auch andere Stoffe geprüft.

Wie im Vorjahre sind auch im Berichtsjahre mehrfach Wasserdurchlaßprüfungen ausgeführt worden und zwar a) nach dem Muldenversuch, b) nach dem Wasserdruckversuch und c) nach dem Berieselungsversuch. Bei letzterem Versuche wurde meist gleichzeitig die Wasseraufnahme des Versuchsstückes ermittelt. *(Wasserdurchlässigkeit von Geweben.)*

Eine Anzahl von Seidenstoffen wurde auf Beimischung von Kunstseide geprüft. Hierbei ist die Beobachtung gemacht worden, daß Kunstseide mitunter derartig geschickt mit Naturseide zusammen verarbeitet wird, daß eine Entdeckung nicht nur durch Laien, sondern auch durch den Fabrikanten und Händler kaum möglich ist, besonders wenn Kunstseide von der Feinheit der Naturseide verwendet und mit Naturseide zusammengezwirnt wird. *(Zusatz von Kunstseide zu Naturseidenstoffen.)*

Wiederholt kamen, wie im Vorjahr, Kunstseiden zur Untersuchung, die stellenweise milchige oder kalkige, glanzlose und mürbe Stellen aufwiesen. Es waren jedesmal Nitrokunstseiden. Die Schuld traf auch in diesen Fällen keinmal den Färber, sondern den Kunstseidenerzeuger und es handelte sich um die von Heermann früher beschriebenen (s. Mitteilungen des Königlichen Materialprüfungsamtes 1910, Heft 4) Fehler in der Kunstseideerzeugung, die darin bestehen, daß in der Kunstseide zersetzliche Zellulose-Schwefelsäure-Verbindungen verbleiben, welche sich beim Lagern allmählich unter Freiwerden von Schwefelsäure spalten. Die freie Schwefelsäure greift den Faden alsdann unter Zeitigung der erwähnten Erscheinungen an. *(Fehlerhafte Kunstseide.)*

Die für mehrere Sorten Kunstseide beantragte Ermittelung des spezifischen Gewichtes lieferte die Werte 1,570 und 1,565; für ein künstliches Roßhaar wurde der Wert 1,485 gefunden. Die Bestimmungen wurden stets mit absolut trockenem Material in Terpentinöl ausgeführt und auf Wasser von 4 C^0 bezogen. *(Spezifisches Gewicht von Kunstseide.)*

Kunstseidene Ätzspitzen zeigten in einer Fabrik den Fehler, daß die herauszuätzende Baumwolle beim Karbonisieren nicht genügend verkohlte und daß die Kunstseide z. T. in Mitleidenschaft gezogen wurde. Auf Grund der angestellten Untersuchungen konnte geschlossen werden, daß die Imprägnierung des unbestickten Stoffes nicht gleichmäßig war und daß der Schwefelsäuregehalt z. T. auf die Kunstseide übergegriffen hatte. *(Fabrikationsfehler bei Ätzspitzen.)*

Als säureecht bezw. überfärbeecht gelieferter schwarzer Kunstseidezwirn verlor beim sauren Überfärben im Stück teilweise die Farbe vollständig, indem ein Faden des Zwirns weiß wurde, der andere Zwirnfaden schwarz blieb. Es wurde ermittelt, daß der veränderte Zwirnfaden aus zwei verschiedenen Kunstseidenfäden bestand und zwar einem Nitrokunstseiden- und einem Zellulosekunstseiden-Faden, von denen der erste unecht, der letztere sehr säureecht gefärbt war. Augenscheinlich war in der Zwirnerei das Material durcheinander gekommen und irrtümlich unecht mit echt gefärbter Kunstseide verschiedener Herkunft zusammengezwirnt worden. *(Kunstseidenzwirn aus zweierlei Kunstseiden.)*

Ein Oberlandesgericht beantragte in einer Prozeßsache die Abgabe eines Gutachtens darüber, ob eingereichte Bucheinbände unter Verwendung von Leder hergestellt seien oder ob das Material nur aus einer mit einer lackartigen Masse überzogenen Baumwollschicht bestehe. Nach den Ergebnissen der Prüfung erwies sich das geprüfte Material als Kunstleder oder Lederersatzstoff und bestand im wesentlichen aus einer lackierten filzartigen Baumwollschicht. Letztere enthielt zwar Ledersubstanz, die indes nicht vorherrschend war und sich in gemahlenem oder ähnlich hergestelltem, fein verteiltem Zustande befand. Als „Leder" konnte deshalb das eingereichte Material nicht bezeichnet werden. *(Kunstleder.)*

Wiederholt wurden Prüfungen der verschiedenartigsten Garne und Gewebe auf Gehalt an Wolle, Baumwolle oder Seide ausgeführt. *(Woll-, Baumwoll- und Seidengehalt.)*

Von zwei Tussah-Schappesorten hatte die eine sehr gute und leuchtende Plüschware ergeben, während die zweite tote und glanzlose Ware erzeugte. Die chemische und mikroskopische Prüfung erwies, daß es sich um zwei gänzlich verschiedene Erzeugnisse von verschiedenen wilden Spinnern handelte. Außerdem stellte die eine Tussahschappe die sogenannte erste Länge dar, während die andere Sorte ganz kurzfaseriges Material bildete. In gleicher Weise war die Cocondicke der einen Sorte von derjenigen der anderen sehr stark unterschieden. Hiermit ließ sich auch der verschiedene technische Effekt beider Sorten erklären.

Ein Baumwollgarn ließ sich in bestimmten Farben nicht einheitlich färben. Das Amt sollte feststellen, ob das Garn verschiedenerlei Material enthielt und dadurch das streifige Färben bedingt werde. Durch Färbeversuche sowie mikroskopische und mechanische Prüfungen des Garnes konnte ermittelt werden, daß das Garn nicht aus einheitlichem Material bestand und nicht gleichmäßig gesponnen war. Die beim Färben entstandenen Mängel konnten deshalb dem Färber nicht zugeschoben werden. Vielmehr lag der Fehler schon in dem Garn versteckt vor.

Eine angeblich chlorhaltige Tussahseide, die zum Umspinnen von Telephondraht benutzt worden war, sollte den Kupferdraht angegriffen und Betriebsstörungen verursacht haben. Das Amt sollte das Fadenmaterial aus verschiedenen Fabriken daraufhin untersuchen und sich zu der Frage gutachtlich äußern, ob und wieviel Chlor in ordnungsmäßig gewaschener Tussahseide zulässig sei. Die sehr umfangreichen Untersuchungen des Amtes, deren Ergebnisse hier nicht in Kürze wiedergegeben werden können, führten zu völlig anderen Ergebnissen, als sie in der Frage von einem Teil der angerufenen Sachverständigen bereits vorher ermittelt worden waren.

Wiederholt sollte festgestellt werden, ob gewaschene, gebrauchsfertige Tussahseide für bestimmte Zwecke geeignet ist, z. B. für das Umspinnen von verzinntem Draht u. a. m. Die Prüfung wurde meist durch chemische Prüfung auf aktive Bestandteile und durch Wickelversuche mit Blattmetallen ausgeführt.

Das Anlaufen von Gold- und Silbertressen an Uniformen bildet eine fortgesetzte Kalamität der beteiligten Kreise. In zahlreichen Fällen war die Erscheinung auf die Beschaffenheit der mit dem Metall in Berührung kommenden Gewebe usw. zurückzuführen. In einzelnen Fällen waren äußerliche Einflüsse schuld an dem Anlaufen der Metalle.

Eine Militärbehörde beantragte die Prüfung von Makostoffen auf Vorhandensein wasserlöslicher Chrom- und Kupferverbindungen, sowie auf Gesamtgehalt an Chrom und Kupfer. Wasserlösliche Chromverbindungen waren in keinem der geprüften vier Stoffe vorhanden, wasserlösliche Kupferverbindungen fanden sich nur bei zwei Stoffproben in Spuren vor. Der Gesamtgehalt an Chrom schwankte bei den vier Stoffproben zwischen 0,44 und 1,00 g Chromoxyd, derjenige an Kupfer zwischen 0,13 und 1,13 g metallischem Kupfer in 1 qm Stoff.

Die von einer Firma beantragte Prüfung einer Sorte „Stoßkappenfilz" auf Art der Imprägnierung ergab, daß der Filz mit wasserlöslichem Tierleim imprägniert war und außerdem merkliche Mengen Fett oder Öl enthielt. Chromverbindungen waren nicht vorhanden.

In einer Klagesache beantragte ein Amtsgericht die Abgabe eines Gutachtens darüber, ob der Verschleiß von Röcken aus reinleinenem Drellgewebe auf fehlerhafte Lieferung des Stoffes oder auf fehlerhafte Bearbeitung desselben zurückzuführen war. Die Versuche ergaben, daß in dem Stoff der Röcke Sulfate und Chloride des Kalziums und Magnesiums enthalten waren, von denen insbesondere Chlormagnesium bei heißem Bügeln leicht Salzsäure abgeben und die Pflanzenfasern zerstören kann. Es wurde u. a. der Nachweis erbracht, daß sich beim Erhitzen des Stoffes flüchtige Mineralsäuren bilden und daß der feste Stoff beim Bügeln mürbe und schwach wurde. Die an den Röcken hervorgetretenen Mängel waren demnach auf fehlerhafte Lieferung des Stoffes und nicht auf fehlerhafte Bearbeitung zurückzuführen.

Mehrere Stoffe wurden auf Gehalt an Appretur untersucht.

Eine große Zahl von Putztüchern, Seidentüchern, Sammeten-, Baumwoll-, Seiden-, Jute- und Wollgarnen usw. war auf Fettgehalt zu untersuchen.

Zur Prüfung auf Beschwerung wurden eine Probe Baumwollgarn und drei Proben Tussahseide eingesandt. Letztere waren außerdem auf Gehalt an Seifen zu untersuchen.

Bei einer Probe Wolle waren Menge und Zusammensetzung der wasserlöslichen Bestandteile zu ermitteln.

Wiederholt wurden zur Prüfung Wäschestücke oder Teile von solchen eingesandt, die auffallende Zerstörungs- oder Vergilbungserscheinungen zeigten. Mitunter waren die entstandenen Löcher und Risse auf mechanische Verletzungen, wie Schneiden, Reißen oder Reiben mit scharfen Gegenständen, zurückzuführen. In den meisten Fällen ließen sich jedoch in den zerstörten oder vergilbten Stücken Reste von Chlor oder ähnlich wirkenden Bleichmitteln nachweisen. Letztere waren beim Waschprozeß hineingebracht und nicht wieder sorgfältig entfernt worden, denn gleichzeitig eingesandte unverarbeitete und ungewaschene Proben der Stoffe, die zur Herstellung der Wäsche Verwendung gefunden hatten, erwiesen sich als völlig frei von allen schädlichen Bestandteilen.

Verletzungen mechanischer Art oder aufgespritzte ätzende Stoffe mußten auch als Ursache der Löcher angesehen werden, die sich an mehreren eingesandten Seidenbändern vorfanden.

Ein Stück beschwertes gefärbtes Seidenband zeigte in der Kettenrichtung weißlich erscheinende Streifen, über deren Entstehungsursache Zweifel herrschten. Die eingehende chemische und mikroskopische Untersuchung ergab in Übereinstimmung mit dem Mailänder Seidenlaboratorium, daß die Streifen zwar in der Beschwererei entstanden waren, aber (abweichend vom Gutachten des Mailänder Laboratoriums) als Folge nicht einheitlichen Rohmaterials aufzufassen waren und deshalb nicht dem Färber bezw. Beschwerer zur Last gelegt werden konnten.

Bestimmte Sammetpartien wiesen in einer Fabrik regelmäßig streifige dunkler erscheinende und unregelmäßige Flecke im Flor auf. Vorgutachter und die technische Kommission konnten eine Erklärung hierfür nicht geben und die Entstehungsursache der Fehler nicht finden, da sich die einzelnen Beobachtungen widersprachen. Vor allem hatte nicht die Rolle des Fettgehaltes bei dem Zustandekommen der Flecke aufgeklärt werden können und hatte Anlaß zu entgegengesetzten Schlüssen seitens der Gutachter gegeben. Die eingehende Untersuchung im Amt hatte zu dem Ergebnis geführt, daß der relativ hohe Fettgehalt des Flors, der in und außerhalb der Flecke gleich hoch war, nur eine sekundäre Rolle bei der Erscheinung spielte, insofern als ein bestimmter Fettgehalt zusammen mit einem im Amt ermittelten Moment, der in bestimmter Weise fehlerhaft ausgeführten Färbung des schwarzen Schußgarnes, die optische Erscheinung der Flecke erzeugte. Es konnte nachgewiesen werden, daß überall da, wo jene fehlerhafte Färbung im Baumwollschuß vorhanden war, auch in dem Sammetfaden der Fehler auftrat und umgekehrt.

Die Ursache des Morschwerdens eines ganzseidenen Bandes konnte in der zweckwidrigen Behandlung hochbeschwerter Seide ermittelt werden.

Zwei Sachverständige kamen bei ihren Untersuchungen über den Kupfergehalt blaugrüner Flecke in einem Seidengewebe zu entgegengesetzten Ergebnissen. Im Amt konnte eindeutig nachgewiesen werden, daß die Flecke Kupfer enthielten.

Appreturgehalt von Stoffen. Fettgehalt.

Beschwerung von Baumwolle und Tussahseide.

Wasserlösliche Bestandteile in Wolle.

Zerstörungs- und Vergilbungserscheinungen an Wäschestücken.

Zerstörungserscheinungen an seidenen Bändern.

Streifiges Seidenband.

Streifig und fleckig erscheinender Sammet.

Morsch gewordenes Seidenband.

Kupferflecke in Seidengeweben.

Solid-Färbung von Seide. In verschiedenen Fällen sollte entschieden werden, ob beschwerte Seide nach dem Gianolischen Thioharnstoffverfahren (Solid-Färbung) behandelt worden war. Dies konnte wiederholt bestätigt werden.

Weichwerden von Seiden-Taffetware. Seidenes Taffetgewebe verlor beim Lagern seinen Griff und wurde weich. Vom Antragsteller war die Vermutung ausgesprochen, daß das zum Einwickeln benutzte Papier diesen Einfluß auf das Seidengewebe ausübte. Die Prüfung des Papiers konnte diese Vermutung nicht bestätigen.

Morsch gewordenes Halbseidengewebe. Halbseidene Schirmüberzüge waren unbrauchbar geworden, indem die Seide gänzlich morsch geworden war und jede Verarbeitung des Stoffes unmöglich machte. Die Untersuchung erwies, daß die Seide zwar unbeschwert war, aber im Laufe der Veredelung (Bedruckung usw.) stark gelitten hatte.

Ausfuhr beschwerter Seidenstoffe nach Südamerika. Nach Südamerika ausgeführte Seidenwaren zeigten in südlichen Gegenden vielfach nur kurze Lebensdauer, indem sie mürbe wurden. Die Prüfung ergab in solchen Fällen stets eine sehr hohe Beschwerung, die für Gegenden mit heißem Klima nicht angemessen ist.

Beschwerung von Seide. Naturseidene Erzeugnisse wurden wiederholt auf Antrag von Privatfirmen auf Höhe der Beschwerung untersucht. Es wurde die Beobachtung gemacht, daß neben der üblichen Seidenbeschwerung auch häufiger Stoffe aus unbeschwerter Seide in den Handel gelangen.

Wertvergleich verschiedener Seidenstoffe. Verschiedene Seidenstoffe sollten unter Mitberücksichtigung der Beschwerung von Kette und Schuß in bezug auf ihren Materialwert miteinander verglichen werden. Durch Feststellung der Beschwerungshöhe, des Ketten- und Schußmaterials, dessen Titer und Dichte konnte das Verhältnis des Materialwertes der einzelnen Proben zueinander genau ziffernmäßig angegeben werden.

Nicht einheitliches Rohmaterial. Strangseide hatte sich in einem Färbereibetriebe ungleich angefärbt und zwar in der Weise, daß ganze Adern einer Färbung um den Strang herum liefen. Es wurde ermittelt, daß zweierlei Naturseiden in dem Strang vorlagen und zwar eine japanische und eine chinesische, die sich gegenüber den Beschwerungs- und Färbevorgängen verschieden verhielten und dadurch verschieden gefärbte Adern innerhalb eines und desselben Stranges verursachten.

Unlauterer Wettbewerb. Zur Aufdeckung von unlauterem Wettbewerb wurden zwei Gattungen von scheinbar ebenbürtigen Druckstoffen geprüft. Es ergab sich, daß die eine Sorte in bezug auf Rohmaterial, Festigkeit, Licht-, Luft- und Wetterechtheit, Reibechtheit, Waschechtheit, Tragechtheit usw. der anderen Probe gegenüber weitaus überlegen war.

Krause Stellen in Seidenstoffen. Eine Seidenfirma erzeugte Seidenstoffe, bei denen sich teilweise krause Stellen bemerkbar machten, wodurch die Ware unverkäuflich wurde. Es wurde festgestellt, daß der Fehler auf ein bestimmtes Arbeitsverfahren in der Färberei zurückzuführen sei und daß durch Abänderung der Arbeitsweise der Fehler ausgeschaltet werden könne.

Feststellung der angewandten Farbstoffe. Herstellungsart von blauschwarzer Seide. In einer Streitigkeit sollte festgestellt werden, mit welchen roten Farbstoffen Druckstoffe hergestellt waren. Die Untersuchung ergab, daß teilweise Türkischrot, teilweise Pararot vorlag.

An blauschwarz gefärbter Organzinseide sollte festgestellt werden, ob sie mit Hilfe von holzessigsaurem Eisen hergestellt sei oder etwa Aufsatz von Anilinfarbstoff bekommen hätte. Es konnte ermittelt werden, daß die Färbung mit Hilfe von holzessigsaurem Eisen hergestellt war.

Art der Färbung, künstl. Färbung u. Bleichung von Geweben und Garnen. Farbänderungen durch heißes Transformatorenöl. Mehrfach waren Stoffe auf die Art ihrer Färbung zu prüfen, sowie einige Garne bei Zollstreitigkeiten auf das Vorliegen künstlicher Färbung oder Bleichung. Auch die Farbveränderungen, die heißes Transformatorenöl an baumwollenen Isolierbändern hervorbringt, waren einigemal festzustellen.

Wie im Vorjahre wurden einige Putztücher auf Ölaufsaugevermögen geprüft. Die bei verschiedenen Putztuchsorten erhaltenen Werte schwankten zwischen 3,1 und 3,6 g aufgenommenes Öl auf 1 g Putztuch. *(Ölaufsaugevermögen von Putztüchern.)*

Eine große Zahl von Garnen und Geweben wurde auf seine Echtheitseigenschaften hin geprüft, z. B. auf Licht-, Luft- und Wetterechtheit, Wasch-, Walk-, Säure-, Alkali-, Bügel-, Schweiß-, Seewasser-Echtheit usw. Bei diesen Prüfungen wurde wiederum sehr unangenehm empfunden, daß einheitliche Prüfnormen bislang für diese Echtheitsprüfungen nicht bestehen. Es ist zu hoffen, daß die vor kurzem gebildete Echtheitskommission, dessen Arbeitsausschuß auch ein Mitglied des Amtes angehört, recht bald geeignete Normen bringen wird. *(Echtheitsprüfungen.)*

In verschiedenen Fällen mußte auch ermittelt werden, ob zum Färben bestimmte Farbstoffe (z. B. Indigo, Indanthrenfarbstoffe usw.) verwendet worden sind. *(Prüfung von Farbstoffen.)*

Eine größere Zahl von Farbstoffen war auch im Berichtsjahre auf ihre Ausgiebigkeit u. a. m. zu prüfen.

Ein Landgericht beantragte ein Gutachten darüber, ob eine als waschecht gelieferte Druckfarbe für Leinenstoffe waschecht ist. Die Prüfung ergab, daß die Druckfarbe, richtig angewandt, waschecht war und daß zwei Vorgutachter nur darum zu entgegengesetzten Ergebnissen gelangt waren, weil sie wichtige Punkte bei der Verwendung außer acht gelassen hatten. *(Waschechte Druckfarbe.)*

Zufolge der veränderten Lage und Leistungen der Teerfarbenindustrie wurde seitens des Kriegsministeriums eine Reihe neuerer echter Farbstoffe zum Färben von Tuchen usw. zugelassen. Die vorbereiteten Abnahmevorschriften für die Bekleidungsämter wurden dem Amt zwecks Durcharbeitung vom Kriegsministerium überwiesen. *(Bearbeitung von Abnahmevorschriften für das Kriegsministerium.)*

Zur Unterscheidung von merzerisierter und nicht merzerisierter, sowie von roher und gebleichter Baumwolle bedient man sich in der Regel schwieriger mikroskopischer und chemischer Prüfungsverfahren, die für die Praxis des Zollamts nicht sehr handlich und nicht leicht ausführbar sind. Ein neu ausgearbeitetes Verfahren sollte die umständlichen chemischen und mikroskopischen Verfahren ersetzen. Vorerst sollte es aber auf Antrag des Finanzministeriums vom Amt auf seine Brauchbarkeit geprüft werden. Nach eingehender Prüfung konnte das Amt die Einführung des neuen Verfahrens nicht empfehlen, weil es zeitweise versagt und teilweise zu falschen Verzollungen Anlaß geben könnte. *(Nachprüfung von zwei in Vorschlag gebrachten neuen zolltechnischen Prüfungsverfahren.)*

In gleicher Weise beantragte das Finanzministerium die Nachprüfung eines neuen für die Zollpraxis in Vorschlag gebrachten Verfahrens. Es handelte sich hier um den schnellen und sicheren Nachweis von Seiden- und Kunstseidenfärbungen. Das Verfahren konnte nach eingehender Prüfung indes nicht empfohlen werden, weil es zeitweise versagt bezw. falsche Anzeigen macht.

Abteilung 4 für Metallographie.

Im Berichtsjahr wurden 123 Anträge gegen 100, 101, 108 in den drei Vorjahren erledigt. *(Inanspruchnahme der Abteilung.)*

Die Inanspruchnahme der Abteilung durch Behörden und Private weist hiernach eine erfreuliche Steigerung auf. Von den erledigten Anträgen handelte es sich bei 38 um Feststellung der Bruchursache von Automobilteilen (Lenkhebeln, Achsen, Zapfen), von Kurbelwellen, Kesselblechen, Königstangen, Drahtseilen, Eisenbahnradreifen, Stahlgußstücken, Turbinenschaufeln, von kaltgezogenen Messingbolzen, von Bleimänteln für Kabel u. a. *(Feststellung der Bruchursache.)*

Ferner war u. a. zu begutachten die Art der Schweißung von Rohren, Kettengliedern und Flußeisenblechen, ob Gußstücke Stahlguß oder Grauguß waren. In einigen Fällen sollte die Ursache starker Rostwirkungen und sonstiger Zersetzungen auf Eisen, Zink, Blei usw. die Ursache von Färbungen und dunklen Belägen auf verbleiten Blechen u. a. ermittelt werden.

Raterteilung.   In zahlreichen Fällen konnte die Abteilung durch Raterteilung in den verschiedensten Material- und anderen Fragen der Praxis dienstbar sein.

Auskünfte wurden u. a. gegeben über: Einrichtung metallographischer Laboratorien, Mikroskop Bauart Martens, Schmirgelpapier und Schleifverfahren, Ätzverfahren, Entwickler und Tonfixierbad für photographische Zwecke, Öfen für metallographische Zwecke, Einrichtung zur Aufnahme von Erstarrungs- und Haltepunktskurven, Thermoelemente usw., Angriff von Sauerstoff und Wasser auf Metalle, Rostangriff von Heizkesseln, Rostangriff von Tunnelwasser auf Eisen, Verhalten von Eisen und Stahl in Salzlösungen, Verhinderung des Rostens von Benzinbehältern, Seewasser- und Seeluftbeständigkeit von Leichtmetallen, Zerstörung von Gasröhren, Säurebeständiges Gußeisen, Bruchursache von Kurbelwellen, Flachstahlfedern, Uhrfedern, Schienen, Auskunft über Kerbschlagversuche, Turbinenschaufelmaterial, Schnelldrehstahl, Vanadinstahl, Tiegelmaterial für Salzhärteöfen, Gefäße zum Schmelzen von Steinsalz, elektrische Öfen, Härten von Stahl. Ferner über allgemeine Materialfragen (Tombak, Lagermetalle, Messing, Kupfer, Phosphorbronze), Ritzhärteprüfer Bauart Martens, Kugeldruckhärte nach Martens und E. Heyn, Apparat zur Ermittelung der Wärmedurchlässigkeit von Ballonstoffen nach O. Bauer und zur Ermittelung der Wasserstoffdurchlässigkeit nach E. Heyn u. a. m.

Meinungsaustausch mit Männern der Praxis.   Andererseits konnte aber auch die Abteilung durch mündlichen und schriftlichen Meinungsaustausch mit führenden Männern aus der Praxis des In- und Auslandes ihre eigenen Erfahrungen bereichern und neue Anregungen schöpfen. Hierfür sowie für das *Geschenktes Probenmaterial.* von einigen Werken in liebenswürdigster Weise zur Verfügung gestellte Probenmaterial zu wissenschaftlichen Untersuchungen (vergl. Anhang) möge auch an dieser Stelle gedankt werden.

Abgabe von Lichtbildern, Diapositiven und Schliffen.   Zur Unterstützung wissenschaftlicher Arbeiten und zu Vortragszwecken wurden Lichtbilder zur Verfügung gestellt und Diapositive leihweise überlassen an die Herren:

Oberlehrer Erbreich an der Königl. Hüttenschule zu Duisburg, Professor Stadtmüller von der Großh. Baugewerkschule zu Karlsruhe, Eisenbahnbauinspektor Füchsee in Opladen, Geh. Bergrat Professor Dr. Liebisch, Direktor des mineralog. und petrog. Instituts und Museums der Königl. Universität Berlin. Ferner wurde Herrn Professor Dr. H. Bunte von der Großh. Techn. Hochschule zu Karlsruhe eine Sammlung von Metallschliffen für Lehrzwecke zur Verfügung gestellt.

Vorträge.   Auf der Hauptversammlung des Vereins Deutscher Portland-Zement-Fabrikanten am 1. März 1912 hielt der Ständige Mitarbeiter E. Wetzel einen Vortrag „Über den Stand der auf Antrag des Vereins ausgeführten Arbeiten über die Konstitution des Portlandzementes". Dem Mitteleuropäischen Motorwagen-Verein, Berlin, wurde der Nachdruck der Arbeit von E. Heyn und O. Bauer „Untersuchung einer am Federgehäuse gebrochenen Hinterachse eines Motorlastwagens" in der Vereinszeitschrift gestattet.

Im Berichtsjahre wurden folgende Herren in den Arbeitsverfahren der Abteilung für Metallographie in einem kurzen Kursus ausgebildet:

Volontäre.
1. Marine-Oberbaurat und Maschinenbaubetriebsdirektor Schulz,
2. Feuerwerkskapitänleutnant Werner,
3.   „   Birkle,

4. Feuerwerkskapitänleutnant Retzerau,
5. Torpederoberleutnant Timmermann,
6. Chemiker Dr. Charles Lind aus Hamburg,
7. Hütteningenieur Fr. Sterthoff aus Magdeburg-Buckau von der Firma R. Wolf,
8. Dr. van Royen, Chef-Chemiker des „Phönix" in Hörde,
9. Chemiker Schreiber von den „Mannesmannröhrenwerken" in Komotau,
10. Chef-Chemiker Dr. Stamm von der Aktiengesellschaft der Eisen- und Stahlwerke vorm. Georg Fischer in Lingen,
11. Chemiker Fieck von der Maschinenfabrik Augsburg-Nürnberg in Augsburg,
12. Prof. Dr. Ing. Stauss von der Großh. chem. techn. Prüfungs- und Versuchsanstalt Karlsruhe.

Neben der Erledigung der laufenden auf Antrag ausgeführten Arbeiten war die Abteilung mit folgenden wissenschaftlichen Untersuchungen beschäftigt:

Wissenschaft-
liche Unter-
suchungen.

a) Untersuchung über Eigenspannungen in kaltgereckten Metallen (Fortsetzung). Über einen Teil der Untersuchungen ist bereits berichtet[1]). Die weiteren Untersuchungen erstrecken sich auf Ermittelung derjenigen Glühwärmegrade, die ausreichen, die Spannungen aufzuheben oder wenigstens so stark zu vermindern, daß die Gefahr des Aufreißens aufgehoben wird, ohne daß gleichzeitig erhebliche Verminderung der Bruchgrenze des kaltgereckten Materials eintritt. Die Versuche sind noch nicht abgeschlossen. Bericht erfolgt später.

b) Einfluß verschiedener Umstände auf den Angriff des Eisens durch Wasser und wässerige Lösungen (Fortsetzung), Einfluß des Lichtes auf den Rostvorgang. Bericht in Arbeit.

c) Ermittelung der Konstitution des Portlandzementes (Fortsetzung). Einfluß der Brenntemperatur auf den Gefügeaufbau des Klinkers, sowie die Abhängigkeit des Gefügeaufbaues von der chemischen Zusammensetzung der Rohmischungen. Ein vorläufiger Bericht ist in den „Mitteilungen der Zentralstelle zur Förderung der deutschen Portland-Zement-Industrie" 1912, Heft 24 u. 25, veröffentlicht (siehe Anhang Tab. b).

d) Wärmeleitfähigkeit feuerfester Steine (Fortsetzung). Der Bericht ist in Arbeit.

e) Untersuchungen über Lagermetalle (Fortsetzung). Die Untersuchungen über bleireiche Lagermetalle sind zu einem vorläufigen Abschluß gebracht. Bericht in Arbeit.

f) Über das Verhalten von „hartem" (kohlenstoffreicherem) und „weichem" (kohlenstoffarmem) Flußeisen beim Verzinken. Über die Versuche soll in den „Mitteilungen" berichtet werden.

g) Ein umfangreiches Versuchsmaterial über die spezifische Schlagarbeit der verschiedensten Konstruktionsmaterialien ist im Laufe der Jahre angesammelt worden. Der Einfluß von Glühdauer, Glühhitze, Herstellung der Probestäbe, Entkohlung beim Ausglühen usw. wurde untersucht. Bericht in Arbeit.

h) Auf ein von metallographischen Gesichtspunkten nur sehr wenig bearbeitetes Feld soll auch hier hingewiesen werden; es ist die Untersuchung vorgeschichtlicher Funde. Mehrere Eisenbronze- und Kupfergegenstände wurden auf Antrag eines Museums metallographisch untersucht. Die Untersuchung wurde im wissenschaft-

---

[1]) Vergl. E. Heyn u. O. Bauer: „Über Spannungen in kaltgereckten Metallen". Internationale Zeitschrift für Metallographie 1911, Heft 1.

lichen Interesse weiter ausgedehnt als ursprünglich angenommen war. Über das Ergebnis äußerte sich der Kustos des Museums wie folgt: „Ich freue mich sehr, dadurch ganz neue Gesichtspunkte für die Beurteilung dieser Funde gewonnen zu haben und hoffe, daß sie für wichtige, prähistorische Probleme von Bedeutung sein werden."

Urteile über die aus der Abteilung hervorgegangenen Arbeiten aus der Praxis.

Die aus der Abteilung hervorgegangenen Arbeiten „Zersetzungserscheinungen an Aluminium und Aluminiumgeräten" und „Über Spannungen in kaltgereckten Metallen" von E. Heyn und O. Bauer, über die bereits im vorigen Jahresbericht berichtet wurde, haben in den beteiligten Kreisen von Industrie und Wissenschaft lebhaftes Interesse gefunden, wie aus den zahlreichen Anfragen und Zuschriften hervorgeht.

Die im vorigen Jahresbericht enthaltene kurze Bemerkung über die Frage des Angriffs von Wasser auf Eisen bei Gegenwart von Hochofenschlacke scheint nach Mitteilung des Vereins Deutscher Eisenhüttenleute zu mißverständlichen Auffassungen Anlaß gegeben zu haben.

Es wird deshalb auf die ausführliche Wiedergabe der Versuche in den Mitteilungen 1911, Heft 7 und 8, Seite 454, verwiesen. Hier soll nur andeutungsweise folgendes hervorgehoben werden.

Die Versuche wurden mit 4 Sorten Hochofenschlacke angestellt, die nach Angabe des Einsenders verschiedenen Hochofenwerken eines und desselben Industriebezirkes entstammten. Das Ziel der Untersuchung war, einen Anhalt dafür zu gewinnen, ob Eisen von Wasser unter sonst gleichen Bedingungen bei Gegenwart von Hochofenschlacke und bei Möglichkeit des Luftzutrittes stärker oder schwächer angegriffen wird, als bei Abwesenheit von Schlacke. Die Versuche wurden in drei Versuchsreihen I—III durchgeführt. Das Eisen kam in Form von blankgeschmirgelten Plättchen zur Verwendung. (Über die näheren Einzelheiten siehe die oben angezogene Arbeit.)

In den Versuchsreihen I und II wurden die Plättchen a) ganz, b) halb in die Versuchsflüssigkeit eingetaucht. Die letzteren waren durch Ausziehen der Schlackenproben mit destilliertem Wasser erhalten. Bei der Reihe I blieb eine bestimmte Menge der Schlacke als Bodenkörper in den Flüssigkeiten; bei Reihe II wurde dagegen nur die von dem Bodenkörper abgesaugte klare Flüssigkeit mit den Eisenplättchen in Berührung gebracht. Diese Flüssigkeit wurde täglich erneuert. Zum Vergleich wurde der Angriff des destillierten Wassers auf das Eisen unter gleichen Versuchsbedingungen mitbestimmt. Dieser Angriff wurde gleich 100 gesetzt; die Angriffe der übrigen Versuchsflüssigkeiten wurden auf diesen Vergleichswert bezogen. Um bei den Versuchen mit reinem destillierten Wasser möglichst dieselbe Luftmenge und dieselbe Geschwindigkeit des Luftersatzes zu erzielen, wie bei den Versuchen mit den anderen Versuchsflüssigkeiten, wurde als Bodenkörper reiner, mit Salzsäure von fremden Stoffen befreiter Quarzkies verwendet. Dieser Kies sollte als neutraler Körper wirken, der an das Wasser keinerlei den Rostangriff nach irgend einer Richtung beeinflussende Stoffe abgibt. Daher die Notwendigkeit der Reinigung mit Salzsäure.

Bei Versuchsreihe III wurden größere Mengen der einzelnen Schlacken von Erbsengröße in nach oben hin offene Glasglocken eingebracht. Je drei Eisenplättchen wurden in die Schlacken eingebettet. Täglich wurden die Schlacken zweimal mit destilliertem Wasser übergossen. Das eingegossene Wasser sammelte sich am Boden der Glocken, bis zu einer durch Überlauf festgesetzten gleichbleibenden Höhe, so daß der Wasserspiegel unter den Eisenplättchen lag (Die Einzelheiten des Versuches, sowie die zugehörigen Abbildungen siehe a. a. O.). Auch hier wurde zum Vergleich destilliertes Wasser herangezogen, und der von ihm bewirkte Angriff als Vergleichsnorm gleich 100 gesetzt. Um wieder möglichst gleiche Versuchsbedingungen zu erhalten, wurde bei den Versuchen mit destilliertem Wasser die Glasglocke statt mit Schlackenteilchen mit Quarzkies von etwa gleicher Korngröße gefüllt. Der Kies diente, wie früher erwähnt, als neutraler Körper.

Dabei war bei den Versuchsreihen I und II der Angriff der Eisenplättchen bei Gegenwart von Hochofenschlacke teilweise geringer, teilweise stärker als bei Abwesenheit der Schlacke. Bei Versuchsreihe III war unter den angewendeten Versuchsbedingungen der Angriff des Wassers bei Gegenwart der untersuchten Schlackenproben etwa viermal so groß, als wenn die Schlacke durch einen neutralen Körper (Kies) ersetzt wurde.

Soweit das Einverständnis der Antragsteller vorliegt, sollen hier aus einigen im laufenden Betrieb erledigten Arbeiten folgende Punkte hervorgehoben werden.

Mehrfach wurden Abschnitte von Kühlspiralen, Heizschlangen, Siederöhren usw. eingesandt, die starken, örtlich auftretenden Rostangriff aufwiesen. Die Ursache der starken Rostanfressungen lag in den untersuchten Fällen nicht in fehlerhafter Gefügebeschaffenheit des Materials, sondern in Betriebsverhältnissen und in der Art des verwendeten Wassers. Das Amt hat bereits wiederholt auf die Gefahr der Verwendung destillierten Wassers zum Speisen von Kesseln usw. hingewiesen. Die Gefahr liegt in dem großen Lösungsvermögen des destillierten Wassers für Sauerstoff. Plötzliche Druckverminderung eines unter höheren Drucken mit Luft (Sauerstoff) gesättigten Wassers bedingt Ausscheiden der Luft in Bläschenform. Die Bläschen setzen sich an die Gefäßwandungen an und bedingen dort örtlichen Angriff. Dieser Fall war augenscheinlich bei einem Stahlplunger einer hydraulischen Pressenpumpe eingetreten. *(Rosterscheinungen.)*

Die Pumpen einer Kanalisationsanlage wiesen starken Rostangriff auf, zum Teil waren die mit den Abwässern in Berührung stehenden Teile mit schlammigem Kupfer beschlagen. Durch chemische Untersuchung wurde festgestellt, daß die Wässer Kupfersalze mitführten. Kupfersalze scheiden auf Eisen, wie überhaupt auf Metallen, die in der Spannungsreihe unedler sind als Kupfer, das letztere ab, wobei ein entsprechender Teil des Eisens in Lösung geht.

In einem Falle bestand der Verdacht, daß eine gewisse Bodenart Bestandteile enthielt, die Eisen besonders stark angreifen. Der unmittelbare Rostversuch ergab, daß eiserne Versuchsplättchen unter sonst gleichen Versuchsbedingungen von destilliertem Wasser allein stärker angegriffen wurden, als von destilliertem Wasser, das über der Bodenprobe stand. *(Angriff von Eisen durch Bodenarten.)*

Mehrfach wurden auch verzinkte Röhren (feuerverzinkt, elektrolytisch verzinkt) auf ihr Verhalten gegenüber dem Angriff von Wasser geprüft. Über die Ergebnisse einer Versuchsreihe ist in den Mitteilungen 1912, Heft 2, berichtet. *(Verzinkte Röhren.)*

Es handelte sich darum, festzustellen, ob eine in unseren Kolonien gewonnene Holzart, die als Ersatz für Teakholz in Betracht kommt, in Berührung mit Eisen stärkeren Angriff ergibt, als Teakholz. Die Versuche ergaben, daß unter den angewendeten Versuchsbedingungen das Teakholz den stärkeren Angriff des Eisens bewirkte. *(Rostversuche mit Eisen in Berührung mit Holz.)*

Auf Grund von Versuchen wurde festgestellt, daß Glyzerin-Lösungen Eisen weniger stark angreifen als gewöhnliches Leitungswasser. *(Rostversuche in Glyzerinlösungen.)*

In zwei Fällen wurden im Betrieb gebrochene Automobilteile (Lenkhebel) auf Ursache des Bruches untersucht. Der Bruch war in beiden Fällen an scharf einspringenden Kanten eingetreten. Materialfehler waren nicht vorhanden. Es kann nicht oft genug hervorgehoben werden, daß an Konstruktionsteilen, die im Betriebe starken Beanspruchungen, Erschütterungen usw. ausgesetzt werden, scharf einspringende Kanten möglichst zu vermeiden sind. *(Automobillenkhebel.)*

Kurbelwellen. Bei zwei gebrochenen Kurbelwellen konnte festgestellt werden, daß das Material nichtmetallische Einschlüsse sulfidischer Art enthielt. Die Zahl der Einschlüsse war größer, als man sie sonst im Material für Kurbelwellen findet.

Schrauben-spindel. Eine gebrochene Schraubenspindel zeigte in der Umgebung der Bruchstelle die Kennzeichen der Überhitzung.

Kurbelzapfen. Bei einem im Einsatz gehärteten Kurbelzapfen traten in der Nähe des Bruches zahlreiche Risse auf. Vermutlich war der Bruch durch die Risse begünstigt worden. Wann die Risse entstanden waren, ob durch das Härten oder durch mechanische Beanspruchungen, starke Schläge und dergleichen, ließ sich nachträglich nicht mehr feststellen.

Kurbelwelle. Eine vorgedrehte Kurbelwelle zeigte auf dem abgedrehten Teil spiralförmig verlaufende dunkle Streifen, die die Vermutung erweckten, daß diese Streifen von Rissen im Material herrührten. Die metallographische Untersuchung ergab, daß letzteres nicht der Fall war, sondern daß die Streifen Seigerungsstellen im Material entsprachen. Die Seigerungsstellen erscheinen im Querschnitt als rundliche Flecken, im Längsschnitt infolge Streckung beim Ausschmieden der Welle als Streifen. Die spiralförmige Anordnung war bei der Herstellung der Welle durch die Verdrehung der Kurbelwangen entstanden.

Ähnliche dunkel erscheinende Streifen traten auch auf dem äußeren Ringumfang eines Stahlringes auf. Auch hier handelte es sich um kleine Seigerungsstellen im Material, die durch das Abdrehen an dem Ringumfang austraten.

Kesselbleche. Bei einem im Betriebe gerissenen Kesselblech ließ sich feststellen, daß die Ursache des Aufreißens nicht auf die Beschaffenheit des Materials, sondern auf eine falsche Behandlung desselben zurückzuführen war. Die im Riß beobachteten Anlauffarben, sowie die Ergebnisse der Kerbschlagproben machten es wahrscheinlich, daß die falsche Behandlung in bleibender Formveränderung bei Blauwärme bestand.

Ähnlich lagen die Verhältnisse bei zwei geschweißten Rohrschüssen. Während zwei andere Bleche deutliche Kennzeichen von Überhitzung des Materials aufwiesen.

Härterisse. In mehreren Fällen konnten Brüche von gehärteten Gegenständen auf Fehler bei der Härtung (Härterisse) zurückgeführt werden. Es handelte sich um Tischlerbeitel, Kegelräder, Holländerwalzen-Messer, Stahlwalzen usw.

Untersuchung von gehärteten und angelassenen Konstruktions-teilen aus Stahl. In einem Falle war aufzuklären, warum sich Konstruktionsteile, die angeblich die gleiche Behandlung beim Härten und Anlassen erfahren hatten, bei der Verwendung verschieden verhielten. Die metallographische Untersuchung zeigte, daß die gehärteten Teile verschieden stark angelassen worden waren.

Bei einem anderen gehärteten Konstruktionsteil, der zu Beanstandung geführt hatte, konnte festgestellt werden, daß die Härtung an verschiedenen Stellen ungleichmäßig vor sich gegangen war.

Schweißungen. Wertvolle Dienste leistet die metallographische Untersuchung für die Beurteilung von Schweißungen. In vier Fällen wurden nach verschiedenen Verfahren geschweißte Bleche auf Güte der Schweißung, Kennzeichen von Überhitzung in der Umgebung der Schweiß-stellen usw. untersucht.

In einem Falle sollte festgestellt werden, ob ein an einem größeren Stahlgußstück befindlicher Ansatz angeschweißt war oder nicht. Die Untersuchung ergab, daß Schweißung vorlag.

Art des Materials. Häufig wurde auch die Entscheidung des Amtes über die Art des Materials angerufen. Es galt zu entscheiden, ob

Flußeisen oder Schweißeisen,
Grauguß oder Temperguß,
Stahlguß oder Temperguß

vorlag. Sichere und in allen Fällen zutreffende Unterscheidung zwischen Thomasmaterial und Siemens-Martinmaterial ist zurzeit nicht möglich. Anträge, die diese Feststellung bezweckten, mußten daher abgewiesen werden.

Vielfach wurden von im Betrieb gerissenen gußeisernen Konstruktionsteilen kleine Bruchstücke zwecks Aufklärung der Bruchursache eingesandt. Das Gefüge war in allen Fällen fehlerfrei. Ob in den Gußstücken vom Guß herrührende Eigenspannungen vorhanden waren, ließ sich an den eingesandten kleinen Bruchstücken nicht mehr feststellen. Es ist immer wieder darauf hinzuweisen, daß zur Aufklärung der Bruchursache, wenn irgend angängig, das ganze Stück einzusenden ist; an einem kleinen, an beliebiger Stelle entnommenen Bruchstück läßt sich in den meisten Fällen der gewünschte Aufschluß nicht mehr erbringen. *(Gußeisen.)*

Bei einer im Betrieb gebrochenen Königstange einer Förderschale konnte folgendes festgestellt werden: Die Königstange war aus Stahlguß hergestellt und das Gußstück nur unvollkommen oder gar nicht ausgeglüht. Die spezifische Schlagarbeit war dementsprechend im Zustand der Einlieferung ins Amt nur sehr niedrig. Sie betrug nur 1,2 mkg/qcm. Durch $^1/_2$stündiges Ausglühen bei 900 C^0 wurde sie auf 2,1 mkg/qcm gesteigert. Nach dem Ausschmieden eines Stückes aus obiger Stange mit nachfolgendem Ausglühen erreichte sie den Wert von 5,7 mkg/qcm. Das Beispiel ist kennzeichnend dafür, wie stark die mechanischen Eigenschaften durch geeignete Wärmebehandlung beeinflußt und verbessert werden können. Ähnlich lagen die Verhältnisse bei einer geplatzten Laufrolle. Außerdem waren hier noch Hohlräume und Lunkerstellen vorhanden, die den Bruch der Laufrolle begünstigt haben müssen. *(Stahlguß.)*

Auch in diesem Jahr wurden wieder mehrfach Eisenbahnradreifen, die auf den Laufflächen Abschilferungen aufwiesen, untersucht. Gröbere Materialfehler waren in keinem der untersuchten Fälle vorhanden. Die in der Nähe der Abschilferungen auftretenden Kennzeichen starker Kaltreckung ließen auf starke Beanspruchung bei gewöhnlichen Wärmegraden (Stoßen, Schlagen, Bremsen usw.) schließen. *(Radreifen.)*

Über einen Fall von Seigerungen in Flußeisenröhren ist bereits in Stahl und Eisen 1912, Nr. 10, berichtet (vergl. Anhang Tab. b). Starke Zonenbildung infolge Seigerungen ließ sich auch noch an verschiedenen zu Bruch gegangenen Konstruktionsteilen aus kohlenstoffarmem Flußeisen feststellen. *(Seigerungserscheinungen.)*

Bei einem mit der Kaltsäge abgeschnittenen Zahn eines Stahlgußzahnrades traten auf der Schnittfläche parallel zur Zahnflanke verlaufende Streifen auf. Der Antragsteller nahm an, daß diese Streifen „auf die innere Struktur" des Zahnes hindeuteten. Versuche ergaben, daß ein Trugschluß vorlag. Die Entstehung der Streifen beim Sägen mit der Bogensäge erklärt sich durch die Änderung des Widerstandes gegenüber dem Schnitt infolge der wechselnden Schnittlänge im Werkstück. *(Erscheinungen auf Schliffflächen.)*

Die Untersuchung eines im Betriebe gerissenen Drahtseiles ergab, daß das Seil im Zustand der Einlieferung ins Amt zahlreiche Drahtbrüche außerhalb der Seilbruchenden aufwies. Ob die Zerstörungen der Drähte bereits vor dem Bruch vorhanden waren, oder während des Bruches, z. B. durch Schlagen entstanden sind, ließ sich nicht mehr feststellen. *(Drahtseile.)*

Spindeln aus hochprozentigem Nickelstahl zeigten nach einjähriger Betriebsdauer zahlreiche Anbrüche und Risse. Schmiedeversuche ergaben, daß das Material im Zustand der Einlieferung ins Amt empfindlich gegen Schmieden war. Am günstigsten schien die Schmiedetemperatur von 1000 C^0 zu sein. Bei höherer Schmiedehitze wurde das Material brüchig und riß auf. Auch das Schmieden bei etwa 800 C^0 ergab kleinere Anrisse. Die *(Nickelstahl.)*

chemische Zusammensetzung des Materials war für hochprozentigen Nickelstahl ungewöhnlich, wegen des hohen Gehaltes an Kohlenstoff und Mangan, wegen der gleichzeitigen Gegenwart von Chrom und wegen der Ausscheidung von Graphit.

Rostversuche mit Nickelstahl.
Vergleichende Untersuchungen mit Nickelstahl (etwa 9,5 % Nickel und 0,12 % Kohlenstoff) und Kohlenstoffstahl (etwa 0,54 % Kohlenstoff) ergab bezüglich der Rostsicherheit unter den besonderen Versuchsbedingungen eine deutliche Überlegenheit des Nickelstahles.

Angriffsversuche.
Vergleichende Angriffsversuche wurden mit Kupfer, Aluminium und Gußeisen (emailliert und nicht emailliert) bezüglich der Widerstandsfähigkeit gegenüber der Einwirkung anorganischer und organischer Säuren ausgeführt. Über die Versuchsergebnisse darf nicht berichtet werden.

Harmetverfahren.
Über die Wirksamkeit des Harmetverfahrens zur Verhinderung des Lunkerns in Blöcken wurde ein Gutachten ausgearbeitet. Die Herstellung des Probenmaterials geschah in der Gewerkschaft Deutscher Kaiser in Bruckhausen unter Aufsicht von zwei Angehörigen des Amtes. Die Versuche wurden in Berlin-Lichterfelde ausgeführt. Das Ergebnis der Untersuchung ist mit Genehmigung des Antragstellers in den Mitteilungen 1912, Heft 1, veröffentlicht (vergl. Anhang Tab. b).

Einsatzhärteverfahren.
In einem anderen Falle wurde durch praktische Versuche im Betrieb unter Aufsicht eines Angehörigen des Amtes mit nachfolgender Untersuchung im Amt ein Einsatzhärteverfahren nachgeprüft.

Eigenspannungen in kaltgezogenem Messing.
Mehrfach wurden Turbinenschaufeln aus Messing auf etwa vom Kaltziehen zurückgebliebene innere Reckspannungen untersucht.

In Messing lassen sich durch mäßiges Erwärmen (z. B. 230 C⁰) nach bisherigen Untersuchungen des Amtes die Reckspannungen wesentlich vermindern, so daß die Gefahr des freiwilligen Aufreißens im Betriebe geringer wird. Weitere Untersuchungen sind im Gange über die wichtige Frage, ob in kaltgereckten Metallen und Legierungen infolge Erwärmens die Möglichkeit besteht, die Reckspannungen zu beseitigen, oder wenigstens stark zu vermindern, ohne daß die Streckgrenze wesentlich erniedrigt wird. Es ist beabsichtigt, über diese Versuche im Anschluß an die bereits veröffentlichte Arbeit „Über Spannungen in kaltgereckten Metallen" von E. Heyn und O. Bauer[1]) zu berichten.

Verbleite Eisenbleche.
Zwei verbleite Eisenbleche wiesen im Zustand der Einlieferung ins Amt einen teils rotbraunen bis roten, teils olivgrünen Überzug auf. Er bestand in der Hauptsache aus Bleiglätte (Bleioxyd). Es gelang durch Auftragen eines Breies von gelöschtem Kalk auf Blei einen roten Überzug künstlich zu erzeugen, der sowohl äußerlich, wie auch seiner chemischen Zusammensetzung nach ganz ähnliche Beschaffenheit hat, wie der auf den verbleiten Blechen beobachtete Belag. Vermutlich waren daher die Bleche mit irgend einem die Entstehung von Bleioxyd begünstigenden Stoff in Berührung gekommen.

Brüchigkeit von Blei.
Eine umfangreiche Untersuchung beschäftigte sich mit der zuweilen auftretenden Brüchigkeit von Blei. Es wurde festgestellt, daß gewisse Beziehungen bestehen zwischen Biegungsfähigkeit des Bleies einerseits und Temperatur und Zeitdauer andererseits. Es ist beabsichtigt, das Ergebnis demnächst zu veröffentlichen.

Kupfer, Messing, Bronze.
In mehrfachen Fällen wurden noch Kupferdrähte, Messingdrähte, Bronzegußstücke, Rotgußstücke, Manganbronze-Gußstücke usw. auf die Ursache des Bruches untersucht.

Ballonstoffe.
22 Ballonstoffproben wurden auf Wasserstoffdurchlässigkeit nach dem Verfahren von E. Heyn geprüft.

Gutachten über Zollfragen.
In einem Falle wurde über die Frage der Verzollung von nach bestimmten Verfahren hergestellten Rohren ein Gutachten abgegeben.

---

[1]) Internationale Zeitschrift für Metallographie 1911, Heft 1.

Abteilung 5 für allgemeine Chemie.

In der Abteilung für allgemeine Chemie wurden 594 Anträge mit 1106 Untersuchungen erledigt. Von den Anträgen entfielen 119 mit 200 Untersuchungen auf Behörden, 475 mit 906 Untersuchungen auf Private.

Von den 594 Anträgen gingen 541 aus dem Inlande, 53 aus dem Auslande ein; sie verteilen sich auf die verschiedenen Staaten und Länder gemäß Tabelle a_2 im Anhang.

Besonders zahlreich waren die Prüfungen von Kautschukmaterialien und Brennstoffen. Sie bildeten zusammen etwa die Hälfte sämtlicher Prüfungsanträge.

Eine erhebliche Anzahl der Untersuchungen betraf das Eisen und seine Legierungen. In den meisten Fällen war die Bestimmung von Kohlenstoff bezw. Graphit, Silizium, Mangan, Phosphor, Schwefel und Kupfer auszuführen, bei Sonderstählen außerdem die Bestimmung von Nickel, Kobalt, Chrom, Wolfram, Vanadin.

Ein prähistorischer eiserner Pfriem enthielt außer Kohlenstoff kleine Mengen Kobalt und Nickel.

Eine Probe sollte auf ihren Vanadingehalt untersucht werden. Die Analyse ergab in 5 g des Materials keine nachweisbaren Vanadinmengen, obwohl nach den Angaben des Fabrikanten Vanadin zugesetzt worden war.

In verschiedenen Proben von grauem Gußeisen wurden kleine Mengen Vanadin (neben Chrom) ermittelt. Eine Probe Grauguß enthielt z. B. 0,08 % Cr. und 0,13 % V.

Durch Untersuchung sollte festgestellt werden, weshalb eine Sorte Weißblech dunkle Färbungen annimmt, wenn sie einige Zeit mit Fleischkonserven in Berührung geblieben war. Durch Analyse der Verzinnung ließ sich kein Anhaltspunkt gewinnen, dagegen führten vergleichende Versuche, auf chemischem Wege die dunklen Färbungen auf dem Weißblech hervorzurufen, zur Aufklärung der Ursache der Dunkelfärbung.

Eine Sorte Briefklammern aus Stahl, die von einer Zollbehörde wegen Gehaltes an Kupfer und Zinn beanstandet waren, wurden zur Feststellung des Kupfer- und Zinngehaltes eingesandt. Die Probe wies keinen Zinngehalt und nur geringen Kupfergehalt auf; der Kupfergehalt war nicht höher als der in gewöhnlichem Stahlmaterial vorkommende.

In einer Probe Ferrowolfram war der Gehalt an gebundenem Sauerstoff zu bestimmen. Unter der Annahme, daß der gefundene Sauerstoffgehalt von 0,05 % ausschließlich aus Wolframoxyden stammt und diese als Trioxyd vorliegen, würde sich hieraus der Gehalt der Probe an WO_3 zu 0,25 % berechnen.

Von Wolfram- und Molybdänmetall gelangten Proben von hohem Reinheitsgrad zur Untersuchung.

Gußeisenbriketts wurden auf Beimengung von Rost untersucht.

Von anderen Metallen und Legierungen wurden in der Mehrzahl Gesamtanalysen von Lagermetallen, Schriftmetallen, Kupfer und dessen Legierungen, Werkblei, Zinn, Zink, Antimon und deren verschiedenartigsten Legierungen, ferner Nickel und Nickellegierungen, Aluminium und dessen Legierungen, aber auch Einzelbestimmungen ausgeführt. Häufig handelte es sich um die Ermittelung des Feingehaltes an Gold und Silber in ihren Legierungen.

In 3 unter der Bezeichnung „Staniol" eingesandten Metallproben wurden Bleigehalte von 13,1 %, 21,0 % und 93,3 %, ferner Antimongehalte von 0,3 %, 1,6 % und 2,3 % nachgewiesen.

Eine Zinnprobe war daraufhin zu prüfen, ob dieselbe die Lieferungsbedingungen von 99,9 % Reingehalt erfüllte. Schon der bloße Augenschein ließ an der Bruchfläche des

Metallstückes deutlich 2 verschieden aussehende Zonen erkennen, was durch die metallographische Prüfung nachträglich noch unterstützt wurde. Die chemische Untersuchung ergab für die eine Zone neben anderen geringen Verunreinigungen einen Zinngehalt von 99,7%; dagegen stellte die andere Zone im wesentlichen eine Zinn-Eisenlegierung vor mit 96,0% Zinn und 3,4% Eisen.

Ferner waren vergoldete und versilberte Uniformknöpfe hinsichtlich ihres Feingehaltes an Gold und Silber auf bedingungsgemäße Lieferung zu untersuchen. Ein versilberter Knopf erfüllte nicht die Bedingungen, da nur Spuren Silber nachweisbar waren.

Erwähnenswert wäre noch die Bestimmung des Arsengehaltes eines Schriftmetalls. Trotz sachgemäßer und sorgfältigster Probenahme konnten nach einwandfreien Verfahren keine übereinstimmenden Arsenwerte erhalten werden, dieselben schwankten stets von 0,17% bis 0,27%. Es mußte geschlossen werden, daß das Material in seinen einzelnen Teilen verschiedenartig zusammengesetzt war.

Von Erzen kamen vorwiegend Kupfererze, Eisenerze, sowie Blei-, Zink-, Manganerze und Zinnstein, ferner Arsen- und Schwefelkiese zur Untersuchung, in letzteren wurde meistens auch noch die Ermittelung des Gold- und Silbergehaltes verlangt.

Gelegentlich der Analyse einer Emaille konnte bei der Bestimmung des Bors die nur einmal in der Literatur erwähnte Beobachtung bestätigt werden, daß die Verflüchtigung des Borsäuremethylesters in essigsaurer Lösung durch die Gegenwart von Aluminiumsalzen mehr oder weniger beeinträchtigt wird.

Die Prüfung von Baumaterialien nahm wiederum einen beträchtlichen Raum unter den Anträgen der Abteilung ein. Neben den üblichen Untersuchungen von Zement, Beton

und anderen Baustoffen sei unter anderem die Prüfung einer Korkplatte erwähnt, welche auf Zusammensetzung und besonders auf die Gegenwart hygroskopischer Stoffe zu untersuchen war. Die Analyse ergab, daß das Material aus gewöhnlichem Kork bestand, während das Bindemittel ein Gemisch von Magnesia und Chlormagnesium bildete. Der Gehalt an Chlormagnesium war aber nicht größer als bei gewöhnlichen Platten dieser Art.

Auch Gesteine und Mineralien wurden mehrfach untersucht. Erwähnt sei z. B. die Prüfung von 2 Phonolithen, ferner von einer Probe Dolomit, die als Zuschlag zu Eisenbeton Verwendung finden sollte. Die Probe Dolomit war auf Stoffe zu untersuchen, welche dem Beton unter Umständen gefährlich werden könnten, in erster Linie auf Schwefel. Die Analyse ergab merkliche Mengen von Schwefelkies.

Die Zerstörung von Bleikabeln in Sandboden gab Veranlassung, verschiedene Sandproben auf Stoffe zu untersuchen, welche erfahrungsgemäß Blei angreifen. Die Analyse zeigte jedoch, daß von bleiangreifenden Stoffen nur Spuren Schwefelwasserstoff nachweisbar waren.

In dem Gutachten wurde darauf hingewiesen, daß neben Wasser als Ursache des Angriffs auch das Auftreten vagabundierender elektrischer Ströme in Frage käme.

Besonders zahlreich war im letzten Jahre die Anzahl derjenigen Anträge, bei denen Wasser- und Bodenproben auf Gehalt an Stoffen zu untersuchen waren, die erfahrungsgemäß Zement und Beton angreifen. Bei der zunehmenden Erschließung von Mooren, d. h. der Bebauung von Moorboden, nehmen derartige Untersuchungen besondere Bedeutung für sich in Anspruch. Es ist nicht allgemein bekannt, daß von Stoffen, die Beton anzugreifen vermögen, besonders freie Kohlensäure und Schwefelwasserstoff im Wasser und Boden zu Bedenken Anlaß geben. Freie Kohlensäure kann unter entsprechenden örtlichen Bedingungen (häufige Änderung des Wasserspiegels oder gar fließendes Grundwasser) namentlich dann auf Zementbeton zerstörend einwirken, wenn das Wasser nur wenig gelöste Erdalkalikarbonate enthält. Die Prüfung auf Kohlensäure setzt vor allem die sachgemäße Entnahme einer geeigneten Durchschnittsprobe voraus. Die Probe muß zu diesem Zwecke so entnommen werden, daß kein Kohlensäureverlust während des Transportes möglich ist, die Probenahme erfolgt zweckmäßig durch das Amt selbst.

Die Frage des Angriffes von Schwefelwasserstoff auf Zement ist in den letzten Jahren Gegenstand einer umfassenden Untersuchung der Abteilung gewesen.

Auch für die Prüfung auf Schwefelwasserstoff gilt das Gleiche wie vorher für die Kohlensäure. Es ist unbedingt erforderlich, daß die Probe durch einen Sachverständigen an Ort und Stelle entnommen wird.

Von nicht flüchtigen Bestandteilen von Wässern und Böden sind vor allen Dingen Schwefelkies und daneben schwefelsaure Salze, besonders Gips, als zementangreifend zu nennen. Auch auf diese Bestandteile hat sich daher jede derartige Untersuchung zu erstrecken.

Erwähnt sei noch, daß auch die Beschaffenheit des Zementbetons selber von ausschlaggebender Bedeutung für die Stärke des Angriffes ist. Der Angriff wird um so leichter erfolgen, je magerer und wasserdurchlässiger das Material ist. Bei dichtem gut abgebundenem Beton tritt der Angriff schwerer ein.

Häufig gelangten Wasserproben zur Untersuchung auf Eignung zur Betonbereitung. Hierbei hatte sich die Untersuchung ebenfalls meist auf die gleichen Bestandteile wie vorher zu erstrecken.

In der Regel empfiehlt es sich, derartige Versuche zu ergänzen durch unmittelbare Prüfung der Festigkeit von Beton, der mit dem betreffenden Wasser hergestellt ist.

Zahlreiche Wässer wurden wie alljährlich wieder zur Untersuchung auf Eignung zur Kesselspeisung eingesandt. Bei einem Wasser, das zum Speisen von Lokomotivkesseln dienen sollte, war ferner zu begutachten, ob die Probe frei von kesselsteinbildenden Teilen sei. In dem Gutachten wurde darauf hingewiesen, daß die Probe zwar noch etwa 9 Härtegrade aufwies, daß aber bei der Reinigung von Wasser für Kesselspeisung die kesselsteinbildenden Stoffe mit Absicht nie völlig entfernt werden, da sonst ein erheblicher Überschuß an Soda für die Reinigung erforderlich wäre, der schwerwiegende andere Nachteile beim Gebrauch des Wassers im Kessel (Schaumbildung und damit Spucken und Spritzen der Lokomotiven, Überreißen von Wasser usw.) zur Folge haben würde.

Die Großherzoglich badischen Staatsbahnen gehen daher nach Wehrenpfennig „Über die Untersuchung und das Weichmachen des Kesselspeisewassers" (zweite Auflage), bei der Reinigung ihrer Lokomotivspeisewässer nicht unter 9 Härtegrade herab.

Eine Probe Chlorkalzium war auf Verwendbarkeit zu Kühlanlagen zu untersuchen. Durch unmittelbare Versuche sollte die günstigste Zusammensetzung einer Lösung festgestellt werden, welche bei — 45 C^0 noch nicht erstarrte. Durch Auflösen des Salzes in Wasser wurden Lösungen von verschiedenem spezifischen Gewichte hergestellt. Die Temperaturen, bei denen Ausscheidung fester Stoffe aus den klaren filtrierten Lösungen eintrat, wurden festgestellt.

Vorgenommen wurden Versuche über die Art der Imprägnierung von Bahnschwellen.

Anstrichfarben.

Sehr zahlreich waren die Untersuchungen von Anstrichfarben; es sei eine Ölfarbe erwähnt, welche nach Angabe des Antragstellers von einer gehobelten Bretterwand in einem Abortraum abgekratzt war. Die ursprünglich weiße Farbe hatte nach kurzer Zeit gelbgrünliche Färbung angenommen. Die Untersuchung ergab, daß unzulässige Beimengungen nicht in merklichen Mengen nachzuweisen waren. Das Gelbgrünlichwerden des Anstriches ist wahrscheinlich auf den geringen Eisengehalt des Farbstoffes (Lithopone) infolge der Einwirkungen von schwefelwasserstoffhaltigen Gasen zurückzuführen.

Lederfarbe.

Eine als Lederfarbe bezeichnete Probe war auf chemische Zusammensetzung zu untersuchen. Die Untersuchung der Probe ergab außer Wasser mit geringen Mengen Formaldehyd und Amylazetat einen Rückstand, der im wesentlichen sich aus folgenden Bestandteilen zusammensetzte: In Äther lösliches Harz, in Äther unlösliches Harz, anscheinend Schellack, wachsartige Substanz, anscheinend Carnaubawachs, in Wasser unlösliche Stoffe, etwa $^2/_3$ Eisenoxyd und $^1/_3$ Bleichromat, ferner in Wasser lösliche Stoffe neben Borax, etwas schwarzblauer und roter Anilinfarbstoff.

Die Analyse einer als gelbe Tinktur bezeichneten Flüssigkeit ergab, daß eine konzentrierte wässerige Lösung von augenscheinlich schon stark invertiertem Dextrin vorlag, das einen Zusatz von wenigen Prozenten Metanilgelb und geringen Mengen eines angenehm riechenden Stoffes enthielt.

Ölfarbe.

Eine Ölfarbe war auf ihre Giftigkeit hin zu begutachten. Der Farbkörper setzte sich zusammen aus etwa 40 % Lithopone, 40 % Ton, 10 % Eisenoxyd, etwas Kienruß und geringeren Mengen von Kalk-, Magnesia-, Mangan-, Kupfer- und Bleiverbindungen. Der Gehalt an giftigen Metallverbindungen war in Anbetracht der geringen vorhandenen Mengen solcher Stoffe als belanglos zu bezeichnen.

Waschpulver.

Die chemische Zusammensetzung einer Probe Waschpulver wurde festgestellt.

Seifenpräparat.
Radioaktivität.

Ein Seifenpräparat war auf Gegenwart radioaktiver Stoffe zu untersuchen. Die Prüfung auf elektroskopischem Wege ergab jedoch völlige Abwesenheit jeglicher Radioaktivität. Von anderen Prüfungen auf Radioaktivität sei die Untersuchung einer Probe Moorerde erwähnt, bei der sowohl auf photographischem, wie auf elektroskopischem Wege merkliche Radioaktivität nachweisbar war.

Strohstoff.

Mehrere Proben Stroh, Strohhäcksel und Strohzellulose waren auf ihren Kieselsäuregehalt zu untersuchen.

Schwefel.

Die Analyse mehrerer Proben Schwefel sollte sich auf Gehalt an in Schwefelkohlenstoff unlöslichen Anteilen, ferner an freier Säure, endlich auf Entwicklung von Schwefelwasserstoff beim Zerkleinern erstrecken. Die Prüfung ergab, daß freie Säure nur in Spuren vorhanden war, während beim Zerkleinern der Proben im Mörser Schwefelwasserstoff auftrat.

Zelluloid.

Zur Untersuchung gelangte ferner eine Probe Zelluloid, welche auf chemische Zusammensetzung zu prüfen war.

Lichtpauspapier.

Beim Arbeiten mit Lichtpauspapier hatten sich Belästigungen herausgestellt, wie Hustenreiz, Kratzen im Halse, schwarzer Auswurf. Auf Grund des Analysenergebnisses sollte festgestellt werden, worauf die Belästigungen zurückzuführen seien und wie die Übelstände gegebenenfalls zu vermeiden wären. Die Untersuchung ergab, daß die lichtempfindliche Schicht Eisensalz enthielt und obenauf eine Schicht von Tannin. Da das Tannin augenscheinlich in feinverteilter Form auf das Papier aufgetragen war, so konnte man annehmen, daß es leicht zerstäubte und auf diese Weise zu Hustenreiz und Kratzen im Halse Anlaß gab. Der schwarze Auswurf würde sich dann dadurch erklären, daß außer Tannin auch kleine Mengen von Eisensalzen aus dem Papier in die Luft dringen und bei Gegenwart von Feuchtigkeit gerbsaures Eisen (Tinte) gebildet wird. Die erwähnten Übelstände ließen sich voraussichtlich durch Verwendung nichttanninhaltiger z. B. mit Eisenoxydsalz und Ferrizyankaliumlösung getränkter Blaupauspapiere vermeiden.

Mehrere Flüssigkeiten, die als Sperrflüssigkeit zur Lagerung feuergefährlicher Stoffe dienen sollten, waren auf Widerstand gegen Frostgefahr durch Versuche bei — 5 und — 15⁰, ferner auf Aufnahmefähigkeit für die in Betracht kommenden feuergefährlichen Flüssigkeiten, auf Färbevermögen, auf Zersetzung in Berührung mit Metallen und auf Rostangriff auf Metalle, mit denen sie in Berührung standen, zu untersuchen. *Sperr-
flüssigkeiten.*

Mehrfach wurden auch wieder Sprengstoffe zur Prüfung eingesandt. Die Untersuchungen erstreckten sich im wesentlichen auf die Prüfung der Transportfähigkeit, also das Verhalten der Sprengstoffe bei Warmlagerung im Thermostaten bei 75⁰, ferner auf Explosionsfähigkeit, also Zündungsversuche, und auf Empfindlichkeit gegen Schlag und Reibung. Mehrfach wurden auch die Stoffe, die für die Mischungen der Sprengstoffe dienen sollten, für sich auf verschiedene physikalische und chemische Konstanten untersucht. *Sprengstoffe.*

Auch die Prüfung von Heizmaterialien nahmen im letzten Etatsjahre wieder einen besonders großen Raum unter den Anträgen der Abteilung ein. Die meisten Prüfungen erstreckten sich auf Kohlen. Eine statistische Zusammenstellung über die durchschnittlichen Heizwerte usw. der hier im Amte untersuchten Kohlen, gleichzeitig mit einer Beschreibung der hier üblichen Prüfungsverfahren ist in Arbeit. Erwähnt sei die Untersuchung einer Probe Gasolin, welche etwa 11000 Wärmeeinheiten gab. *Heizmaterialien.*

Auch Gasanalysen wurden wiederum mehrfach ausgeführt. Erwähnt sei die Prüfung von Leuchtgasproben, die an Ort und Stelle durch einen Angehörigen der Abteilung entnommen wurden. *Leuchtgas.*

Sehr zahlreich waren die Untersuchungen von Kautschuk und Kautschukmaterialien. Von ihnen seien folgende hervorgehoben. *Kautschuk.*

Eine Probe Rohkautschuk war darauf zu untersuchen, ob sie aus Hevea-Kautschuk bestand, soweit dies an Hand der in der Literatur beschriebenen Verfahren möglich ist. Die Untersuchung ergab einen Gehalt von 2,1⁰/o azetonlöslichen Bestandteilen, die fast vollständig verseifbar waren. Optische Aktivität zeigten die azetonlöslichen Anteile nicht. Auf Grund dieser Feststellungen konnte ausgesagt werden, daß der eingesandte Rohkautschuk wahrscheinlich von Heveaarten stammt. *Rohkautschuk.*

Eine andere Probe Rohgummi war auf Waschverlust zu untersuchen. Der gesamte Waschverlust betrug mehr als 20⁰/o. Da aber die Probe gerade während der heißesten Jahreszeit, und noch dazu in einem wasserdurchlässigen Sacke eingesandt war, so mußte im Gutachten darauf aufmerksam gemacht werden, daß erhebliche Mengen Feuchtigkeit während des Transportes und des Lagerns verdunstet sein könnten. *Rohgummi.*

Zahlreiche technische Gummiwaren, wie Schläuche, Autopneuleinen usw. waren auf chemische Zusammensetzung zu prüfen. Besonders zahlreich waren die eingesandten Kabelproben.

Erwähnt sei noch folgender Fall. Zwei Proben Gummischlauch waren auf Verhalten gegen flüssige Luft zu untersuchen. Es zeigte sich, daß das eine Material sich bei dieser Temperatur noch sehr gut hielt, selbst wenn es vorher um 50⁰/o über seine Länge gestreckt war. Das zweite Material dagegen zerfiel augenblicklich bei Berührung mit flüssiger Luft. *Gummischlauch.*

Eine Probe Ballonstoff war in ungebrauchtem und gebrauchtem Zustande einer vergleichenden chemischen Untersuchung zu unterwerfen. Auf Grund des Analysenergebnisses sollte beurteilt werden, ob die Zerstörung des gebrauchten Ballonstoffes auf Einwirkung des Füll- *Ballonstoff.*

gases zurückzuführen sei oder nicht. Die Analyse ergab nur sehr geringe Unterschiede in der chemischen Zusammensetzung bei beiden Proben. Die beobachteten Veränderungen entsprechen denjenigen, welche beim praktischen Gebrauch durch den Einfluß der Luft, des Lichtes und der mechanischen Beanspruchungen eintreten. Für die Einwirkung von Bestandteilen etwa schlecht gereinigten Gases auf das Kautschukmaterial des Ballonstoffes hatten sich dagegen keine Anhaltspunkte ergeben.

Selbstentzündung von Braunkohlenbriketts.

Zur Frage der **Selbstentzündlichkeit von Braunkohlenbriketts** wurden die Ergebnisse einer umfassenden Untersuchung veröffentlicht. Als Ursache der Selbstentzündlichkeit von Kohlen kommt in erster Linie die chemische Zusammensetzung der Kohle in Frage. Neben chemischen Ursachen der Selbstentzündung, die übrigens nur bei Stein- und Braunkohlen, nicht aber bei Anthrazit und Koks bisher beobachtet worden ist, kommen in zweiter Linie noch einige mehr physikalische Umstände in Frage, welche die Selbstentzündung zum mindesten begünstigen können. Diese physikalischen Umstände besitzen für den Praktiker insofern ganz besonderes Interesse, als sie allein eine Handhabe bieten, die Gefahr der Selbstentzündung einzuschränken oder vollständig zu beseitigen. Für die Abteilung war Gelegenheit geboten, sich mit der vorliegenden Frage zu beschäftigen, als in einem Antrage ein Gutachten darüber verlangt wurde, ob beim Lagern der Briketts in geschlossenen Räumen die Gefahr der Selbstentzündung als bestehend angesehen werden muß, insbesondere, ob diese etwaige Gefahr durch Stapelung der Briketts im Freien vermieden wird. Die Versuche wurden in der Weise ausgeführt, daß Temperaturmessungen an Kohlenhaufen vorgenommen wurden, die in besonders dafür errichteten Versuchshäuschen entweder dicht oder mit Luftschächten gestapelt waren, aber im Freien sich befanden. Zur Feststellung des Einflusses von Feuchtigkeit wurden die Stapel von Zeit zu Zeit mit Wasser begossen.

Auf Grund der Ergebnisse der umfassenden Versuche war anzunehmen, daß bei Anwendung gut abgekühlter Briketts und bei Innehaltung der vom Antragsteller gegebenen Vorschriften zur Stapelung der Kohlen mit Luftschächten und mit mäßiger Stapelhöhe (bis zu etwa 4 m) die Gefahr der Selbstentzündung bei Lagerung der untersuchten Brikettart in geschlossenen Räumen im allgemeinen nicht als bestehend angesehen werden kann. Bei Beobachtung der erwähnten Stapelungsvorschriften ist ferner nicht anzunehmen, daß die Stapelung im Freien eine größere Gewähr gegen Selbstentzündung bietet als die Stapelung in gedeckten Räumen.

Vergleichsversuche mit geschütteten Kohlen führten zu einem ähnlichen Ergebnis. Auch in diesem Falle wurden keine merklichen Temperaturerhöhungen des Stapels beobachtet im Gegensatz zu dem dichtgestapelten Haufen, bei dem die Außentemperatur merklich überschritten wurde.

Von den **wissenschaftlichen Arbeiten**, die im Laufe des Etatsjahres in der Abteilung durchgeführt wurden, sind folgende hervorzuheben:

Trennung von Vanadin und Eisen.

Da das Ätherverfahren nach **Rothe** sich zur **Trennung des Vanadins von Eisen** nicht als hinreichend genau erwiesen hat, so wurde das Verfahren der verschiedenen in Betracht kommenden Vanadinverbindungen gegen Äther geprüft und auf Grund dieser Untersuchung das Ätherverfahren so abgeändert, daß in allen Fällen die quantitative Trennung von Vanadin und Eisen durchführbar ist. Über die Ergebnisse dieser Arbeit ist in der Chemikerzeitung (vergl. Tab. b Nr. 62) von Eugen Deiss und H. Leysaht berichtet worden.

Sodann wurden die Verfahren für die Eisen- und Stahlanalyse einer eingehenden Durcharbeitung unterzogen; die für die Ausführung möglichst genauer Analysen anwendbaren Verfahren sind im zweiten Teil des im Verlage von Julius Springer, Berlin, erschienenen

Buches „Probenahme und Analyse von Eisen und Stahl von Bauer und Deiss" (vergl. Tabelle Nr. 51) zusammengestellt.

Eine größere Anzahl von wissenschaftlichen Arbeiten der Abteilung galt ferner dem Kautschuk. Hauptsächlich waren es die Fragen der Vulkanisation des Kautschuks und der Analyse von Kautschuk und Kautschukwaren, die den Gegenstand dieser Untersuchung bildeten. Kautschuk.

Die Versuche zur Theorie der Vulkanisation des Kautschuks führten zu folgenden Ergebnissen. Man hat bei den Vulkanisationserscheinungen sowohl physikalische Adsorption wie auch chemische Reaktion des Schwefels mit dem Kautschuk anzunehmen. Adsorptionsvorgänge verlaufen nun äußerst schnell, praktisch momentan, während die chemische Reaktion zwischen organischen Stoffen häufig erhebliche Zeit erfordert. Dementsprechend kann man annehmen, daß im ersten Augenblick des Zusammenbringens von Schwefel bezw. Schwefelchlorür mit Kautschuk physikalische Adsorption eintritt und erst im Laufe der Zeit das ursprünglich Adsorbierte chemisch gebunden wird. Hiermit stehen die Tatsachen der Nachvulkanisation in guter Übereinstimmung. Die Betrachtung dieser Vorgänge vom Standpunkte der chemischen Kinetik läßt von vornherein annehmen, daß Vulkanisation bei jeder beliebigen Temperatur, also auch bei Zimmerwärme, nur recht langsam, eintreten kann. In der Tat gelang es auch schon bei gewöhnlicher Temperatur, zumal im Licht und bei Gegenwart katalytisch wirkender Bestandteile z. B. Bleioxyd, deutliche chemische Bindung des Schwefels nach $1\frac{1}{2}$ jähriger Lagerung nachzuweisen.

Nach der Lehre vom chemischen Gleichgewicht muß man ferner annehmen, daß jede chemische Reaktion umkehrbar ist. In der Tat ergaben Versuche, daß es möglich ist, auch die chemische Reaktion zwischen Kautschuk und Schwefel umzukehren d. h. den gebundenen Schwefel aus vulkanisiertem Kautschuk, wenigstens bis zu einem gewissen Grade wieder zu entfernen. Über diese Versuche ist eine kurze Mitteilung von Hinrichsen und Kindscher in der Zeitschrift für Kolloidchemie erschienen.

Die Versuche über die Analyse von vulkanisiertem und rohem Kautschuk beschäftigen sich in erster Linie mit den verschiedenen vorgeschlagenen Formen des Bromidverfahrens. Hierbei wurden eine ganze Reihe von Fehlerquellen aufgedeckt, die das Verfahren vorläufig als nicht einwandfrei kennzeichnen. Infolgedessen ist man noch immer zur Bestimmung des Kautschukgehaltes von Rohkautschuk oder Kautschukmischungen auf die indirekte Analyse angewiesen, d. h. man bestimmt die übrigen in der Kautschukmischung vorhandenen Bestandteile und berechnet den Kautschuk aus der Differenz von $100^0/_0$.

Abteilung 6 für Ölprüfung.

In der Abteilung für Ölprüfung wurden 841 Proben zu 515 Anträgen untersucht (gegenüber 810 Proben zu 548 Anträgen im Vorjahr). In diese Anträge ist ein gemeinsamer Antrag des Herrn Ministers der öffentlichen Arbeiten, des Herrn Ministers für Handel und Gewerbe und des Reichs-Marine-Amts, der sich auf die Prüfung der Verharzungsfähigkeit und des chemischen Aufbaues der Mineralöle erstreckt, einbegriffen. Von den übrigen Anträgen entfielen 77 mit 158 Proben auf Behörden und 438 mit 683 Proben auf Private. Auf Länder verteilt gruppieren sich die Anträge gemäß der Tabelle a_2 im Anhang.

Folgende Einzelmaterialien wurden im vergangenen Berichtsjahr geprüft:

a) Heiz- und Treiböle für Dieselmotoren, Automobile usw., 16 Roherdöle, 17 Benzine, 1 Petroleumrückstand.

b) **Leuchtstoffe:** 5 Leuchtpetrole, 19 Laternenöle, 1 Signalöl, 2 Lampenöle, 2 feste Brennstoffe, 2 Dochte.

c) **Mineralschmieröle:** 484 Maschinen-, Zylinder- und Wagenöle, 18 andere Schmieröle (Turbinen , Automobil-, Kompressor-, Vaselinöle), 1 Rückstand der Ölschmierung aus einem Zylinder.

d) **Bohröle** 2, **Lagerkühlöle** 3.

e) **Maschinenschmierfette** 43 (vorzugsweise Aufquellungen von Seifen in Mineralschmierölen).

f) **Transformatorenöle** 24, **Isolieröl** 1.

g) **Ozokerite** (rohe und gereinigte) 5, **Paraffine** 4.

h) **Feste Erdölrückstände und Asphalte** 20.

i) **Zu Baumaterialien verarbeitete Asphalte:** Asphaltkitte 2, Stampfasphaltmehle 3, Asphaltklebemassen 5, Aspaltisolierplatten und ähnliche Isoliermaterialien 7, Dichtungspappen 4, Dachpappen 2, andere bituminöse Stoffe 2.

k) **Teerprodukte:** 2 Rohteere, 14 Teeröle, 2 Teerpräparate, 3 Teeranstriche einschl. Karbolineum, 2 mit Teer imprägnierte Korksteinmassen.

l) **Fette Öle und feste Fette** 36 (Rüböl, Olivenöl, Sesamöl, Mohnöl, Talg).

m) **Besondere Produkte der Fettspaltung** (Stearin- und Seifenindustrie) Oleine 9, Wollfettstearine 14, 2 gewöhnliche Stearine, Glyzerin 1, harte und weiche Seifen 5, sulfuriertes Öl 1, Wollfettalkohol 1, Wollfettpech 1.

n) **Firnisse, Lackprodukte, Ölfarben, Kitte:** Terpentinöl und Terpentinölersatzmittel 6, Firnisse 3, Lacke 18, Schellack 1, Mennigefarben und andere Anstriche 5, firnishaltiger Mauerputz (auf Beschaffenheit des Firnisses) 1, Fensterkitt 1.

o) **Sonstige Stoffe:** 1 Schuhcrême, 2 Hanfpackungen und 1 Holzlager auf Beschaffenheit der Imprägnierung, 1 Bienenwachs, 1 Beistrickgarn, 1 Kesselspeisewasser.

Rohöl als Treiböl.   Von den auf Antrag ausgeführten Untersuchungen ist folgendes hervorzuheben: Bei der Benutzung von Ölen als Treibstoff für Dieselmotoren wird auf Kenntnis des Heizwertes, des Kältepunkts, der Feuergefährlichkeit, des Schwefel- und Paraffingehaltes Wert gelegt. Zwei als Dieselmotortreiböle benutzte Rohöle wurden dementsprechend geprüft, sie waren bei — 20 C⁰ noch flüssig, entflammten bei etwa 70⁰ (Pensky-Martens), enthielten 1°/₀ Paraffin sowie 0,2 °/₀ Schwefel. Der Heizwert betrug bei beiden Proben nahezu 10300 W. E.

Benzin.   Ein Normalbenzin wurde auf die an Siedegrenzen, spez. Gewicht und Reinheit gestellten Anforderungen geprüft.

Von den untersuchten Automobilbenzinen hatten 2 (sog. Luxusautomobilbenzine) das spez. Gewicht 0,67 und enthielten keine über 100 C⁰ siedenden Anteile, die übrigen 3 entsprachen im spez. Gewicht (0,703—0,715) den sog. Mittelbenzinen und siedeten im wesentlichen zwischen 50 und 130 C⁰.

Petroleum, feste Brennstoffe. Laternen- und Signalöle.   2 feste Brennstoffe wurden auf Brennfähigkeit, 2 Laternenöle wurden auf Lichtstärke und Ölverbrauch, 1 Signalöl im Vergleich mit Rüböl auf Brennfähigkeit und Widerstandsfähigkeit gegen Auslöschen durch Wind von verschiedener Stärke untersucht. Zu diesen Versuchen diente eine Schaffner-Handlaterne, Muster der Königlichen Eisenbahndirektionen.

Ferner wurden 17 Laternenöle (Gemische von Rüböl mit leichtflüssigem Mineralöl), auf Gehalt an verseifbarem Fett geprüft; es handelte sich darum festzustellen, inwieweit durch den Gehalt des Rüböls an natürlichen unverseifbaren Stoffen die Bestimmung des verseifbaren Anteils fehlerhaft beeinflußt wird. In dem Gutachten wurde gezeigt, daß dem erwähnten Fehler ein anderer auf der Verdampfbarkeit des unverseifbaren Öls beruhender entgegenwirkt.

Sojabohnenöl ist in den letzten Jahren aus der Mandschurei infolge der sehr gestiegenen Preise des Leinöls nach Deutschland eingeführt worden. *Sojabohnenöl.*

Ein raffiniertes Sojabohnenöl wurde neuerdings auch im Vergleich mit raffiniertem Rüböl auf Brennfähigkeit mittels einer Schaffner-Handlaterne geprüft.

Mit einem gewöhnlichen Baumwolldocht und einem neuartigen Wattedocht wurden vergleichende Versuche auf Brenn- und Saugfähigkeit angestellt. *Petroleumdocht.*

Bei Prüfung von 16 leichten Mineralölen deutscher Herkunft auf Paraffingehalt nach der Alkoholäthermethode wurden in einzelnen Fällen Vergleichsversuche nach dem Butanonverfahren von F. Schwarz ausgeführt. Die nach beiden Verfahren erhaltenen Werte zeigten befriedigende Übereinstimmung. *Leichte Mineralöle.*

Die Bestimmung der Verteerungs- und Verkokungszahl von Turbinenölen nach Kissling machte infolge der Bildung erheblicher Mengen verharzter Stoffe, welche bei Abtrennung des unangegriffenen Öles störende Zwischenschichten veranlaßten, Schwierigkeiten. Diese sind inzwischen dadurch behoben worden, daß die die Zwischenschichten hervorrufenden Kokebestandteile vor Abscheidung der Teerstoffe mit Benzin entfernt wurden. *Teerzahl von Turbinenölen und Transformatorenölen.*

Von den nach den Lieferungsbedingungen der Vereinigung der Elektrizitätswerke auf Teerzahl geprüften Transformatorenölen genügten 4 der gestellten Anforderung (höchstzulässige Teerzahl 0,10).

Der Gehalt an in Alkoholäther unlöslichem Asphalt wird in der Praxis vielfach als Anhalt für etwaige Rückstandsbildung bei Heißdampfzylinderölen benutzt. *Asphaltgehalt in Dampfzylinderölen.*

In einem Gutachten wurde mitgeteilt, welche Durchschnittsmengen an alkoholätherunlöslichem Asphalt bei dunklen Dampfzylinderölen im allgemeinen und insbesondere bei Heißdampfzylinderölen im Amt beobachtet worden sind.

Eine zusammenfassende Äußerung wurde darüber abgegeben, wie oft nach den im Amt vorliegenden Erfahrungen Zusätze von fetten Ölen zu Heißdampfzylinderölen vorkommen, wie hoch die Fettzusätze sind und welches Fett verwendet wird. *Fettgehalt in Heißdampfölen.*

1 Rohozokerit wurde auf Gehalt an Reinwachs und eine helle wachsartige Masse daraufhin untersucht, ob sie aus Rohozokerit durch Raffination oder Destillation gewonnen sei. *Ozokerit.*

Mehrere Ceresinproben erwiesen sich als paraffinhaltig. In einem Falle war ein gerichtliches Obergutachten über Verfälschung eines Ceresins mit Paraffin abzugeben. *Ceresin.*

Um weitere zuverlässige Unterlagen für die Beurteilung der Reinheit von Ozokeriten und Ceresinen zu gewinnen, wurde auf Anregung des Amtes von einer größeren Zahl deutscher Ceresinfabriken beschlossen, durch einen Vertreter des Amtes Ozokeritproben an den Fundstellen in Galizien zu entnehmen und deren Eigenschaften, besonders in Rücksicht auf etwaigen Paraffingehalt der ursprünglichen Proben untersuchen zu lassen.

Sehr zahlreich waren im Berichtsjahr die Untersuchungen von Erzeugnissen der Asphaltindustrie. *Asphalt.*

Ein in Chloroform fast völlig lösliches Pech erwies sich als Rückstand der Erdölverarbeitung, in welchem fremde Teere und Peche nicht nachweisbar waren. Eine andere Probe wurde als ein etwa 37 % anorganische Stoffe und etwa 1 % Wasser enthaltender Naturasphalt erkannt.

Asphaltklebemassen.

Vier zu Isolierzwecken für Bauten dienende Asphaltklebemassen waren auf Zusammensetzung, zwei derselben außerdem auf Tropfpunkt zu prüfen. In allen Fällen war der Hauptbestandteil Steinkohlenteerrückstand, in geringer Menge war Naturasphalt zugegen. Der Gehalt an Naturasphaltbitumen neben Steinkohlenteerpech wurde nach dem im vorigen Jahresbericht mitgeteilten Sulfurierungsverfahren von J. Marcusson und H. Meister in einigen Fällen quantitativ bestimmt. Er ergab sich zu 10—11 %. Durch Untersuchung von zahlreichen Vergleichsmischungen wurde die Brauchbarkeit des Verfahrens erwiesen.

Gußasphalt.

Von fünf Gußasphalten enthielten drei ein aus Naturasphalt und Erdölrückständen bestehendes Bitumen, zwei wiesen erheblichen Gehalt an Teer auf.

Asphaltkitt.

Ein Asphaltkitt bestand zur Hälfte aus Mineralstoffen, im übrigen aus natürlichem Asphaltbitumen. Ein anderer Kitt war daraufhin zu prüfen, ob zur Herstellung neben Asphalt reines Leinöl oder ein Gemisch von Leinöl mit Mineralöl verwendet sei. Eine absichtliche Verfälschung mit Mineralöl war nicht nachweisbar.

Asphaltisolierplatten.

Von 9 Asphaltisolierplatten war eine mit einem Gemisch von Steinkohlenteerrückstand und untergeordneten Mengen Naturasphalt getränkt, 3 Platten enthielten ein Gemisch von Erdölrückständen mit Naturasphalt, in einer Platte war nur Erdölrückstand, in einer anderen nur Fettpech nachweisbar. In den übrigen drei Fällen konnte wahrscheinlich gemacht werden, daß zunächst eine schwache Tränkung der Papplagen mit Teer erfolgt war, und daß dann zwischen den Papplagen ein Gemisch von Naturasphalt und Erdölrückständen aufgetragen wurde.

Dachpappen.

Von zwei Dachpappen enthielt die eine Fettpech, die andere ein Gemisch von Erdöl- und Fettdestillationsrückständen. Der Nachweis der Erdölrückstände gelang mit Hilfe der im vorigen Berichtsjahre veröffentlichten Quecksilberbromidprobe.

Asphaltmehl.

Ein Asphaltmehl war auf Zusammensetzung, insbesondere daraufhin zu prüfen, ob künstlicher oder natürlicher Stampfasphalt vorlag. Der Befund ließ darauf schließen, daß es sich um ein dem Ragusa-Asphalt ähnliches Naturprodukt handelte.

Asphaltstein.

Ein Asphaltgestein zeigte hohen, etwa 26 % betragenden Bitumengehalt. Das Bitumen tropfte bei etwa 50 C⁰.

Teeröle für Beleuchtungszwecke.

Von 7 Teerölen für Beleuchtungszwecke entsprachen nur 2 den gestellten Bedingungen, die übrigen hatten ein zu hohes spezifisches Gewicht (über 1,02), z. T. waren sie wenig kältebeständig und bildeten nach vierwöchigem Lagern Bodensatz.

Formenöl.

Ein Formenöl (zum Bestreichen von eisernen Zementformen) wies unangenehmen teerölartigen Geruch auf und griff nach dem Ergebnis der Prüfung bei längerer Einwirkung gußeiserne Platten unter Bildung eines dünnen hellbraunen Überzugs an.

Korksteinplatten.

2 im Schlachtbetriebe in der Wandisolierung verwendete Korksteinplatten hatten angeblich dem Fleische einen unangenehmen Geruch erteilt. Die Untersuchung ergab in der Tat Gegenwart von Teerprodukten in den Platten.

Fette Öle.

Ein von fremden Zusätzen freies Rizinusöl enthielt geringe Mengen leicht entflammender unverseifbarer Stoffe, die anscheinend von flüchtigem Lösungsmittel herrührten, das bei der Extraktion des Öles aus den Samen benutzt worden war. In dem Nachweis solcher schon durch den Flammpunkt im Pensky-Martensschen Prober erkennbarer Stoffe dürfte sich vielfach die Möglichkeit der Unterscheidung von gepreßtem und extrahiertem Öl bieten.

Talg.

Eine Talgprobe gab deutlich die Baudouinsche Reaktion auf Sesamöl, konnte aber mit Rücksicht darauf, daß die Jodzahl nahe der unteren für Talg bekannten Grenze lag, nicht als verfälscht betrachtet werden; es war vielmehr zu berücksichtigen, daß das Eintreten der Reaktion im Fett eine Folge der Fütterung der Tiere mit Sesampreßkuchen sein konnte.

Ein Holzlager wurde auf Art und Menge des darin enthaltenen Fettes geprüft.

Die in einem gefärbten Baumwollgarn enthaltenen Fettstoffe waren daraufhin zu untersuchen, ob sie mit dem natürlichen Fett oder Wachs der Baumwolle gleichartig seien oder ob sie fremde Fette enthielten. Die Prüfung ergab Anwesenheit geringer Mengen wachsartiger Stoffe, die sich hinsichtlich Konsistenz, Schmelzpunkt und Jodzahl ähnlich verhielten, wie die hier vergleichsweise mit Äther aus reiner Baumwolle ausgezogenen Bestandteile. Fremde Fett- oder Wachsstoffe konnten somit nicht nachgewiesen werden.

Ein Glyzerin wurde auf Gerichtsbeschluß daraufhin untersucht, ob es als „Glyzerin Ia wasserhell 28 ^{0} Bé" zu bezeichnen sei. Die Probe war bräunlich gefärbt, hatte für Ia Glyzerin etwas zu hohen Aschengehalt und zu niedriges spezifisches Gewicht. Die Probe, welche zur Zeit der Prüfung schon über 1 Jahr in Bleiblechballons gelagert hatte, konnte aber ursprünglich hellere Farbe gehabt haben. Glyzerin dunkelt bei der Aufbewahrung unter Umständen nach. Im vorliegenden Falle hat zudem das Blei auf Glyzerin unmittelbar eingewirkt, denn der Bleibelag war, soweit das Glyzerin reichte, mit einer schwarzen Schicht von Schwefelblei überzogen, das offenbar durch Umsetzung schwefelhaltiger Begleitstoffe des Glyzerins mit dem Blei entstanden war.

2 mit Mennige angeriebene Firnisse waren frei von Verfälschungen, enthielten sehr große Mengen Blei-Mangansikkativ und trockneten bei Zimmerwärme nach 18 Stunden vollkommen ein.

Auf Antrag eines Gerichtes wurde ein Gutachten darüber abgegeben, welche Anforderungen an „Ia holländischen Leinölfirnis" zu stellen sind und ob die von anderen Gutachtern in der gleichen Streitsache angewandten Prüfungsverfahren die üblichen seien.

Ein Putztuch, das mit einem nach besonderen Fabrikationsverfahren hergestellten Firnis getränkt war, war durch Selbstentzündung in Brand geraten. Es war ein Gutachten abzugeben, ob der zur Tränkung benutzte Firnis im Vergleich zu einem anderen eingesandten Firnis feuergefährlicher sei. Die Feuergefährlichkeit solcher Öle beruht darauf, daß sie auf Gewebe fein zerteilt sich unter Erwärmung leicht oxydieren. Mit dem Mackeyschen Apparat wird diese Selbsterwärmung unter bestimmten Versuchsbedingungen gemessen. Die Versuche ergaben, daß der zum Vergleich eingesandte Firnis einen schnelleren Temperaturanstieg im Mackeyschen Apparat zeigte als der beanstandete.

Von 17 Lacken enthielten 9 als Verdünnungsmittel reines amerikanisches Terpentinöl; die übrigen waren mit Benzin versetzt, und zwar enthielten 5 sehr geringe Mengen, die übrigen 6—14 % Benzin.

Ein Lack bestand zu 55% aus Schwerbenzin, im übrigen aus einem stark oxydierten polymerisierten trocknenden Öl, sowie Blei-Kalksikkativen.

2 Terpentinöle enthielten etwa 5% Benzin; der Nachweis erfolgte mit Hilfe des Salpetersäureverfahrens.

Ein Terpentinersatz bestand zu 90% aus Schwerbenzin und zu 10% aus einem kienölartigen Produkt.

Das Verdünnungsmittel eines Schuhcrêmes war nicht, wie behauptet war, reines Terpentinöl, enthielt vielmehr beträchtliche Mengen (etwa 30%) Benzin- und Benzolkohlenwasserstoffe.

Auf Gerichtsantrag wurde ein Küchenmöbel daraufhin geprüft, ob es mit Leimfarbe grundiert und mit Emaillelack überstrichen war. Gegenwart von Leimfarbe war nicht nachweisbar, hingegen wurde Emaillelack festgestellt.

In einer Streitsache war die Ursache des Reißens eines Fußbodenanstriches festzustellen. Nach dem Prüfungsbefund lag die Annahme nahe, daß der hohe Harzgehalt des verwendeten Anstriches die Ursache der beobachteten Mißstände war.

Eine zum Streichen von Innenräumen verwendete graue Farbe war auf Gegenwart gesundheitsschädlicher Stoffe zu prüfen. Der Anstrich enthielt als Farbträger Lithopone, Ton, Eisenoxyd und geringe Mengen Ruß; die öligen Bestandteile wurden als Leinölfirnis und ein behufs Verdünnung hinzugesetztes Gemisch von Benzin- und Benzolkohlenwasserstoffen gekennzeichnet. Bei dieser Zusammensetzung bestand gegen die Verwendung des Anstrichmittels in gesundheitlicher Beziehung kein Bedenken, wenn während des Streichens Wert auf fortgesetzte gute Lüftung der zu streichenden Räume gelegt wurde. In diesem Falle war auch durch die in geringer Menge nachgewiesenen Benzolkohlenwasserstoffe eine Gefährdung der Arbeiter während des Streichens nicht zu befürchten.

In dem Firnis einer auf Mauerputz gestrichenen Farbe waren Verfälschungen wie Mineralöl, Harzöl, Teeröl und Fichtenharz nicht nachweisbar.

Fensterkitt.

Ein Fensterkitt war abgebröckelt und daher beanstandet worden. Untersuchung ergab, daß zur Herstellung kein reiner Leinölfirnis verwendet worden war, daß vielmehr erhebliche Mengen unverseifbarer nicht trocknender Öle zugegen waren.

Kesselspeisewasser. Eisenbahnschmieröle.

Das Kondensat eines Kesselspeisewassers wurde auf Ölgehalt geprüft.

Von dem auf Seite 4 und 5 des Jahresberichtes 1910 erwähnten Erlaß, nach welchem die Untersuchung der Verdingungs- und Lieferungsproben von Schmierölen, soweit sie nicht durch eigene Beamte oder Laboratorien der Eisenbahnverwaltungen erfolgt, der Abteilung für Ölprüfung übertragen werden, ist im Etatsjahr 1911 in 20 Fällen Gebrauch gemacht worden. Geprüft wurden 6 Sommeröle, 2 Winteröle, 7 Stellwerksöle, 1 Lokomotivzylinderöl, 21 Naßdampfzylinderöle und 3 Heißdampfzylinderöle. Diese Öle sind in obiger Zusammenstellung bereits enthalten.

Abgabe von Prüfmarken.

Im Einverständnis mit den beteiligten Behörden ist die Abgabe beglaubigter Muster von hier geprüften Ölen, welche bei Ausschreibungen als Belegproben eingereicht werden sollen, im Berichtsjahr in der Weise erfolgt, daß die Proben außer mit dem Siegel des Amtes auch mit einer Prüfmarke versehen wurden, auf welcher die Hauptergebnisse der Prüfung vermerkt waren. Insgesamt wurden 94 Prüfmarken ausgefertigt.

Über die im letzten Berichtsjahre ausgeführten wissenschaftlichen Untersuchungen ist folgendes zu berichten:

Kolonialerzeugnis.

Das Öl der in Kamerun wachsenden Liane Plucenetia conophora wurde näher untersucht. Im Einklang mit Literaturangaben wurde u. a. festgestellt, daß dieses Öl ein ebenso gutes Eintrocknungsvermögen wie Leinöl besitzt. Es wird daher, sofern sich der Anbau der Plucenetia in größerem Maßstabe durchführen läßt und die Erfahrungen der Praxis die Laboratoriumsversuche bestätigen, als Firnisöl für die Lack- und Farbenindustrie von Bedeutung werden können.

Vorschläge für die Begriffsbestimmung des Bitumens sind dem Deutschen und Internationalen Verbande für die Materialprüfungen der Technik unterbreitet worden.

Die Frage der Brauchbarkeit des Penkyschen Flammpunktsprobers zwischen 50 und 70° wurde in Rücksicht darauf geprüft, daß die Prüfung so hoch entflammender Öle im Abel-Apparat, der nur durch Wasserbad erhitzt wird, zu lange Zeit beansprucht. Es hat sich gezeigt, daß der Penskysche Prober, der im allgemeinen nur für höher entflammbare Öle vorgesehen ist, auch schon von 50° an benutzt werden kann, so daß unmittelbarer Anschluß an den Abel-Apparat gegeben ist.

Ein Verfahren zur Asphaltbestimmung in Zylinder- und Wagenölen wurde ausgearbeitet, welches darauf beruht, daß wasserhaltiges Methyläthylketon (Butanon) in der Siedehitze die Ölbestandteile zu lösen vermag, während asphaltartige Stoffe zurückbleiben. Nach dem Verfahren wird der spröde, auf siedendem Wasserbad nicht schmelzende Asphalt bestimmt, man erhält in der Regel höhere Werte als mit Normalbenzin, aber niedrigere Zahlen als mit Alkoholäther (vergl. F. Schwarz, Chem. Zeitg. 1911, Nr. 153). Ausbildung von
Prüfverfahren.

Butanon mit geringem Wassergehalt ist auch zur Paraffinbestimmung benutzt worden und hat sich bei leichtflüssigen Mineralöldestillaten bewährt. Das Verfahren bietet den Vorteil, daß durch einmalige Füllung (Abkühlung der Butanonöllösung in Viehsalz-Eismischung und Filtration des Niederschlages bei — 15 C⁰) das gesamte Paraffin abgeschieden wird. Auch zur Unterscheidung von Ceresin und Paraffin ist Butanon als Ersatz für ein Gemisch von Alkoholäther und Schwefelkohlenstoff herangezogen worden.

Ein in der Abteilung ausgearbeitetes Verfahren zur Unterscheidung von Erdöldestillationsrückständen und Raffinationsabfällen (Säureharzen), welch letztere mitunter als Klebemassen usw. verwendet werden, beruht auf der Abscheidung und Kennzeichnung von Sulfosäuren aus den Säureharzen (vergl. F. Schwarz, Chem. Revue 1912, Nr. 9).

Das Azetonverfahren zur Bestimmung von Kalkseife in konsistenten Fetten wurde vervollkommnet und auch für die Untersuchung von Lacken und Firnissen verwertet.

Die Einwände, welche gegen das hier ausgearbeitete Salpetersäureverfahren zur Bestimmung von Benzin in Terpentinöl erhoben sind, sind widerlegt worden, gleichzeitig ist das Verfahren auch für die Bestimmung von Benzolkohlenwasserstoffen in Terpentinölgemischen brauchbar gestaltet worden.

Die im vorigen Berichtsjahr ausgeführten Untersuchungen über den chemischen Aufbau der Mineralmaschinenöle hatten ergeben, daß die mit Formaldehyd und Schwefelsäure reagierenden zyklischen ungesättigten Kohlenwasserstoffe geringere Zähflüssigkeit haben als die nicht in Reaktion tretenden aus Olefinen, Paraffinen, Naphthenen und kondensierten Naphthenen bestehenden Anteile. Bei Fortsetzung dieser Arbeiten ist ermittelt worden, daß als Hauptträger der Zähflüssigkeit von Mineralschmierölen die kondensierten Naphthene angesehen werden müssen.

Durch physikalisch-chemische und mechanische Prüfung von Gußasphalten sind die Beziehungen festgestellt worden, welche zwischen Zusammensetzung und Widerstandsfähigkeit gegen äußere Einflüsse bestehen. Von den Proben hatten sich einige im Betriebe gut, andere nicht bewährt. Das Untersuchungsergebnis stand im Einklang mit den praktischen Erfahrungen.

Neue Unterschiede sind zwischen Naturasphalt und Erdölrückständen aufgefunden worden. Bei unmittelbarer Verseifung konnten aus Naturasphalten bis zu 12,5 % Asphaltsäuren erhalten werden. Erdölrückstände ergaben dagegen im Höchstfalle nur 3,5 % ähnlicher Bestandteile.

Im Anschluß an frühere Untersuchungen über Wollfettoleine wurden die salbenartigen und festen Destillate des Wollfetts (Wollfettstearin) eingehend geprüft, insbesondere die Gesichtspunkte festgestellt, welche zur Unterscheidung der in diesen Materialien enthaltenen natürlichen unverseifbaren Stoffe von Mineralöl in Betracht kommen.

Auf Grund der vorgenommenen Untersuchungen ist ein umfassendes Gutachten über die zolltechnische Behandlung von Wollfettdestillaten auf Ersuchen des Herrn Finanzministers abgegeben.

Zwecks Unterscheidung des Bernsteins von seinen Ersatzmitteln sind namentlich die bisher wenig bekannten gehärteten Kopale näher untersucht worden.

Die zuweilen zu Betriebsstörungen führende Bildung von Ölrückständen in den Zylindern von Dampf- und Kraftmaschinen wird meistens auf mangelhafte Beschaffenheit des Schmieröls zurückgeführt. Durch Untersuchung einer Reihe solcher Rückstände und der zugehörigen Öle wurde festgestellt, daß in den meisten Fällen nicht das Öl, sondern Verunreinigungen mineralischer Natur, die während des Betriebes in das Öl und in den Zylinder· gelangten, die Schuld trugen. Zuweilen ist auch eine unzweckmäßige Behandlung oder ungenügende Wartung der Maschine die Ursache der Rückstandsbildung.

Im Anschluß an die früher ausgeführten Versuche über die Veränderlichkeit des Asphaltgehaltes dunkler Mineralöle bei der Einwirkung von Radiumstrahlen wurden die Versuche auf ultraviolette Strahlen ausgedehnt. Bei der Bestrahlung wurde ein allmähliches Anwachsen des in Normalbenzin unlöslichen und eine langsame Abnahme des in Alkoholäther (1 : 2) unlöslichen Asphalts festgestellt. Die Veränderungen waren jedoch nicht größer als die im zerstreuten Tageslicht beobachteten.

Als Volontäre sind in der Abteilung 6 ausgebildet worden die Herren: Chemiker Max Saure aus Cassel, Ingenieur Reinhard Wollschläger aus Berlin und Hüttenchemiker A. Fick, Augsburg.

Der Direktor des Königlichen Materialprüfungsamtes.

A. Martens.

Tabelle a₁.

Antragsteller mit 1 und mehr Anträgen im Jahr.

Antragsteller hat das Amt in Anspruch genommen	Abteilungen						Summe
	1	2	3	4	5	6	
1 mal	284	678	758	95	317	235	2367
2 „	52	113	128	8	37	44	382
3 „	11	36	46	4	17	13	127
4 „	10	22	15	—	5	8	60
5 „	4	7	9	—	3	4	27
6 „	3	3	4	—	4	2	16
7 „	1	3	2	—	3	3	12
8 „	2	—	5	—	2	1	10
9 „	—	2	2	—	1	—	5
10 „	—	1	—	—	—	—	1
11 „	—	2	—	—	—	1	3
12 „	—	1	—	—	—	—	1
13 „	1	—	—	—	—	—	1
14 „	1	—	—	—	—	1	2
15 „	—	—	1	—	—	1	2
16 „	—	—	1	—	—	—	1
17 „	—	—	—	—	—	—	—
18 „	—	1	—	—	—	—	1
19 „	—	1	—	—	—	—	1
20 „	—	—	—	—	—	1	1
mehr als 20 „	—	2	2	—	2	—	6
in Summe	369	872	973	107	391	314	3026
davon neu	219	528	281	80	231	156	—
mit Anträgen	295	649	331	89	262	181	—

Tabelle a₂.

Zahl der Anträge und Anteil bezogen auf $\Sigma = 100$.

Abteilungen	1 Behörde	1 Privat	2 Behörde	2 Privat	3 Behörde	3 Privat	4 Behörde	4 Privat	5 Behörde	5 Privat	6 Behörde	6 Privat	1—6 Behörde	1—6 Privat
Anträge in Σ	540		872		1431		123		594		515		4075	
							Verhältnisse bezogen auf $\Sigma = 100$							
Preußen ohne Berlin	6,3	35,8	16,9	56,0	39,9	21,7	15,5	39,9	15,3	38,4	11,5	38,6	22,6	36,2
Berlin	4,2	31,1	2,2	11,2	6,1	10,9	5,7	13,0	1,9	17,6	2,1	17,8	3,9	15,5
Bayern	0,4	2,9	0,1	0,6	0,2	1,2	—	6,5	0,7	5,0	—	1,0	0,2	2,0
Sachsen	0,4	3,2	1,0	3,0	0,6	3,6	—	3,3	0,3	4,5	0,4	4,3	0,6	3,6
Baden	0,2	2,2	—	0,2	0,4	0,9	0,8	1,6	0,2	—	—	0,9	0,2	0,8
Württemberg	—	0,4	—	—	0,2	0,9	—	—	—	1,2	—	0,8	0,1	0,6
Mecklenburg	—	0,4	—	—	0,1	0,2	—	1,6	—	0,3	—	—	0,1	0,2
Reichslande	0,2	1,3	0,2	0,7	0,9	0,5	1,6	—	0,2	0,5	—	0,6	0,5	0,6
Reichsstädte	0,2	4,1	0,6	2,8	3,0	1,3	0,8	0,8	—	2,2	0,8	12,2	1,3	3,5
Oldenburg	—	—	—	—	0,1	—	—	—	—	0,2	—	0,4	0,1	0,1
Braunschweig	0,2	—	—	—	0,1	0,3	—	0,8	—	0,5	—	0,4	0,1	0,2
Hessen	0,2	0,2	—	—	0,4	0,2	—	—	0,3	0,3	0,2	0,2	0,2	0,2
Anhalt	—	—	—	—	—	0,6	—	—	—	0,5	—	—	—	0,3
Sonstige deutsche Staaten	—	0,4	—	2,0	1,7	1,0	—	0,8	—	1,0	—	1,2	0,6	1,1
Inland	12,3	82,0	21,0	76,5	53,7	43,3	24,4	68,3	18,9	72,2	15,0	78,4	30,5	64,9
Amerika	—	—	—	—	—	—	—	1,6	—	0,2	—	0,2	—	0,1
Australien	—	—	—	—	—	0,1	—	1,6	—	—	—	—	—	0,02
Belgien	—	1,3	—	0,6	—	—	—	—	—	—	—	1,1	—	0,4
Chile	—	—	—	—	0,1	0,1	—	—	—	—	—	0,2	0,02	0,05
China	—	—	—	0,1	—	—	—	—	—	—	—	—	—	0,02
Dänemark	—	—	—	—	—	0,1	—	—	—	—	—	—	—	0,05
England	—	—	—	0,2	—	0,1	—	—	—	—	—	—	—	0,07
Frankreich	—	—	—	0,1	—	0,3	—	0,8	—	0,2	—	—	—	0,2
Holland	—	0,3	—	0,1	—	0,1	—	—	—	0,3	—	—	—	0,2
Italien	—	—	—	—	—	—	—	—	—	0,3	—	0,4	—	0,1
Luxemburg	—	0,9	—	—	—	—	—	0,8	—	—	—	—	—	0,1
Norwegen	—	—	—	—	—	0,1	—	—	1,0	0,2	—	—	0,1	0,02
Österreich-Ungarn	—	1,3	—	0,9	—	0,7	—	2,5	—	2,8	—	2,9	—	1,5
Rumänien	—	0,4	—	—	—	—	—	—	0,2	—	—	0,4	0,02	0,1
Rußland	0,2	0,7	—	0,1	—	0,3	—	1,6	—	1,7	—	0,8	0,02	0,6
Schweden	—	0,2	0,1	0,2	0,1	0,7	—	—	—	0,9	—	—	0,1	0,5
Schweiz	—	0,4	—	—	0,1	0,1	—	—	—	—	—	0,2	0,02	0,1
Serbien	—	—	—	—	—	—	—	—	—	0,2	—	—	—	0,02
Spanien	—	—	—	—	—	—	—	—	—	0,2	—	0,2	—	0,05
Türkei	—	—	0,1	—	—	—	—	—	—	0,7	—	0,2	0,02	0,1
Ausland	0,2	5,5	0,2	2,3	0,3	2,7	—	7,3	1,2	7,7	—	6,6	0,3	4,3

Tabelle b.

Übersicht über die literarischen Arbeiten der Beamten im Etatsjahre 1911.

(Anschluß an das vollständige Inhaltsverzeichnis der Jahrgänge 1883 bis 1902 der Mitteilungen, wie es in Tab. 6 der Denkschrift: „Das Königliche Materialprüfungsamt der Technischen Hochschule Berlin zu Berlin-Lichterfelde West" enthalten ist, und an den vorjährigen Jahresbericht.)

Die Arbeiten sind tunlichst in solcher Folge aufgeführt, daß die gleichen Gegenstände hintereinander stehen. Der Inhalt der Arbeiten ist in Spalte d kurz angegeben; die Stichworte sind gesperrt gedruckt. Von den Arbeiten in fremden Blättern sind in den Spalte a—c die Quellen, von den Druckwerken in Spalte d die Verleger genannt.

Lfde. Nr.	Jahrgang Ergänzungsheft	Seite Tafel	Autor Abteilung	Überschrift und kurzer Inhalt
	a	b	c	d
1	11	249	Martens A	**Zuverlässigkeitsgrad von Festigkeitsversuchen.** Erörterungen über Fehlerquellen und Fehlergrößen bei Festigkeitsversuchen. Ableitung des Begriffes „Zuverlässigkeitsgrad". Bedenken gegen die von anderer Seite vorgeschlagene Prüfung von Beton an eisenbewehrten Biegebalken auf der Baustelle. Vergleichende Gegenüberstellung der Ergebnisse von Zug- und Druckversuchen mit Zement in 7 verschiedenen deutschen Prüfämtern. Ermittelung des Zuverlässigkeitsgrades von Prüfungen von künstlichen und natürlichen Bausteinen, Bindemitteln, Textilstoffen, Seilen und Metallen mit Hilfe eines abgekürzten Verfahrens und an Hand des im K. M.-A. gesammelten statistischen Materials.
2	Sitzungsberichte der Kgl. Preuß. Akademie der Wissenschaften L III 11	1132	Martens A	**Messung großer Kräfte im Materialprüfungswesen.** Hinweise auf die bisher vorwiegend benutzte Art der Messung großer Kräfte mit Hilfe von Spiegelapparaten und Kontrollstäben. Neue Vorschläge und Apparate hierfür. Kraftmesser nach Wazau und Amsler-Laffon, Kraftmesser Martens für die neu im K. M.-A. aufzustellende 3000 t-Maschine. Anwendung solcher Kraftmesser für Winddruckmessung an Schornsteinen.
3	11	185	Memmler A und Schob A	**Beiträge zur Frage der mechanischen Prüfung von Weichgummi.** II. Über den allgemeinen Charakter der mechanischen Weichgummiprüfung und über einige Eigentümlichkeiten der ringförmigen Probe. Allgemeine Erörterung über den zweckmäßigsten Charakter der Weichgummiprüfung. Versuche mit feststehenden und über die Einspannrollen wandernden Ringen, über die Beeinflussung der Festigkeitsergebnisse durch Herausstanzen von ringförmigen Probekörpern, über den Einfluß der Abmessungen des Proberinges.
4	The Rubber Industry J. Torrey u. A. Staines Manders London 1911 —	—	Memmler A	**Mechanische Gummiprüfungen.** Vortrag gehalten auf dem Internationalen Kautschukkongreß in London 1911.
5	Zeitschrift: Kunststoffe 11	381	Memmler A	**Mechanische Kautschukprüfungen und neuere Prüfeinrichtungen für diesen Zweck.** Zusammenstellung der im K. M.-A. neuerdings aufgestellten Prüfeinrichtungen und der erzielten Ergebnisse bei der Ausprobung dieser Apparate.
6	„Technische Rundschau" d. Berliner Tageblattes 1911 Nr. 48 und Gummizeitung 1911 Heft 15 —	—	Memmler A	**Kautschuk und seine technische Prüfung.** Kurzgehaltene populäre Darstellung der einschlägigen Prüfverfahren und -Einrichtungen im K. M.-A.
7	Verhandlungen des Vereins zur Beförderung des Gewerbefleißes 12	Heft 5	Memmler A	**Mechanische Prüfungsverfahren für Weichgummi.** Vortrag gehalten in der Sitzung des Vereins am 4. März 1912.

Lfde. Nr.	Jahrgang Ergänzungsheft	Seite Tafel	Autor Abteilung	Überschrift und kurzer Inhalt
	a	b	c	d
8	Verhandlungen des Vereins zur Beförderung des Gewerbefleißes 11	Beiheft S. 1—82	Rudeloff 1	III. Bericht über Versuche mit Nietverbindungen und Brückenteilen. 1. Zugversuche mit Nietverbindungen zur Ermittelung des Einflusses des Nietverfahrens (von Hand, mittels Lufthammer oder Kniehebelpresse) auf den Gleitwiderstand und die Bruchfestigkeit der Verbindung; 2. Versuche über den Gleitwiderstand bei Anschlüssen mit größeren Nietbildern verschiedener Anordnung; 3. Versuche über den Einfluß der Querschnittsschwächung auf die Zugfestigkeit von Flacheisen und Winkeln und · 4. Versuche über das Abbiegen von Winkelschenkeln.
9	Deutscher Ausschuß für Eisenbeton 12	Heft 17	Rudeloff 1	Versuche mit Stampfbeton. Teil II. Prüfung von Kies- und Steinschlagbeton aus Isarsand und Rheinsand ungewaschen, gewaschen und entfeint in verschiedenen Mischungsverhältnissen und mit zwei verschiedenen Wasserzusätzen auf Druck-, Biege-, Zug-, Dreh- und Scherfestigkeit unter Ermittelung der elastischen Eigenschaften.
10	„Beton und Eisen“ 11	Heft 5 S. 97	Rudeloff 1	Versuche mit Betonsäulen. Vortrag gehalten auf der XIV. Hauptversammlung des Deutschen Beton-Vereins am 14. Februar 1911.
11	Beton und Eisen 11	Heft 11 S. 241	Rudeloff 1	Versuche mit Betonsäulen. Besprechung des vorstehenden Vortrages. Auseinandersetzungen mit Herrn von Thullie über den Bruchverlauf bei Druckversuchen mit Eisenbetonsäulen.
12	„Armierter Beton“ 12	Heft 3 u. 4	Rudeloff 1 Panzerbieter 1	Beobachtungen beim Ausrüsten einer Eisenbetonbogenbrücke mit drei Gelenken. Die Mittellinie der Brücke bildet mit der überbrückten Kanalachse den Winkel von 54 ° 39′ 18″. Die Spannweite beträgt 48 m. Die Gelenke sind aus Stahlguß gefertigt und zur Sicherung gegen seitliches Abgleiten in der Wälzfläche mit Nasen versehen. Untersucht sind die Gelenke auf Druckfestigkeit unter Beobachtung des Gleitens der beiden Gelenkteile gegeneinander und der Schubbewegungen der Nase. Die Prüfung der Brücke beim Ausrüsten erstreckte sich auf die Ermittelung der Formänderungen.
13	Zeitschrift des Vereines deutscher Ingenieure 12	Heft 28	Stock 1	Untersuchungen des Vereins deutscher Brücken- u. Eisenbaufabriken mit Eisenkonstruktionen für den Brückenbau. Auszugsweise Wiedergabe der Versuchsergebnisse aus den bisher vorliegenden drei Berichten über Versuche mit Nietverbindungen und Brückenteilen.
14	Zeitschrift für Dampfkessel und Maschinenbetrieb 12	—	Stock 1	Untersuchung von zwei im Betriebe gebrochenen gußeisernen Ventilgehäusen. Durch Zugversuche bei Zimmerwärme und bei höheren Wärmegraden sowie durch Biegeversuche wird festgestellt, daß die Entstehung der Brüche auf ungeeignetes Material zurückzuführen ist.
15	Internationaler Verband für die Materialprüfungen der Technik VI. Kongreß zu New York 12	—	Burchartz 2 Stock 1	Die Prüfverfahren für Straßenbaustoffe in Deutschland. Zusammenstellung und Beschreibung der in Deutschland bekannten und gebräuchlichen Verfahren für die technische Prüfung dieser Stoffe.
16	Zeitschrift für Architektur und Ingenieurwesen 12	—	Stock 1	Fortlaufende Literaturauszüge aus dem Gebiete der Materialienlehre.
17	Tables Annuelles de Constantes et Données Numériques de Chimie, de Physik et de Technologie, Comité international de Publication, Paris 1911 10	—	Fiek 1	Ständige Bearbeitung des Kapitels „Ingenieurwesen“.

Lfde. Nr.	Jahrgang Ergänzungsheft	Seite Tafel	Autor Abteilung	Überschrift und kurzer Inhalt
	a	b	c	d
18	11	Annalen der Physik —	Sieglerschmidt 1	**Elastizitätsmodul und Wärmeausdehnung der Metalle.** Aufstellung empirischer Gleichungen, die den gesetzmäßigen Zusammenhang zwischen den elastischen und thermischen Arbeitsgrößen näherungsweise zum Ausdruck bringen sollen.
19	11	496	Gary 2	**Betonfestigkeit.** Ergänzende Bemerkungen zu der Schrift: „Die Verwertung der Abfälle aus den Kalksteinbrüchen der Kgl. Berginspektion Rüdersdorf in Kalkberge."
20	11 Ergänzungsheft I	—	Siegmann und Gary 2	**Die Verwertung der Abfälle aus den Kalksteinbrüchen der Kgl. Berginspektion Rüdersdorf in Kalkberge.** Schilderung des Betriebes der Kalksteinschottergewinnung und Beschreibung der im Amt mit Kalksteinschotter ausgeführten Versuche. Besprechung der Versuchsergebnisse und Schlußfolgerungen.
21	11	130	Burchartz 2	**Die Eigenschaften von Portlandzementen und anderen Zementen.** Zusammenstellung der Ergebnisse der im Betriebsjahre 1909 ausgeführten Zementprüfungen und kritische Besprechung derselben.
22	11	164	Burchartz 2	**Einfluß der Lagerdauer von angemachtem Zementmörtel auf dessen Erhärtungsfähigkeit.** Versuche mit gelagertem Zementmörtel bestätigen die Ergebnisse früherer gleichartiger Versuche, nach denen die Festigkeit gelagerten Mörtels mit der Dauer der Lagerung abnimmt. Kurze Lagerdauer ist ohne wesentlichen Einfluß auf die Erhärtungsfähigkeit.
23	11	115	Herzberg 3	**Selbstentzündung von fettigem Altpapier.** Ein Waggon Altpapier war während der Fahrt in Brand geraten; es wurde behauptet, daß Selbstentzündung fettiger Papiere vorliege. In dem geretteten Material konnte jedoch kein Fett nachgewiesen werden.
24	11	169	Herzberg 3	**Dauerversuche mit Papieren von verschiedener Stoffzusammensetzung.** Mitteilungen über die Weiterführung der Dauerversuche. Die Versuche zeigen, daß Zeiträume von 12 und 15 Jahren zu kurz sind, um über die Frage der Ausdauerfähigkeit von Papieren der Stoffklassen I bis III zu endgültigen Schlüssen zu kommen. Die Prüfungen sollen daher von jetzt ab in größeren Zwischenräumen wiederholt werden.
25	11	212	Herzberg 3	**Normalpapiere 1910.** Im Jahre 1910 wurden 1109 Normalpapiere im Auftrage von Behörden geprüft. 92,7 $\%$ erfüllten die vorgeschriebenen Bedingungen, 7,3 $\%$ nicht (im Vorjahre 92,5 $\%$ und 7,5 $\%$). Verstöße bei den Wasserzeichenpapieren meist mild. 1073 Normalpapiere hatten Wasserzeichen. Die durch das Wasserzeichen gewährleisteten Eigenschaften waren bei 93,2 $\%$ vorhanden, bei 6,8 $\%$ nicht (Vorjahr 94,0 $\%$ und 6,0 $\%$). Verstöße einzeln aufgeführt.
26	11	247	Herzberg 3	**Pergamentpapier.** Ergebnisse der Prüfung von 43 Pergamentpapieren auf Festigkeit und Dehnung. Die Werte der Reißlänge schwanken zwischen rund 1000 bis rund 6000 m, die Dehnungen von rund 2 bis rund 13 $\%$.
27	11	461	Herzberg 3	**Hand- und maschinengeschöpfte Papiere.** Das Amt hat eine Anzahl Rauhrandpapiere untersucht, die teils nach dem alten Handverfahren aus der Bütte geschöpft, teils auf Schöpfmaschinen hergestellt waren. Es sollten Unterscheidungsmerkmale zwischen beiden Sorten festgestellt werden. Die Versuche ergaben, daß eine zweifelsfreie Untersuchung nicht möglich ist.
28	11	464	Herzberg 3	**Zollschwierigkeiten.** Schilderung der Schwierigkeiten, die den Fabrikanten von Pergamin- und Pergamentersatz beim Verschicken ihrer Ware ins Ausland durch falsche Verzollung erwachsen.

Lfde. Nr.	Jahrgang Ergänzungsheft	Seite Tafel	Autor Abteilung	Überschrift und kurzer Inhalt
	a	b	c	d
29	11	53	Bartsch 3	**Der Einfluß höherer Wärmegrade auf die Leimfestigkeit von Papier.** Erhitzt man Papier, so wird die Leimfestigkeit fast durchweg erhöht. Die Erhöhung ist um so größer, je höher das Papier erhitzt wird. Diese Zunahme ist indessen keine bleibende, läßt man nämlich die Papiere bei 65 % Luftfeuchtigkeit ausliegen, so geht die Leimfestigkeit allmählich bis unter die ursprüngliche zurück. Damit ist der schädliche Einfluß der Erwärmung auf die Leimfestigkeit erwiesen.
30	11 Ergänzungsheft II	5	Herzberg 3	**Festigkeitseigenschaften der Normalpapiere 4a und 8b.** In der Fachpresse ist die Behauptung aufgestellt worden, daß die für Normalpapier 4a und 8b vorgeschriebenen Dehnungswerte und Falzzahlen nur schwer zu erreichen sind. Die Erfahrungen des Amtes zeigen, daß das Gegenteil der Fall ist. Mitteilung der Ergebnisse der Prüfung der genannten Papiersorten im Jahre 1910. Die Mittelwerte für Reißlänge, Dehnung und Falzzahl aus allen Prüfungen sind durchweg erheblich höher als die geforderten Werte.
31	11 Ergänzungsheft II	1	Herzberg 3	**Die Materialprüfung im Dienst der Justiz.** Den Ausgangspunkt für die Verfolgung von Vergehen bilden vielfach Schlußfolgerungen aus dem Publikum oder in der Presse, die auf Grund von Beobachtungen verschiedenster Art gezogen werden. Nicht immer wird hierbei mit derjenigen Vorsicht und Gewissenhaftigkeit zu Werke gegangen, die man eigentlich in Anbetracht der Tragweite, die solche Schlüsse oft haben können, ohne weiteres erwarten sollte. Beispiele hierfür. Nachprüfung von Schlußfolgerungen durch das Materialprüfungsamt und Richtigstellung. Zahlreiche Abbildungen.
32	11 Ergänzungsheft II	12	Dalén 3	**Halbstoffprüfung. Beurteilung der Festigkeitseigenschaften von Halbstoffen.** Beziehungen der Festigkeitseigenschaften zwischen den im Amt hergestellten Papieren und den in den Fabriken erzeugten. Durch die Arbeit sollte festgestellt werden, inwieweit mit Hilfe der Papiermacheranlage des Amtes Gutachten über die Festigkeitseigenschaften von Papierhalbstoffen abgegeben werden können. Die Versuche haben ergeben, daß die im Amt gewonnenen Ergebnisse mit denen der Praxis gut übereinstimmen.
33	11 Ergänzungsheft II	29	Herzberg 3	**Neues auf dem Gebiete der Papierprüfung im Jahre 1910.** Besprechung der wichtigeren Arbeiten, die sich im Jahre 1910 mit der Papierprüfung befaßt haben.
34	11 Ergänzungsheft II	23	Herzberg 3	**Ist das Kollmannsche Verfahren zur Bestimmung der Leimfestigkeit von Papier brauchbar.** K. schlägt vor, die Leimfestigkeit von Papier nicht mit Tinte, sondern nach dem Widerstand zu bestimmen, den es dem Eindringen von Natronlauge entgegensetzt. Vergleichsversuche wurden mit mehr als 200 Papieren ausgeführt und zeigten, daß das vorgeschlagene Verfahren nicht brauchbar ist. Zahlreiche Papiere, die sich beim Behandeln mit Tinten als sehr leimfest erwiesen, hätten nach Kollmann als leimschwach und teilweise sogar als sehr leimschwach beurteilt werden müssen. Der vorgeschlagene Weg ist somit nicht gangbar.
35	11 Ergänzungsheft II	9	Dalén 3	**Ein neuer Festigkeitsprüfer für Papier.** Beschreibung und Ergebnisse der Prüfung des Schopperschen „Schnell-Papierprüfers“
36	11	61	Bartsch 3	**Vorbereitung von Pergamentpapier für die mikroskopische Untersuchung.** Während bei Pergamentpapieren das für die mikroskopische Untersuchung benötigte Fasermaterial bisher durch Abkratzen der Fasern von dem Papier gewonnen wurde, läßt sich nach einem neuen Verfahren Pergamentpapier bei Behandlung mit konzentrierter Schwefelsäure in ähnlicher Weise, wie gewöhnliches Papier beim Kochen mit Natronlauge, in einen Faserbrei verwandeln.

Lfde. Nr.	Jahrgang Ergänzungs-heft	Seite Tafel	Autor Abteilung	Überschrift und kurzer Inhalt
	a	b	c	d
37	11	344	Heermann 3	**Der Einfluß der Beiz-, Beschwerungs- und Färbevorgänge auf die Volumenvermehrung der Fibroinfaser.** Durch die verschiedensten Vorgänge der Faserveredelung finden einerseits Zusammenziehungen, andererseits Volumenvermehrungen statt. In der vorliegenden Arbeit wird die Volumenvermehrung ermittelt, die durch mehr als 40 verschiedene technische Veredelungsvorgänge verursacht wird.
38	Chemikerzeitung 11 Nr. 90		Heermann 3	**Zur Theorie der Seidenbeschwerung.** Verfasser wendet sich gegen Sisleys Ausführungen, der die experimentell ermittelten Grundlagen der Seidenbeschwerungs-Theorie unbeachtet läßt und deshalb bei seinen Ausführungen zu falschen Schlußfolgerungen gelangen muß.
39	Lehnes Färber-Zeitung 11 85		Heermann 3	**Zur Frage einheitlicher Lichtechtheitsprüfung.** Verfasser stellt allgemeine Grundsätze bei der Prüfung auf Lichtechtheit auf und verlangt, daß hierüber in Interessentenkreisen Einigkeit erzielt wird, damit die mißlichen Zustände, wie sie heute immer noch herrschen, beseitigt werden.
40	Zeitschrift für Farben-Industrie u. div. 11 —		Heermann 3	**Fortlaufende Berichte, Kritiken, Rezensionen usw.** über Neuerscheinungen **auf** dem Patent- und Literaturgebiet der Textilindustrie.
41	Leipziger Monatsschrift für Textilindustrie 11 Nr. 4		Herzog 3	**Herstellung und Aufbewahrung von Kupferoxyd-Ammoniaklösung.** Für die Herstellung dieser bei mikroskopischen Faseruntersuchungen eine wichtige Rolle spielenden Lösung sind in der Fachliteratur umständliche Verfahren angegeben. Es wird auf ein Verfahren aufmerksam gemacht, das schnelle und bequeme Herstellung gestattet, und weiterhin angegeben, daß die Haltbarkeit der leicht zersetzlichen Lösung durch Überlagerung einer Schutzschicht verdoppelt werden kann.
42	11	—	Herzog 3	**Verlag von J. Dreyfus, Gebweiler.** **Erläuterungen zu den neuen Prüfungsvorschriften für harte Kammgarne.** Broschüre. Die neuen Vorschriften werden einer eingehenden Besprechung unterzogen und an **Hand** der im Amt bei derartigen Untersuchungen gesammelten Erfahrungen Winke für die praktische Ausführung der Untersuchung gegeben. Der Arbeit sind Tabellen beigegeben worden.
43	11	473	Herzog 3	**Auszug aus der vorhergenannten Abhandlung.**
44	Zeitschrift für die gesamte Textilindustrie 11 Nr. 52		Herzog 3	**Faserlängenmessungen an Kammzügen und daraus hergestellten Garnen.** Untersuchungen über die Veränderung der Faserlänge von Kammwolle beim Verspinnen.
45	Zeitschrift für die gesamte Textilindustrie 12 Nr. 10 ff.		Herzog 3	**Über die Prüfung der Luftdurchlässigkeit von Geweben.** Teil I und II (III und IV siehe den nächsten Jahresbericht). In Teil I sind die Anforderungen, die an die Luftdurchlässigkeit wasserdicht imprägnierter Gewebe gestellt werden, eingehend besprochen. In Teil II werden die zur Ausführung der Prüfung erforderlichen Hilfsmittel beschrieben.
46	11	55	Frederking 3	**Naturfarbige mikrophotographische Aufnahmen auf „Autochromplatten" bei künstlichem Licht.** Versuche zur Auffindung eines geeigneten Lichtfilters für mikrophotographische Autochromaufnahmen beim Licht einer Knallgaslampe mit Magnesia-Tonerdestift. Als brauchbar erwies sich ein Flüssigkeitsfilter mit stark verdünnter Jod-Jodkaliumlösung bestimmter Zusammensetzung.

Lfde. Nr.	Jahrgang Ergänzungs-heft	Seite Tafel	Autor Abteilung	Überschrift und kurzer Inhalt
	a	b	c	d
47	11	360	Frederking 3	**Der angebliche Säuregehalt der Cellitlösung.** Eingehende Untersuchungen ergaben, daß die Lösungsmittel des Cellits höchstens Spuren unschädlicher organischer Säuren enthalten können, der Cellit selbst nur ganz geringe Mengen schwach sauer reagierender salzartiger Verbindungen, die unmöglich schädliche Wirkungen auf Papier oder Pergament ausüben können.
48	Korrespondenzblatt des Gesamtvereins der deutschen Geschichts- und Altertumsvereine 10		— Frederking 3	**Zapon oder Cellit?** Abdruck eines Vortrages, gehalten auf dem X. Deutschen Archivtag in Posen, über die Arbeiten des Amtes in der Frage der Handschriftenkonservierung mit besonderer Berücksichtigung des neuen vom Verf. ausgearbeiteten Cellitverfahrens.
49	Papierfabrikant Fest- und Auslandsheft 11	S. 23	Bartsch 3	**Zellstoffgehalt und Festigkeit von Pergamentpapieren.** Bei der Prüfung einer Anzahl echter Pergamentpapiere ergab sich, daß ein wesentlicher Unterschied zwischen den Festigkeitswerten zellstoffhaltiger und zellstofffreier Pergamentpapiere nicht vorhanden ist. Die Dehnung zellstoffhaltiger Papiere ist zwar im allgemeinen etwas geringer, doch kommen auch Ausnahmen vor.
50	Handbuch der Materialienkunde für den Maschinenbau 12	Bd. II A	Heyn 4	Verlag von Julius Springer, Berlin. **Handbuch der Materialienkunde für den Maschinenbau** von A. Martens. Zweiter Teil: Die technisch wichtigen Eigenschaften der Metalle und Legierungen von E. Heyn. Hälfte A: Die wissenschaftlichen Grundlagen für das Studium der Metalle und Legierungen. Metallographie. I. Allgemeines über Metalle und Legierungen. II. Vorgänge bei der Erstarrung und Abkühlung der Legierungen. Umwandlungen. III. Verfahren zur Ermittelung der Erstarrungsdiagramme. IV. Der Gefügeaufbau der Metalle und Legierungen und die Gefügebeobachtung. V. Allgemeines über die Eigenschaften der metallischen Stoffe. VI. Die Festigkeitseigenschaften und die Härte. VII. Metallische Stoffe und Gase. VIII. Das Schwinden und seine Begleiterscheinungen. IX. Der Flüssigkeitsgrad der geschmolzenen metallischen Stoffe. X. Magnetische Eigenschaften. XI. Elektrische Leitfähigkeit.
51	Probenahme und Analyse von Eisen und Stahl 12	I. Teil II. Teil	Bauer 4 und Deiß 5	Verlag von Julius Springer, Berlin. **Probenahme und Analyse von Eisen und Stahl.** Hand- und Hilfsbuch für Eisenhütten-Laboratorien von O. Bauer und E. Deiß. I. Teil. Kurze Anleitung zur metallographischen Untersuchung. Notwendige Apparate, Ätzverfahren, kennzeichnende Gefügebildner. Anleitung zur Probenahme von Eisen und Stahl. Beispiele aus der metallographischen Praxis zum Beleg dafür, wie stark das Analysenergebnis durch unsachgemäße Probenahme beeinflußt werden kann. II. Teil. Chemisch analytische Verfahren, die sich bei langjährigem Gebrauch im Amt als zuverlässig erwiesen haben für: Kohlenstoff, Silizium, Mangan, Phosphor, Arsen, Schwefel, Kupfer, Nickel, Kobalt, Chrom, Aluminium, Titan, Eisen, Wolfram, Vanadin, Molybdän, Sauerstoff.
52	11	Metallographie Bd. I Bd. II	Heyn 4 Bauer 4 (Carnevali)	**Metallographie** von E. Heyn und O. Bauer (Verlag Göschen) ist von Dr. F. Carnevali ins Italienische übersetzt worden. Übersetzung erschien im Verlag „Unione Tipografica-Editrice Torinese" in Turin.
53	Stahl und Eisen 11	Nr. 35	Heyn 4 Bauer 4	**Untersuchungen über Lagermetalle. Rotguß.** Auszug aus der in den Mitteilungen erschienenen gleichnamigen Arbeit (Mitteilungen 1911, Seite 63).
54	Mitteilungen über Forschungsarbeiten, herausgegeben vom Verein Deutscher Ingenieure 11	Heft 112	Heyn 4 Bauer 4	**Untersuchung eines gerissenen Flammrohrschusses.** Das Material des gerissenen Bördelflansches war an und für sich nicht spröde. Es war aber in der Nähe der Bruchstelle durch falsche Wärmebehandlung (Überhitzung) in einen außerordentlich spröden Zustand übergeführt worden.

Lfde. Nr.	Jahrgang Ergänzungsheft a	Seite Tafel b	Autor Abteilung c	Überschrift und kurzer Inhalt d
55	11	Heft 7 u. 8	Heyn 4 Bauer 4	**Rosten von Eisen bei Gegenwart von Hochofenschlacke.** Vergleichende Rostversuche mit blankgeschmirgelten Eisenplättchen in Berührung mit verschiedenen Schlackensorten und Wasser unter verschiedenen Versuchsbedingungen.
56	12	Stahl und Eisen Nr. 10	Heyn 4 Bauer 4	**Beitrag zur Frage der Seigerungen in Flußeisen.** Beschreibung der Seigerungserscheinungen bei einem im Rohrinnern aufgerissenen kaltgezogenen Rohr.
57	12	Heft 1	Heyn 4 Bauer 4	**Versuche über die Wirksamkeit des Harmetverfahrens zum Dichten von Blöcken.** Vergleichende Untersuchungen über das Gefüge und die Festigkeitseigenschaften von Walzmaterial aus gepreßten und nicht gepreßten Blöcken.
58	Handbuch der Eisen- und Stahlgießerei (Herausgeber Dr. ing. C. Geyger) 11	—	Bauer 4	Verlag von Julius Springer, Berlin Abfassung des Kapitels: „**Metallurgische Chemie des Eisens, Metallographie.**"
59	Zeitschr. f. d. Steinbruchs-Berufsgenossenschaft 11	Heft 13 u. 14	Wetzel 4	**Über die Konstitution des Portlandzementes.** Thermische und mikroskopische Untersuchungen von Zementklinkern, die aus Rohmehl bei steigenden Temperaturen gebrannt wurden. (Die mikroskopischen Untersuchungen mittels des Martensschen Mikroskopes im auffallenden Licht ausgeführt.)
60	11	355	Wetzel 4	**Über die Konstitution des Portlandzementes.** Auszug aus der in der Zeitschr. f. d. Steinbruchs-Berufsgenossenschaft erschienenen gleichnamigen Arbeit.
61	Zeitschrift des Mitteleuropäischen Motorwagen-Vereins 12	Heft 7	Heyn 4 Bauer 4	**Untersuchung einer am Federgehäuse gebrochenen Hinterachse eines Motorlastwagens.** Abdruck der bereits in den Mitteilungen 1910, Seite 333 veröffentlichten gleichnamigen Arbeit.
62	Chemikerzeitung 11 (35)	869	Deiß 5 und Leysaht 5	**Über die Trennung von Eisen und Vanadin nach dem Ätherverfahren.** Bei der Anwendung des Rotheschen Ätherverfahrens, das Campagne für die Trennung von Eisen und Vanadin empfohlen hat, kann ein Teil des Vanadins in der Eisenlösung zurückbleiben. In der Arbeit ist der Weg beschrieben, durch den es möglich ist, sämtliches Vanadin vom Eisen zu trennen.
63	11	220	Hinrichsen 5 und Taczak 5	**Zur Frage der Selbstentzündlichkeit von Braunkohlenbriketts.** Vergleichende Lagerungsversuche mit Braunkohlenbriketts unter Anwendung verschiedener Stapelungsweise (dicht gestapelt, mit Luftschächten, geschüttet, im gedeckten Raum und im Freien). Erörterung der Ursachen von Selbstentzündung. Merkliche Temperatursteigerung im Stapel gegenüber der Außentemperatur war nur bei dicht gestapelten Haufen (4 m Höhe) nachzuweisen.
64	11	110	Hinrichsen 5 und Kindscher 5	**Beiträge zur Chemie des Kautschuks. Erste Abhandlung: Zur Kenntnis der Molekulargröße des Kautschuks im Latex.** Der Latex wurde mit Benzol in der Kälte ausgeschüttelt. Die benzolische Lösung wurde auf ihr Molekulargewicht untersucht. Die gefundene Zahl lag so hoch, daß man annehmen muß, daß der Kautschuk bereits im Milchsaft als hochmolekulares Kolloid und nicht als niedrigmolekulare Verbindung (Weber) vorhanden ist.
65	11	121	Hinrichsen 5 und Marcusson 6	**Beiträge zur Chemie des Kautschuks. Zweite Abhandlung: Zur Kenntnis der Kautschukharze.** Physikalisch-chemische Prüfung der Kautschukharze verschiedener Handelssorten. Hevea-Arten geben in der Regel optisch inaktive und weitgehend verseifbare Harze im Gegensatz zu allen anderen Sorten.

Lfde. Nr.	Jahrgang Ergänzungsheft	Seite Tafel	Autor Abteilung	Überschrift und kurzer Inhalt
	a	b	c	d
66	11	450	Hinrichsen 5 und Marcusson 6	**Beiträge zur Chemie des Kautschuks. Dritte Abhandlung: Zur Kenntnis der Kautschukharze. 2. Mitteilung.** Fortsetzung der vorstehend erwähnten Versuche mit zahlreichen anderen Kautschukproben. Nachweis, daß Unterschiede in optischen Verhalten auch in vulkanisierten Materialien noch auftreten. Versuche über die chemische Natur des Harzes aus Pontianac.
67	The Rubber Industry (Bericht über den Internationalen Kautschukkongreß in London) 11	—	Hinrichsen 5	**Theorie der Vulkanisation des Kautschuks.** Zusammenfassender Vortrag über die Theorie der Vulkanisation. Die bei der Vulkanisation eintretenden Vorgänge sind zum Teil auf Adsorption, teils auf chemische Bindung des Schwefels durch Kautschuk zurückzuführen.
68	Bulletin van het Koloniaal-Museum te Haarlem 11	—	Hinrichsen 5	**Physikalisch-chemische Kautschukstudien.** Zusammenfassung der Untersuchungen über Molekulargröße des Kautschuks im Latex, Eigenschaften der Kautschukharze und Theorie der Kaltvulkanisation. Preisschrift, ausgezeichnet mit der goldenen Medaille des Koloniaal-Museums.
69	Enzyklopädie der mathematischen Wissenschaften. Französische Ausgabe —	—	Hinrichsen 5	**Chemische Atomistik.** Französische Bearbeitung des Kapitels durch M. Joly und J. Roux.
70	Zeitschr. f. Chemie und Industrie der Kolloide —	—	Hinrichsen 5	**Zur Theorie der Vulkanisation des Kautschuks.** Einführung der Reaktionsgeschwindigkeit in die Betrachtung der Vulkanisationsvorgänge. Behandlung der „Nachvulkanisation". Versuche zum Nachweis der chemischen Bindung von Schwefel durch Kautschuk bei der Nachvulkanisation. Katalytischer Einfluß anorganischer Füllstoffe auf die Vulkanisationsgeschwindigkeit.
71	—	—	Hinrichsen 5	**Zur Kenntnis der Kaltvulkanisation.** Erwiderung an B. Bysow, betr. Einwirkung von Feuchtigkeit auf das Schwefelchlorür-Reaktionsprodukt des Kautschuks.
72	—	—	Hinrichsen 5 und Kindscher 5	**Versuche über die Entschwefelung von vulkanisiertem Kautschuk.** Durch Einwirkung von Metallen in Gegenwart von alkoholischer Natronlauge ist es gelungen, auch den chemisch gebundenen Schwefel aus vulkanisiertem Kautschuk weitgehend zu entfernen.
73	Chemische Technologie der Neuzeit (herausgegeben von O. Dammer) 11	Bd. II	Hinrichsen 5	**Kapitel „Tinte".** Überblick über Chemie, Technologie und Analyse der Tinte.
74	Chemikerzeitung 11	—	Hinrichsen 5 und Kindscher 5	**Zur unmittelbaren Bestimmung des Kautschuks als Tetrabromid.** Versuche über den Zuverlässigkeitsgrad des Bromidverfahrens. Nachweis der Fehlerquelle von Bromverlust bei der Titration des Bromides nach Budde. Angabe eines brauchbaren Reinigungsverfahrens für das Bromid.
75	12	—	Hinrichsen 5 und Kindscher 5	**Die Bromidbestimmung des Kautschuks nach Hübener.** Durchprüfung der von Hübener angegebenen Arbeitsweise der Bromierung mit heißer wässeriger Bromlösung. Nachweis zahlreicher Fehlerquellen, welche das Verfahren als ungeeignet erscheinen lassen.
76	Braunkohle 11	—	Hinrichsen 5 u. Taczak 5	**Selbstentzündlichkeit von Braunkohlenbriketts.** Auszug aus der in den „Mitteilungen" des Amtes erschienenen Arbeit.
77	Glückauf 11	—	Hinrichsen 5 und Taczak 5	**Zur Frage der Selbstentzündlichkeit von Braunkohlenbriketts.** Erweiterte Wiedergabe der in den „Mitteilungen" veröffentlichten Ergebnisse.

Lfde. Nr.	Jahrgang Ergänzungsheft	Seite Tafel	Autor Abteilung	Überschrift und kurzer Inhalt
	a	b	c	d
78	Zeitschr. f. Elektrochemie 11	—	Hinrichsen 5	**Aus der physikalischen Chemie des Kautschuks.** Zusammenfassender Vortrag vor der Deutschen Bunsen-Gesellschaft in Kiel 1911.
79	Zeitschr. f. angewandte Chemie 11	—	Hinrichsen 5 und Marcusson 6	**Zur Kenntnis der Kautschukharze. 2. Abhandlung.** Ausführlicher Bericht über die Fortsetzung der früheren Versuche mit weiteren Kautschuksorten.
80	Bericht über die Mitgliederversammlung des Vereins deutscher Zellstoffabrikanten am 24. 11. 11 —	—	Hinrichsen 5	**Vortrag über „Die Gewinnung von Kautschuk auf synthetischem Wege"** Besprechung der wissenschaftlichen Grundlagen und der wirtschaftlichen Aussichten der Kautschuksynthese.
81	Chemikerzeitung, Kunststoffe u. a. —	—	Hinrichsen 5	**Referate, Bücherbesprechungen.**
82	Chemikerzeitung, Kunststoffe —	—	Kindscher 5	**Referate.**
83	Fortschritte der Chemie, Physik und physikalischen Chemie 12	—	Kindscher 5	**Bericht über die Atomgewichtsforschung im Jahre 1911.**
84	Meyers großes Konversationslexikon (Ergänzungsband 1912) —	—	Kedesdy 5	**Artikel „Chemie". (Neuere Errungenschaften.)** Übersicht über die Fortschritte der theoretischen, anorganischen und organischen Chemie in den letzten zwei Dezennien.
85	Technische Rundschau —	—	Kedesdy 5	**Besprechungen technischer Fragen.**
86	„Der Ingenieur" —	—	Kedesdy 5	**Ständige Referate auf dem Gebiete der technischen Chemie, Materialprüfung, Gesundheitswesen.**
87	11	467	Holde und Meister 6	**Quantitative Bestimmung von Fichtenharz (Kolophonium) in Rückständen der Steinkohlenteerdestillation.** Ausziehen der sauren Bestandteile des Teers mit Lauge und Abtrennung der Kreosote vom Kolophonium mit Knochenkohle.
88	Chemikerzeitung 11	369	Holde und Meyerheim 6	**Zur Bestimmung der in Alkoholäther unlöslichen Pechstoffe dunkler Mineralzylinderöle.** Vorschläge zur Vereinfachung des Verfahrens.
89	Zeitschr. f. angewandte Chemie 11	1945	Holde und Marcusson 6	**Zur Bestimmung freier Fettsäuren in Fetten bei Gegenwart von Erdalkali- und Alkaliseifen.** Die Zuverlässigkeit des Marcussonschen Verfahrens wird durch neue Versuchsreihen erwiesen.
90	Chemikerzeitung 11	1417	Schwarz 6	**Verfahren zur Bestimmung des Asphaltgehaltes von Mineralölen, Erdölpechen und dergleichen.** In dunklen Mineralschmierölen läßt sich der Gehalt an sprödem Asphalt durch Behandlung der Öle mit heißem wasserhaltigen Bufanon bestimmen.
91	11	479	Marcusson 6	**Prüfung des Terpentinöls auf Reinheit.** Zusammenstellung der hier ausgebildeten Verfahren.
92	Chemikerzeitung 11	729	Marcusson 6	**Der chemische Aufbau der hochsiedenden Mineralöle.** Systematische Untersuchungen über die Zusammensetzung der Mineralschmieröle mittels der Formolitreaktion, der Schwefelsäureprobe und der Jodzahlbestimmung.

Lfde. Nr.	Jahrgang Ergänzungsheft	Seite Tafel	Autor Abteilung	Überschrift und kurzer Inhalt
a		b	c	d
93	Zeitschr. f. angewandte Chemie 11	1297	Marcusson 6	**Zusammensetzung und Untersuchung der Fettdestillationsrückstände.** Erdölpech läßt sich in Fettdestillationsrückständen selbst bei Vorliegen untergeordneter Mengen mittels der Quecksilberbromidprobe nachweisen.
94	11	469	Marcusson und von Huber 6	**Nachweis von Tran in Ölen, Fetten und Seifen.** Transäuren bilden charakteristische Oktobromide, welche sich durch ihre Schwerlöslichkeit in Benzol von Hexabromiden (aus Leinöl usw.) trennen lassen.
95	11	470	Marcusson u. Meyerheim 6	**Erdöl- und Schwelparaffin.** Unterscheidung der beiden Paraffinarten durch Bestimmung der Jodzahl des abscheidbaren Öles.
96	Kunststoffe 11	—	Marcusson und Winterfeld 6	**Bernsteinersatzmittel und ihre Erkennung.** Zusammenstellung der in Frage kommenden Prüfungsverfahren unter besonderer Berücksichtigung des hier aufgefundenen Nachweises von natürlichem und gehärtetem Kopal in Bernstein.
97	Chemikerzeitung 11	461	Marcusson und Meyerheim 6	**Nachweis von Graphit in Schmiermitteln.** Graphit ist aus Ölen durch Benzol, aus konsistenten Fetten durch Benzol Alkohol abscheidbar. Unterscheidung von Graphit und amorpher Kohle (aus Teeren) ist durch schmelzendes Ätzkali möglich.
98	11	184	Meyerheim 6	**Über die Veränderungen des Asphaltgehaltes dunkler Mineralöle.** Prüfung der Änderung des Asphaltgehaltes beim Aufbewahren der Proben im zerstreuten Tageslicht, im Dunkeln und über einem Radiumpräparat.
99	Chemische Revue 12	28	Meyerheim 6	**Die Veränderlichkeit des Asphaltgehaltes dunkler Mineralöle.** Die in den Mitteilungen veröffentlichten Versuche wurden auf die Bestrahlung mit ultraviolettem Licht ausgedehnt.

Tabelle c.

a) Vermehrung der Betriebsmittel, Instrumente und Apparate.

Anzahl	Gegenstand
1	25 t-Zerreiß-Maschine, Bauart Martens.
1	Dauerversuchsapparat nach Kapp.
1	Druckpresse zur Prüfung von Gummizylindern, Bauart Martens.
1	Schreibmaschinenwalzenprüfer, Bauart Martens.
1	Kugeldruckhärteprüfer für Gummi, Bauart Martens.
1	Dauerbiegeapparat für Drähte.
1	Apparat für Abschleifversuche mit Weichgummi.
1	Festigkeitsprüfer für Seide von Schopper.
1	Objektmikrometer von Zeiß.
1	Dehnungsapparat.
1	Vertikal-Illuminator von Zeiß.
1	Rotamesser zum Messen von Leuchtgas, Wasserstoff und Sauerstoff.
1	Apparat zur Messung der Diffusionsgeschwindigkeit von Gasen.
1	Elektrisch zu heizender Horizontalofen von Heraeus.
2	Apparate zur Vornahme von Wechselschlagproben von Krupp.

Anzahl	Gegenstand
1	Diebessicherer Schrank zum Aufbewahren von Platin.
1	Plombenzange.
1	Stahl-Chronoskop.
2	Reagierglasgestelle, vernickelt.
2	Flammpunktsprüfer mit flachen Schalen.
1	Petroleumprüfer nach Abel.
1	Flammpunktsprüfer nach Pensky-Martens.
1	Lupe 20 mm.
1	Elektrischer Widerstandsofen mit Vorschaltwiderstand von Heraeus.
1	Thermoelement aus Platin-Platinrhodium.
1	Galvanometer zur Temperaturmessung.
1	Vakuumtrockenschrank.
1	Viskosimeter für Kautschuklösungen.
1	Kolorimeter mit Reserveteil.
1	Vorrichtung zum Filtrieren unter Eiskühlung.
1	Kalorimeter nach Berthelot-Mahler-Krocker.
1	Hackmaschine.

b) Vermehrung der Sammlung und Geschenke.

1. Dr. Schott jun., New York: 2 Zerreißproben aus Zement (Proben waren um 1,5 mm dicker als die deutschen Normenproben).
2. C. Kuhbier & Co., Dahlerbrück i. W.: 1 Profilstange, 25 prozentiger Nickelstahl.
3. Stettiner Portlandzement-Fabrik, Züllchow in Pommern: 1 Faß Schlämmasse (Zement-Rohmasse).
4. Direktor Baron von der Ropp, Kupferwerke Deutschland, Oberschöneweide b. Berlin: 1 Messingstange.
5. Wachs- und Ceresinwerke J. Schlickum & Co., Hamburg: Ozokerit.
6. Compes & Co., Düsseldorf: Rohozokerit und Lepwachs.
7. Lorthivis Frères, Monvaux: Wollfettdestillate.
8. Sturmhöbel, Hamburg: Desgleichen.
9. Versuchsanstalt für Landeskultur, Victoria (Afrika): Samen der Liane Plukenetia conophora.
10. Standard Paint Company, New York: Naturasphalte und Erdölpeche.
11. Steana Romana, Bukarest: Asphalt.
12. S. Tropp, Baku: Russische Kernseife unter Zusatz von Naphthensäuren hergestellt.
13. Deutsche Ceresin- und Kabelwachs-Fabrik, G. m. b. H., Charlottenburg: Ozokerit.
14. Siemens-Schuckert-Werke, Berlin-Nonnendamm: Kautschukproben.
15. Dr. Cassirer & Co., Charlottenburg: Desgleichen.
16. W. Pahl & Co., Dortmund: Desgleichen.
17. Prof. Dr. Zimmermann, Amani (Deutsch-Ostafrika): Desgleichen.
18. Prof. Dr. Hinrichsen, Zehlendorf: 1 Thermostat für höhere Temperaturen, mit Heißluftmotor und Uviolgläser (beschafft aus Mitteln der Jagor-Stiftung).

Tabelle d.

Reisen.

Name	Ziel	Zweck
Martens	Dresden	Teilnahme an der Vorstandssitzung des Internationalen Verbandes für die Materialprüfungen der Technik.
„	Berlin und Umgegend	Teilnahme an Sitzungen von Fachvereinen pp.
Martens Heyn Gary	Düsseldorf	Teilnahme an der Hauptversammlung des Deutschen Verbandes für die Materialprüfungen der Technik.
Rudeloff	Tempelhof	Beaufsichtigung bei Ausführung von Zerreißversuchen.
„	Gleiwitz	Teilnahme an der Hauptversammlung der Eisenhüttenleute Oberschlesiens.

Name	Ziel	Zweck
Rudeloff	Berlin	Teilnahme an der Vorführung einer Rettungsleiter im Hauptfeuerwehrdepot.
„	Duisburg-Ruhrort }	Besichtigung der Rheinbrücke und Besprechung von Materialfragen.
„	Sternebeck	Besichtigung der Normensandgrube u. Sitzung der Normenkommission.
„	Berlin	Teilnahme an Sitzungen von Ausschüssen und Fachvereinen.
Rudeloff u. Panzerbieter }	Wilhelmshaven	Prüfung einer Tauwerks- und Kettenprobiermaschine.
Stock Panzerbieter	Dortmund Wilhelmshaven }	Prüfung einer Kettenprobiermaschine.
„	Köln	Prüfung einer Betonpresse.
Stamer	Spandau	Nachprüfung einer 30 t-Maschine.
„	Tempelhof	Prüfung einer Zerreißmaschine.
„	Berlin	Entnahme von Eisenproben.
Rudeloff Gary }	Stuttgart und München	Teilnahme an Sitzung des Arbeitsausschusses des Deutschen Ausschusses für Eisenbeton.
Gary	Heidelberg Amöneburg }	Teilnahme an der Vorstandssitzung des Vereins Deutscher Portlandzement-Fabrikanten.
„	Engers	Probenahme von eigener granulierter Hochofenschlacke im Hüttenwerk — im Auftrage des Kaiserl. Patentamtes.
„	Brüssel	Studium der Rohmaterialien u. Fabrikationsweisen belgischer Zemente.
„	Mölln-Hamburg	Besichtigung der am Elb-Trave-Kanal bei Kädingen und bei Bernau in den Mooren lagernden Proben (Bereisung der Moorkommission).
„	Oberscheld	Wie Engers.
„	Kadinen	Fabrikationskontrolle.
„	Paderborn	Abgabe eines Gutachtens vor Gericht veranlaßt durch einen Hauseinsturz.
„	Rudow Trebbin }	Aufsuchung einer geeigneten Stelle für Betonproben im fließenden Wasser (Moorausschuß).
Burchartz	Großhäusling	Besichtigung eines Betonbauwerkes und Entnahme von Proben.
„	M.-Gladbach	Entnahme von Mörtelproben.
„	Buchholz	Entnahme von Kalksandsteinen.
„	Bredelar	Fabrikbesichtigung und Probenentnahme.
Schneider	Tangermünde	Entnahme von Kalksandsteinen.
„	Schwerz	Besichtigung von Porphyrbrüchen, Entnahme von Schottermaterial und Bürgersteigplatten.
„	Helgoland	Leitung der Seewasserversuche auf Antrag des Ministers der öffentlichen Arbeiten.
Gary Schneider }	„	Besprechung mit den dortigen leitenden Baubeamten über die Anordnungen für die Seewasserversuche.
Gary Burchartz Schneider }	Berlin u. Vororte	Teilnahme an Sitzungen in den Ministerien und Fachvereinen, Probenentnahme und Versuche auf Bauten.
Prase Schwarz }	Freienwalde	Kontrolle und Abnahme von Normensand.
Schulze	Berlin u. Vororte	Decken- und Betonpfahlbelastungen.
Herzberg	Danzig	Vertretung des Amtes auf der Hauptversammlung des Vereins Deutscher Papierfabrikanten.
„	Berlin	Wiederholte Vertretung des Amtes in der Normenkommission für Rohpappe.
Herzberg u. Körner }	„	Teilnahme an den Beratungen der Kommission zur Feststellung von Vorschriften für Bibliothekseinbände.
Körner	„	Teilnahme an den Beratungen der Unterkommission zur Feststellung von Normen für Bucheinbandstoffe.
Herzog	Danzig	Besichtigung der Kaiserl. Werft, Rücksprache über Lieferungsbedingungen für Flaggentuche und Wäsche. Besichtigung der Wagenbau- und Leihgesellschaft, Abt. Waggonfabrik.
„	Königsberg	Besichtigung der Ostpreußischen Wollwäscherei.
„	„	Besichtigung der Fabrik wasserdichter Gewebe von L. Halffter.
„	Insterburg	Besichtigung der Flachsspinnerei (Insterburger Aktienspinnerei).
Frederking	Berlin	Besuch der Königl. Universitätsbibliothek zwecks Besprechung von Schwierigkeiten bei Ausübung des Zellitverfahrens.
Heermann	„	Teilnahme an den Verhandlungen der Weberei-Interessenten über festzulegende Normen bei Garnlieferungen.

Name	Ziel	Zweck
Heermann	Berlin	Fabrikations-Besichtigung und Probeentnahme.
„	Stettin	Teilnahme an der Hauptversammlung der Fachgruppe für Farben- und Färbereichemie. Besprechung von Tagesfragen.
„	Karlsruhe	Zusammentritt der Textil-Echtheits-Kommission und des engeren Arbeitsausschusses. Arbeitsverteilung.
„	Berlin	Besichtigung des Arons'schen Chromoskopes.
Heyn	Düsseldorf	Besichtigung der Fabrikation nahtlos gewalzter Rohre, zwecks Abgabe eines Gutachtens.
„	Koblenz	Teilnahme an der Kommissionssitzung des Vereins Deutscher Eisenhüttenleute zur Klärung des Zusammenhanges zwischen Schwindung und Gattierung.
„	Dortmund Köln Luxemburg Esch Kneuttingen Hagendingen Rombach Metz	Teilnahme an der Besichtigungsreise zum Studium der Verwertung von Hochofenschlacke.
„	Oberschöne- weide Fürsten- walde a.Spree	Teilnahme an der Besichtigung verschiedener Lagerungsarten für feuergefährliche Flüssigkeiten.
„	Wildau	Besichtigung einer gebrochenen Turbo-Generatorwelle.
„	Berlin	Teilnahme an der Generalversammlung des Vereins Deutscher Portland-Zement-Fabrikanten.
„	„	Teilnahme an Sitzungen des Deutschen Ausschusses für Eisenbeton.
„	„	Teilnahme an Sitzungen der Deutschen Dampfkessel-Normen-Kommission.
„	„	Teilnahme an Sitzungen von Fachvereinen.
Heyn Bauer	Oberschöne- weide	Besichtigung und Auswahl von Material für wissenschaftliche Versuche.
Bauer	Neumanns- walde Halensee	Beaufsichtigung bei Ausführung von Zerplatzproben mit Gewehrläufen.
„	Dingelstedt	Besichtigung einer Rohrleitung und Probenentnahme.
„	Rosenthal bei Berlin	Besichtigung von Kanalisationspumpen und Probenentnahme.
„	Leverkusen bei Mülheim	Besichtigung eines explodierten Dampffasses und Probenentnahme.
„	Stettin-Bredow	Besichtigung von Dampfturbinen.
„	Köslin	Besichtigung einer eingebrochenen Kurbelwelle.
„	Düsseldorf	Vertretung des Amtes auf der Hauptversammlung des Vereins Deutscher Eisenhüttenleute.
„	Braunschweig	Besichtigung von Wasserturbinen und Probenentnahme.
„	Berlin	Teilnahme an Sitzungen von Fachvereinen.
Wetzel	„	Erstattung eines Berichtes auf der Generalversammlung des Vereins Deutscher Portland-Zement-Fabrikanten.
Deiß	„	Entnahme von Proben.
„	Lübeck und Kehdinger Moor bei Stade	Entnahme von Moor- und Wasserproben.
„	Düsseldorf	Teilnahme an der Sitzung der erweiterten Chemikerkommission vom Verein Deutscher Eisenhüttenleute.
„	Duisburg	Besichtigung der Rheinischen Stahlwerke.
„	Oberhausen	„ der Gutehoffnungshütte.
„	Essen	„ des Werks Friedr., Krupp A.-G.
„	„	„ des Werks von Th. Goldschmidt A.-G.
„	Peine	„ der Peiner Walzwerke.
Hinrichsen	Kiel	Teilnahme an der Hauptversammlung der Deutschen Bunsen-Gesellschaft für angewandte physikalische Chemie.
„	„	Besichtigung der Kaiserlichen Werft.
„	Harburg	Besichtigung der Vereinigten Gummiwaren-Fabriken Harburg-Wien.

Name	Ziel	Zweck
Hinrichsen	Harburg	Besichtigung der Internationalen Galalith-Werke Hoff & Co. Besichtigung der Kautschuk-Werke „Elbe".
„	Charlottenburg	Besichtigung der Kabelfabrik Dr. Cassirer & Co.
„	Berlin	Besprechung im Kolonialamt.
„	London	Teilnahme am Internationalen Kautschukkongreß und Kautschuk-ausstellung.
„	Cambridge	Besichtigung der Universität.
„	Elberfeld	Vortrag vor dem Bezirksverein Rheinland-Westfalen des Vereins Deutscher Chemiker.
„	Leverkusen	Besichtigung der Farbenfabriken vorm. Friedr. Bayer & Co.
„	Düsseldorf-Reisholz	Besichtigung der Chemischen Fabrik Dr. Henkel & Co.
„	Elberfeld	Besichtigung der Farbenfabriken vorm Friedr. Bayer & Co.
„	Dortmund	Besichtigung der Gummiwarenfabrik von W. Pahl.
„	Essen	Besichtigung der Prüfanstalt der Friedr. Krupp-Werke.
„	Düsseldorf	Teilnahme an der Hauptversammlung des Deutschen Verbandes für Materialprüfungen der Technik.
„	Delft	Besichtigung der Reichsprüfungsanstalt für Kautschuk.
„	Haarlem	Besichtigung des holländischen Kolonial-Museums.
„	Breslau	Vortrag vor der Breslauer Chemischen Gesellschaft.
„	Berlin	Vortrag vor dem Verein zur Beförderung des Gewerbfleißes.
„	Breslau	Besichtigung der Laboratorien der Techn. Hochschule und der Universität.
„	Berlin	Vortrag vor dem Verein Deutscher Zellstoff-Fabrikanten. Probenahme.
Kedesdy	Rudow	Entnahme von Proben.
Rothe	Stockholm	Überwachung einer Imprägnierung von Schwellen nach neuem zum Patent angemeldeten Verfahren und Entnahme entsprechender Proben für die Untersuchung.
„	Senftenberg	Entnahme von Leuchtgasproben eines aus Gemisch verschiedener Kohlenarten hergestellten Leuchtgases.
„	Muldenstein bei Bitterfeld, Berlin	Entnahme von Wasser- und Bodenproben zur Prüfung auf Stoffe, die Zementbeton angreifen könnten.
Holde	Stettin	Teilnahme an der Hauptversammlung des Vereins Deutscher Chemiker einschl. Sitzung der Abteilung für Mineralölchemie.
„	Berlin	Vertretung von amtlichen Gutachten vor Gericht in drei Fällen.
„	Wien	Teilnahme an der Hauptversammlung der Internationalen Petroleumkommission.
Marcusson	„	Teilnahme an einer Besprechung in der Kaiserl. Techn. Prüfungsstelle des Reichsschatzamtes betreffend Wollfettoleïn.
Schlüter	Tegel	Besichtigung der Anlagen für photometrische Prüfung von Glühstrümpfen in der Gasanstalt der Stadt Berlin.
von Huber	Adlershof	Beglaubigung des Normalbenzins bei C. A. F. Kahlbaum.
„	Berlin	Probenentnahme.
Memmler	London	Teilnahme am Internationalen Kautschukkongreß und Kautschuk-ausstellung.
„	Ober-Schöneweide	Besichtigung der Gummiwerke Oberspree der A. E. G.

Tabelle e.

Besichtigung des Amtes zum Studium der Einrichtungen desselben.

Name	Wohnort
Inländer	

Badicke, Redakteur. — Binz, Prof. m. Schülern der Handelshochschule. — Conrad, Major und Kirschner, Ing. m. Offizieren der Militärtechn. Akad. — Conze, Dr., Unterstaatssekretär im Reichskolonialamt. — Evers, Amtsgerichtsrat. — Franken, Reg.-Baum. — Guertler, Dr. — Guth, Otto,

Name	Wohnort
v. d. Handelshochschule — Hanemann, Dr. Ing., Privatdozent a. d. Techn. Hochschule — Jaeger, W., Prof. Dr. — Jensen, Martin, Vertreter d. Dachpappen- u. Teerproduktenfabr. Emil Reuter, Berliner Venezuela-Asphaltwerke — Kahle, Ing. m. Schülern d. Städt. Maschinenbauschule — Kaempf, Sekretär — Knörk, Dr. — Lange, Telegr.-Inspektor — Laßberg, Redaktionsmitglied d. „Deutschen Export-Revue" — Löwenberg, Harry — Oehlschläger, Ober-Ing. d. Siemens-Schuckert-Werke — Schade, J. — Schneickert, Dr. m. Kriminalkommissaren — Siegmund, Egon — Teuchert, Ernst u. weitere Stud. d. Universität — Waldschmidt, W., Dr. — Wodrig, Wirkl. Geh. Ober-Baurat — Graf Zedlitz u. Trützschler, Dr., Staatsminister a. D., Mitglied d. Herrenhauses	Berlin und Vororte
Friedrichs, Gustav, Dr., Chemiker d. Petroleum-Raffinerie vorm. August Korff	Bremen
Schilling, Prof. a. d. Techn. Hochschule	Breslau
Mühlmann, Oberregierungsrat, Direktor d. techn. Staatslehranstalten — Goldberg, A., Prof. a. d. Kgl. Gewerbeakademie	Chemnitz
Eckert, Heinrich	Köln
Bähr, Erich, Direktor u. Waldeck, Dr. Ing. v. d. Dortmunder Union	Dortmund
Erbreich, Oberlehrer a. d. Kgl. Hüttenschule	Duisburg
Gerffmann, Dr. v. d. Eisenportland-Zementwerk	Düsseldorf
Foerster, Arthur, Dipl.-Ing. — Kuhbier, C., Fabrikbesitzer	Hagen i. Westf.
Eggersglüß, F., — Weigert, Albin, Ing., Kgl. techn. Eisenbahnsekretär . . .	Halle
Albrecht, Rudolf — Müller, Adolf, Dipl.-Ing.	Hamburg
Verein der Architekten und Ingenieure	Hildesheim
van Rogen, Dr.	Hörde i. Westf.
Emerich, Czako, Dipl. v. d. Techn. Hochschule — Stauß, A., Prof. Dr. v. d. Großherzogl. chem.-techn. Prüfungs- u. Versuchsanstalt	Karlsruhe
Schroeder, W., Dipl.-Ing.	Königsberg
Maschinenbauschule, Städt.	Leipzig
Grindl, M., Prof. — Hoffmann, Karl, Inh. d. Firma Franz Horn, Dachpappenfabrik	Magdeburg
Lipp, Karl, Regierungs-Baumeister	Mannheim
Wilke, Lehrer	Mirow
Metzeler, Fabrikbesitzer — Greß, Ing. bei Metzeler & Co.	München
Braun, G., Prof.	Nürnberg
Möller, Ernst, v. d. Höheren Webschule	Reichenbach
Himmel, Prof. m. Schülern d. Baugewerkschule	Stettin

Ausländer.

Name	Wohnort
Amberg, R. — Angus, W. Robert — Barclay, James, v. amerik. General-Konsulat Berlin — Batho, Cyrill, Prof. — Campbell, William, Prof. Dr. Metallographer — Humphrey, Richard Lewis, Hütten-Ing. — Jay Nock, Albert — Kaempfert, Waldemar, Redakteur d. „Scientific American" — Ruiloba, Y. A. — Sharp, H., Dr., Direktor d. Elektrischen Prüfungslaboratorien — Strattons, W. Samuel — Waldow, Leonhard, Dr. — Webiler, R.	Amerika
de Heu, Association Industriels de Belgique	Belgien
Schade, Alberto, Chil. Gesandtschaft	Chile
Petersen, Mayuti	Dänemark
Clay, S. R., Dr., Vorsteher d. Northern Polytechnic Institute Holloway — Reginald, Dr.	England
Bischoff, Dipl.-Ing. — Cellerier, Prof., Direktor d. Versuchslabor. d. Konservat. d. Künste u. Gewerbe — Dundeo — Guillet, Prof. du Cours de Métallurgie — Karekyarto	Frankreich
Fol, J. G., Ing. Techn. Hochschule Delft — Knoop, J. Pathius	Holland
Aoto, N., Kosuke Hirano, Tsurumi, Professoren a. d. Kais. Techn. Hochschule — Katayama, Y., Geh. Regierungsrat i. Kais. Minister. f. Landwirtschaft u. Handel — Matsumoto, Prof. u. Nishida, S., Dr. Ing., Prof. a. d. Kais. Universität — Shimidzu, Prof. am Kais. Lehrerinnenseminar — Youemoto, S., Dr. Ing. u. Y. Kusukabe — Yoshimasu, K.	Japan
Lund u. Frau, Y. G.	Norwegen
Fuhrmann, Rudolf, k. k. Baukommissar — Gauglitz, Max, k. k. Prof. m. Teilnehmern d. k. k. Handelsakademie Graz — Heichecker, Emil, k. k. Ober-Ing. i. Minister. d. öffentl. Arbeiten — Heißig, Max, Ing. Chef-	

Name	Wohnort
chemiker u. Wald, Heinrich, Ing. a. d. Bergbau- u. Eisenhüttengewerkschaft Witkowitz — Karrer, Cesar, v. d. Techn. Hochschule Wien — Pierus, Robert, Oberinspektor i. k. k. Eisenbahn-Ministerium — Rittenauer, Josef, Masch.-Ing. d. Kriegsmarine	Österreich-Ungarn
Gibson, Alex Y., Prof. of Engineering at the University of Queensland . .	Queensland
Gheorghin, J., Ing. a. d. rumän. Eisenbahn — Popscu, Dem. M.	Rumänien
Artari, Dr., Doz. a. d. Kaiserl. Techn. Hochschule Moskau — Belawenetz Mitrophane, forestier diplomé — Bentkowsky, Josef, Ing. — v. Berens, Fregatten-Kapitän — Buschkoff, W., Dipl.-Ing. a. Kais. Institut f. Wegebau — Cholodkowsky v. d. Transbaikalbahn — v. Deuffer, Paul, Prof. — Dubjaga, Constantin — Gekowitsch, Ing. — Goldberg, J. — Gorbunoff — v. Grobowsky, A. — Hirn, F., Prof. — Kruschke, Alex, Dr., Dipl.-Ing. — v. Kurnokow, N. — v. Saks, V. — Schachnow, A. — Seliwanoff, Th., Prof. Dr. — Sladkoff, Dipl.-Ing., Lektor d. Landwirtschaftl. Hochschule Moskau — Sobudsky, Gregor	Rußland
Wahlberg, Axel	Schweden
Djelalian, H., Dr. Prof.	Türkei

Tabelle f.

Im Berichtsjahre hat das Amt mit nachstehend genannten Behörden und Vereinen gemeinsame Arbeiten unternommen.

Name der Behörden und Vereine	Bezeichnung der Arbeiten
Abteilung 1.	
Deutscher Ausschuß für Eisenbeton.	Festigkeitsversuche mit Betonproben und Eisenbetonsäulen und Verhalten von Eisen im Mauerwerk.
Ingenieur-Komitee.	Vergleichende Versuche mit Holzkonservierungsmitteln.
Verein Deutscher Brücken- und Eisenbaufabriken.	Festigkeitsversuche mit Nietverbindungen.
Verband Deutscher Elektrotechniker.	Festigkeitsversuche mit Isoliermaterialien.
Bauamt für den Masurischen Kanal.	Ausdehnungsversuche mit Betonkörpern.
Abteilung 2.	
Minister der öffentlichen Arbeiten. Verein Deutscher Portlandzementfabrikanten. Vereinigte Traßgrubenbesitzer.	Prüfung hydraulischer Bindemittel im Seewasser.
Minister der öffentlichen Arbeiten. Verein Deutscher Portlandzementfabrikanten.	Versuche mit Stampfbeton. Normensandkontrolle.
Minister der öffentlichen Arbeiten. Minister für Handel und Gewerbe. Kriegsminister. Staatssekretär des Reichsmarineamtes.	Prüfung feuerfester Materialien.
Minister der öffentlichen Arbeiten. Staatssekretär des Reichsmarineamtes. Verein Deutscher Portlandzementfabrikanten.	Seewasserversuche mit Beton auf Helgoland.
Minister der öffentlichen Arbeiten.	Brandversuche mit weichen Bedachungen.
Deutscher Betonverein.	Versuche über das Verhalten von Eisen im Mörtel bezüglich des Rostens.
Deutscher Ausschuß für Eisenbeton.	Versuche mit Beton für Eisenbetonsäulen.
„ „ „ „	Versuche über das Verhalten von Beton im Moor.
„ „ „ „	Versuche über das Verhalten von Beton in der Wärme und Kälte.
Königliche Verwaltung der Herrschaft Kadinen.	Herstellung altassyrischer Glasuren, Einführung neuer Massen und Techniken, Fabrikkontrolle.
Königliches Talsperrenbauamt Heimfurt.	Laufende Traßuntersuchungen.

10

Name der Behörden und Vereine	Bezeichnung der Arbeiten
Verein Deutscher Kalkwerke.	Normenkalkkontrolle.
Verein Deutscher Eisenportlandzementwerke. ⎫ Verein Deutscher Portlandzementfabrikanten. ⎭	Vergleichende Versuche mit Portlandzement und Eisenportlandzement.
Deutscher Verband für die Materialprüfungen der Technik Ausschuß 1b.	Aufsuchung einfacher Verfahren zur Prüfung der Wetterbeständigkeit der natürlichen Bausteine.
desgl. „ 5.	Aufsuchung eines Verfahrens zur schnellen Ermittlung der Raumbeständigkeit von Portlandzement.
„ „ 12.	Einleitung von Versuchen über das Verhalten von Zementmörteln in Salzlösungen.
„ „ 14.	Nachprüfung der Le Chatelier-Probe.
Internationaler Verband für die Materialprüfungen der Technik Ausschuß 42.	Kontrolle eines Verfahrens zur Prüfung plastischer Mörtel.

Abteilung 3.

Verein Deutscher Dachpappenfabrikanten.	Aufstellung von Normalien für Rohpappe.
Königliche Bibliothek.	Feststellung von Vorschriften für Bibliothekseinbände (Papier und Stoffe).
Verein Deutscher Wollkämmer und Kammgarnspinner.	Verhandlungen über einheitliche Grundsätze beim Konditionieren.
Königliches Meteorologisch-Magnetisches Observatorium in Potsdam.	Ausfindigmachen von Papiersorten, die sich zur Registrierung der Sonnenscheindauer eignen.

Abteilung 4.

Minister der öffentlichen Arbeiten.	Untersuchungen über die Wärmeleitfähigkeit feuerfester Steine.
Verein Deutscher Portlandzementfabrikanten.	Untersuchungen über die Konstitution des Portlandzementes.
Verein zur Beförderung des Gewerbfleißes.	Untersuchungen von Lagermetallen.
Deutsche Dampfkesselnormenkommission.	Umfrage über das Verhalten von weichen und harten Kesselblechen im Betriebe.
Königliche Kommission zur Beaufsichtigung der technischen Versuchsanstalten.	Untersuchungen zur Beurteilung des Flußeisens im Dampfkesselbetriebe.

Abteilung 5.

Deutscher Ausschuß für Eisenbeton, Moorversuche, Berlin.	Versuche mit Moorwasser.

Abteilung 6.

Minister der öffentlichen Arbeiten. Minister für Handel und Gewerbe. Staatssekretär des Reichsmarineamtes. Kaiserliche Werft Kiel.	Verharzungsfähigkeit und chemische Zusammensetzung der Mineralöle.
Finanzminister. Technische Prüfungsstelle des Reichsschatzamtes.	Zollbehandlung von Ölsäure und Wollfettdestillaten.

Personalien.

Seine Majestät der Kaiser und König haben allergnädigst geruht,

dem Direktor, Geheimen Ober-Regierungsrat, Professor, Dr. Ing. Martens den Roten Adlerorden 3. Klasse mit der Schleife zu verleihen,

dem Abteilungsvorsteher, Professor Gary die Annahme und Anlegung des von Ihrer Majestät der Königin der Niederlande verliehenen Offizierkreuzes des Ordens von Oranien-Nassau zu gestatten.

Der vorgesetzte Herr Minister hat den Ständigen Mitarbeitern Memmler, Dr. Heermann und Dr. Marcusson in Anerkennung ihrer wissenschaftlichen Leistungen das Prädikat „Professor" verliehen.

Als Bureauvorsteher beim Amte ist an Stelle des verstorbenen Rechnungsrats Hähnel der expedierende Sekretär und Kalkulator Beuth ernannt worden.

Die Assistenten Panzerbieter und Dr. Frederking sind zu Ständigen Assistenten, der Bureauhilfsarbeiter Stünkel zum Sekretär, die Techniker Holdt und Barghoorn zu Ständigen Technikern und der Kanzleidiätar Teuteberg zum Kanzlisten ernannt worden.

Druck von E. Buchbinder in Neuruppin.

Aufgaben, Gliederung des Betriebes und Grundsätze für die Geschäftsführung

des

Königlichen Materialprüfungsamtes

der Technischen Hochschule zu Berlin

in

Berlin-Lichterfelde West.

(Unter den Eichen 87.)

Sonderabdruck
aus den
Mitteilungen aus dem Königlichen Materialprüfungsamt zu Berlin-Lichterfelde West.
1912. (Anlage zum Jahresbericht 1911.)
(Verlag von Julius Springer in Berlin.)

Sonderabdruck

aus den

Mitteilungen aus dem Königlichen Materialprüfungsamt zu Berlin-Lichterfelde West.

1912.

(Verlag von Julius Springer in Berlin.)

Aufgaben, Gliederung des Betriebes und Grundsätze für die Geschäftsführung des Amtes.

Aufgaben des Amtes[1]).

Das Königliche Materialprüfungsamt hat die Aufgabe:

a) Die Verfahren, Maschinen, Instrumente und Apparate für das Materialprüfungswesen der Technik im öffentlichen Interesse auszubilden und zu vervollkommnen;

b) die Prüfung von Materalien und Konstruktionsteilen

   1. im öffentlichen oder wissenschaftlichen Interesse, soweit die Mittel durch den Etat oder durch Auftraggeber zur Verfügung gestellt werden, oder

   2. gegen Bezahlung nach der Gebührenordnung für Antragsteller (Behörden und Private) auszuführen und über den Befund amtliche Zeugnisse und Gutachten auszustellen;

c) auf Verlangen beider Parteien als Schiedsrichter in Streitfragen über die Prüfung und Beschaffenheit von Materialien und Konstruktionsteilen der Technik zu entscheiden.

---

[1]) Über die geschichtliche Entwicklung des Amtes, seine Dienstgliederung, seine Räumlichkeiten und Betriebseinrichtungen ist im Verlag von Julius Springer, Berlin, eine von M. Guth und A. Martens verfaßte ausführliche Denkschrift: „Das Königliche Materialprüfungsamt der Technischen Hochschule Berlin" (380 Seiten, 359 Abbildungen im Text und 5 Tafeln, Preis 10 M.) erschienen. Auch die „Vorläufigen Vorschriften für die Benutzung des Königlichen Materialprüfungsamtes" enthalten alle für die Antragsteller wissenswerten Angaben über die Betriebseinteilung, Betriebsmittel, Verwaltungsgrundsätze, über die Beschaffenheit der einzusendenden Probestücke und die zurzeit gültige Gebührenordnung.

Über die im Amt gebräuchlichsten Prüfverfahren, Prüfeinrichtungen usw. gibt ausführliche Auskunft: Martens-Heyn: „Handbuch der Materialienkunde", Verlag von Julius Springer, Berlin.

Teil I. A. Martens: Materialprüfungswesen, Probiermaschinen und Meßinstrumente, 515 Seiten mit 514 in den Text gedruckten Abbildungen und 20 Tafeln (auch in englischer, französischer und russischer Übersetzung).

Teil II. E. Heyn: Die technisch wichtigen Eigenschaften der Metalle und Legierungen. Hälfte A: Die wissenschaftlichen Grundlagen für das Studium der Metalle und Legierungen. Metallographie.

1*

Zu den Obliegenheiten des Amtes gehört ferner, soweit seine Inanspruchnahme dies zuläßt:

d) Der Unterricht und die Abhaltung von Übungen für die Studierenden der Technischen Hochschule;

e) die Ausbildung von jungen Leuten aus der Praxis im Materialprüfungswesen sowie

f) die Unterstützung der Sonderforschung auf bestimmten Gebieten des Materialprüfungswesens durch Gewährung der Mitbenutzung von Einrichtungen an fremde Forscher[1]).

Entscheidung in Streitfällen. In Streitfällen bei Materiallieferungen an Behörden ist das Amt durch die folgenden Erlasse als entscheidende Stelle eingesetzt worden:

1. Durch Erlaß des Herrn Ministers der öffentlichen Arbeiten vom 16. August 1880 bei Streitigkeiten zwischen Baubeamten und Zementfabriken über die Güte gelieferter Zemente[2]). Dieser Vorschrift hat sich auch der Herr Minister der geistlichen, Unterrichts- und Medizinalangelegenheiten angeschlossen („Mitteilungen aus den Königlichen Technischen Versuchsanstalten" 1883 S. 50).

2. Auf Antrag der Aufsichtskommission vom 7. November 1881 wurden die Königlichen Eisenbahndirektionen, die Königlichen Oberbergämter und die Königlichen Regierungspräsidenten u. a. m. ersucht und angewiesen, in allen Fällen, in denen außergewöhnliche Brüche oder andere Zerstörungen von Material eingetreten sind, besonders wenn Unglücksfälle damit verbunden waren, Probestücke an die technischen Versuchsanstalten einzusenden, um durch chemische und mechanische Untersuchungen die Ursachen der Zerstörungen festzustellen; für die zur Kenntnis des Seeamtes kommenden Brüche an Dampferwellen hat der Herr Reichskanzler in ähnlichem Sinne verfügt. In den Fällen, in denen bei der Abnahme der Lieferung von Materialien Meinungsverschiedenheiten über die Genauigkeit der Prüfungen oder der bei den Prüfungen verwendeten Maschinen entstehen, sollen die Versuche der Anstalten entscheidend sein („Mitteilungen" 1883 S. 15).

In die „Allgemeinen Vertragsbedingungen für die Ausführungen von Staatsbauten" ist die Bestimmung aufgenommen:

„Entstehen zwischen der Verwaltung und dem Unternehmer Meinungsverschiedenheiten über die Zuverlässigkeit der bei der Prüfung der Materialien angewendeten Maschinen oder Untersuchungsarten, so kann der Unternehmer eine weitere Prüfung in der Königlichen Versuchsanstalt zu Charlottenburg (jetzt Königliches Materialprüfungsamt zu Berlin-Lichterfelde West) verlangen, deren Festsetzung endgültig entscheidend ist. Die hierbei entstehenden Kosten trägt der unterliegende Teil."

---

[1]) Die Bedingungen für die Zulassungen zu e und f insbesondere auch für die in der Abteilung 3 für papier- und textiltechnische Prüfungen eingerichteten Lehrkurse für junge Papiertechniker werden auf Verlangen vom Direktor mitgeteilt.

[2]) Obwohl inzwischen bei den Königlichen Eisenbahndirektionen für die Prüfung von Zementlieferungen sog. „Neben- und Hauptprüfstellen" errichtet sind, soll nach Erlaß des Herrn Ministers der öffentlichen Arbeiten doch dem Amt die entscheidende Prüfung in solchen Fällen, in denen Meinungsverschiedenheiten über die Beschaffenheit der Zemente entstehen, übertragen werden.

Der Herr Minister der .öffentlichen Arbeiten hat im Jahre 1894 angeordnet, daß die Untersuchung der Submissions- und Lieferungsproben von Schmierölen, soweit sie nicht durch eigene Beamte oder Laboratorien der Eisenbahnverwaltungen erfolgt, der Abteilung für Ölprüfung übertragen werden („Mitteilungen" 1894 S. 137).

Das Königliche Kriegsministerium hat das Amt als entscheidende Stelle in Streitfällen über die Beschaffenheit und bedingungsgemäße Lieferung von Schnürschuh-, Brotbeutel- und Zeltstoffen eingesetzt („Mitteilungen" 1902 S. 234).

Nach dem Erlaß des Königlichen Staatsministeriums („Mitteilungen" 1903 S. 211 bis 215) sind für alle Papierlieferungen an Behörden die Zeugnisse des Amtes ausschlaggebend.

Die Kontrolle des Normensandes für die Prüfung von Portlandzement, die Kontrolle des Normenkalkes für die Prüfung von Traß, sowie des Normalbenzins für die Prüfung von Ölen auf Asphaltgehalt ist dem Amt übertragen worden.

Der Herr Justizminister hat durch das Justizministerialblatt Nr. 40 vom 26. Oktober 1906 auf Seite 386 nachstehende Verfügung seinen nachgeordneten Behörden zur Kenntnis gebracht:

Allgemeine Verfügung vom 18. Oktober 1906 betreffend das Materialprüfungsamt in Berlin-Lichterfelde West.

Das Arbeitsgebiet des Königlichen Materialprüfungsamtes in Berlin-Lichterfelde West scheint nach gelegentlichen Wahrnehmungen nicht allen Justizbehörden ausreichend bekannt zu sein. Ich mache daher darauf aufmerksam, daß das Materialprüfungsamt mit seinen Abteilungen

    1. für Metallprüfung,
    2. „ Baumaterialprüfung,
    3. „ papier- und textiltechnische Prüfungen,
    4. „ Metallographie,
    5. „ allgemeine Chemie,
    6. „ Ölprüfung,

alle in diese Gebiete fallenden Untersuchungen über Materialeigenschaften usw. ausführt und Gutachten sowie Obergutachten, insbesondere auch gerichtliche Gutachten über hierher gehörige Fragen abgibt. Der letzte Jahresbericht des Amtes, der über dessen Tätigkeit nähere Auskunft gibt, wird in nächster Zeit den Oberlandesgerichtspräsidenten und den Oberstaatsanwälten, sowie den Landgerichtspräsidenten und den Ersten Staatsanwälten, diesen zugleich zur Verteilung an die Amtsgerichte des Landgerichtsbezirkes, in einer entsprechenden Zahl von Abdrücken unmittelbar zugehen.

Berlin, den 18. Oktober 1906.   Der Justizminister: Dr. Beseler.

Dieser Erlaß hat bewirkt, daß das Amt in zahlreichen Fällen zur Begutachtung und Entscheidung herangezogen worden ist.

Gliederung des Betriebes.

Außer dem allgemeinen technischen und Verwaltungsbetriebe[1]) bestehen zwei versuchs-technische Betriebszweige, die sich in je drei Abteilungen gliedern.

Gliederung des Amtes.

---

   [1]) Die Oberleitung des Amtes und der allgemeine Betrieb unterstehen dem Direktor Geheimen Oberregierungsrat Professor Dr. Ing. A. Martens. Der mechanische Betriebszweig ist dem Direktor Geheimen Regierungsrat Professor Rudeloff, der chemische Betriebszweig ist dem Direktor Professor Heyn unterstellt; diese sind zugleich Vorsteher der Abteilungen 1 und 4. Vorsteher der Abteilungen 2, 3, 5 und 6 sind die Professoren Gary, Herzberg, Rothe und Dr. Holde.

Der mechanische Betriebszweig[1]) umfaßt:

Abteilung 1 für Metallprüfung, in der vornehmlich Materialien und Konstruktionsteile für den Maschinenbau geprüft und Festigkeitsuntersuchungen aller Art, physikalische Prüfungen, Untersuchungen von Prüfungsmaschinen, Apparaten usw. ausgeführt werden.

Abteilung 2 für Baumaterialprüfung, in der Materialien und Konstruktionsteile für das Baufach, Steine, Bindemittel, Mörtel, Beton usw. auf Beschaffenheit und Festigkeit geprüft, Belastungsproben, Brandproben, Abnutzungsversuche, Gefrierversuche usw. vorgenommen und Einrichtungen und Geräte zur Baumaterialprüfung untersucht und verglichen werden.

Abteilung 3 für papier- und textiltechnische Prüfungen, in der Papier- und Textilfaserstoffe (Rohstoffe, Halbstoffe und Erzeugnisse) auf ihre Art und Eigenschaften untersucht werden und namentlich die Prüfung des Papiers für amtliche Zwecke durchgeführt wird.

Der chemische Betriebszweig[1]) umfaßt:

Abteilung 4 für Metallographie, in der besonders metallurgische, metallographische, mikroskopische, chemische und physikalische Untersuchungen des Eisens und anderer Metalle ausgeführt werden.

Abteilung 5 für allgemeine Chemie, in der die chemisch-analytische Untersuchung der Materialien für die Technik besorgt wird, insbesondere Heizwertbestimmungen, Wasser-Analysen, Erz- und Metalluntersuchungen, Baumaterial-, Anstrichfarben-, Kautschuk- und Tintenprüfungen usw. vorgenommen und Zollstreitfragen u. a. m. behandelt werden.

Abteilung 6 für Ölprüfung, in der die chemischen und physikalischen Untersuchungen von Ölen, Fetten, Wachsen, Kerzenmaterialien, Seifen, Petroleumprodukten, Teeren, Asphalten usw. ausgeführt und Zollstreitfragen u. a. m. behandelt werden.

Geschäfts-
führung.

Grundsätze für die Geschäftsführung.

Über die Grundsätze, nach denen die Geschäfte im Materialprüfungsamte geführt werden, sei hier kurz wiederholt, was in der mehrfach angezogenen „Denkschrift" S. 114 bis 115 gesagt worden ist:

> Die Arbeiten sollen so schnell, so vollkommen, wie möglich, und vor allem unparteiisch, zwar genau nach dem Antrage oder vereinbarten Plan, aber auch unter Wahrung der öffentlichen Interessen ausgeführt werden.

Das Amt gibt demgemäß aus freien Stücken, oder auf Wunsch dem Antragsteller wohl Rat über zweckmäßigste Art und Umfang des Antrages, Art der Probeentnahme und Art der Versuchsführung; da aber jedermann das Recht hat, das Amt als öffentliche Prüfungsanstalt auf Grund der Gebührenordnung nach seiner eigenen Wahl in Anspruch zu nehmen, so führt es die Prüfungen auch dann antragsmäßig aus, wenn es selbst den Antrag nicht für erschöpfend genug hält, um die Eigenschaften des geprüften Gegen-

---

[1]) Siehe Note 1 Seite 5.

standes völlig klarzulegen. In solchen Fällen, in denen es wegen nicht einwandfreier Auswahl der Proben, wegen nicht ausreichender Probenzahl, wegen der vom Antragsteller vorgeschriebenen Ausführungsart oder aus anderen Gründen Bedenken hegt, teilt das Amt seine Bedenken zunächst dem Antragsteller mit und behält sich vor, sie, nötigenfalls unter besonderer Begründung, im Prüfungszeugnis anzugeben oder öffentlich zu erörtern. Ebenso werden alle bei der beantragten Prüfung sich ergebenden Beobachtungen in das Prüfungszeugnis aufgenommen, wenn sie nach Meinung des Amtes von Einfluß auf die Beurteilung des Prüfungsgegenstandes sein können.

Da die Zeugnisse des Amtes bei Angeboten und Lieferungen vielfach zum Nachweis der Beschaffenheit der geprüften Gegenstände benutzt werden, so ist es mit Rücksicht auf das Obengesagte notwendig, daß der Empfänger sich davon überzeugt, ob der Umfang der Prüfung und das bescheinigte Ergebnis im besonderen Falle ausreichend sind, um die Eigenschaften (Güte oder Wert) der Ware erschöpfend beurteilen zu können[1]. _Prüfungszeugnisse._

Da Hebung und Förderung der wirtschaftlichen Tätigkeit Ziel der öffentlichen Anstalten sein muß, kann gegen die ordnungsmäßige Benutzung der von ihnen ausgegebenen Zeugnisse zur Warenanpreisung kein Einwand erhoben werden, gegen den unlauteren Wettbewerb mit Hilfe der Zeugnisse ist die gesetzliche Handhabe gegeben. Nichtsdestoweniger werden die Zeugnisse des Amtes so objektiv wie möglich abgefaßt, sie enthalten tunlichst nur Maßwerte und vermeiden, soweit angängig, allgemeine Ausdrucksweise über die Beschaffenheit der Ware. Im übrigen wird über die Versuchsausführung usw. in den Zeugnissen alles das angegeben, was nicht allgemein bekannt oder in den „Mitteilungen" nicht schon ausführlich besprochen ist und was für die Beurteilung der Versuchsausführung von Wert sein kann.

Für die Benutzung des Amtes durch die Antragsteller ist dem Herrn Minister eine umfangreiche Gebührenordnung zur Genehmigung vorgelegt, deren einzelne Sätze sich auf die verschiedenartigsten Prüfungen beziehen, wie sie sich im Laufe der Jahre herausbildeten. Die Gebührenordnung wird auch zugleich eine Übersicht über die Hilfsmittel des Amtes geben, so daß aus ihr erkannt werden kann, in welchem Maße und in welcher Weise man seine Hilfe auch in außergewöhnlichen Fällen in Anspruch nehmen kann. Die Gebührenordnung wird später auf Begehr vom Amt kostenfrei abgegeben werden. _Gebührenordnung._

Der allgemeine Betrieb umfaßt die allgemeine Verwaltung, das Bureau mit Kassen-, Registratur- und Kanzleiwesen, die Haus- und Materialverwaltung, die Kraftzentrale mit Kessel- und Akkumulatorenbetrieb und Zentralheizung, die Werkstatt für Reparatur und Probenbearbeitung, photographisches Atelier, die Bücherei und die Sammlung. _Allgemeiner Betrieb._

Der versuchstechnische Betrieb ist in die sechs Abteilungen (S. 6) gegliedert, die ihre Geschäfte so viel wie möglich selbständig, aber nach einheitlich geregelten Grundsätzen führen. Es wird Wert darauf gelegt, daß dies auch nach außen hervortritt, und die Abteilungsleiter als Spezialfachmänner in engster Fühlung mit ihrem Wirkungskreise bleiben. _Abteilungsbetrieb._

---

[1] Vielfach werden zum Ausweise der Eigenschaften von angebotenen oder gelieferten Materialien mehrere Jahre alte Zeugnisse vorgelegt, die für die fragliche Ware gar nicht mehr maßgebend sein können, oder Auszüge aus Zeugnissen, die nicht den vollen Umfang der Prüfungszeugnisse enthalten. Man wird also auf diese Punkte achten müssen und in wichtigen Fällen gut tun, sich die Originalzeugnisse oder beglaubigte Abschriften vorlegen zu lassen. Um übrigens dem Unwesen einigermaßen zu steuern, gibt das Amt Abschriften nur von Zeugnissen, die nicht älter sind, als etwa ein Jahr. Werden die Prüfungsergebnisse ohne die Bezeichnung „Auszug" gekürzt oder entstellt und falsch in Abschriften oder Drucksachen verbreitet, so geht das Amt gegen den Verbreiter öffentlich vor, wenn seine Verwarnung ohne Erfolg bleibt; es nimmt grundsätzlich jede mit Namensunterschrift versehene Anzeige über solchen Mißbrauch als Anlaß zum Einspruch.

In der Leitung der Abteilung werden die Vorsteher durch die Ständigen Mitarbeiter unterstützt, denen die Assistenten, Techniker usw. unterstellt sind.

Die Vorsteher führen den technischen Betrieb nach den bestehenden Grundsätzen in ihrer Abteilung selbständig, sind aber für sachgemäße, schnelle und gute Ausführung der Arbeiten dem Unterdirektor und dem Direktor des Amtes verantwortlich; sie führen auch geschäftsordnungsmäßig den zur Abwicklung der Anträge erforderlichen Verkehr mit den Antragstellern.

Die Mitarbeiter sollen die Vorsteher in der Geschäftsführung, ganz besonders aber auch wissenschaftlich unterstützen, und sie in Behinderungsfällen vertreten. Ihnen werden vom Abteilungsvorsteher besondere Zweige der Arbeiten zugewiesen; unter ihrer Leitung werden die Versuchsarbeiten ausgeführt.

Amtsver-
schwiegenheit.

Allen Beamten, sowie den Gehilfen und Arbeitern, ist die Pflicht der strengen Wahrung der Amtsverschwiegenheit auferlegt, damit die Antragsteller mit Vertrauen ihre Interessen in jeder Weise klarlegen und so die Hilfe des Amtes möglichst vollkommen ausnützen können.

Verkehr mit der
Praxis.

Der Verkehr mit der Praxis ist, wo immer möglich, gesucht und gepflegt worden. Die Direktoren, die Vorsteher und Beamten der Abteilungen haben jede Gelegenheit benutzt, um durch Gedankenaustausch die Erfahrungen im Amt zu mehren und den gewonnenen Schatz so ergiebig wie möglich nach außen wirken zu lassen.

Wo immer Gelegenheit sich dazu bietet, werden Besprechungen mit Einzelpersonen und Vertretern von Industrie, technischen Vereinen und Gesellschaften gepflegt, Versammlungen besucht, und wird in Ausschüssen zur Förderung gemeinsamer Arbeiten [1]) mitgearbeitet.

Einsprüche
gegen das Amt.

Bei. der Vielseitigkeit seiner Aufgaben und bei dem großen Geschäftsbetrieb liegt es auf der Hand, daß auch dem Amt, trotz gewissenhaftester Verwaltung und trotz der streng ausgeübten Kontrolle aller Arbeiten, gelegentlich Fehler unterlaufen. Einsprüche gegen die Prüfungsergebnisse kommen daher immerhin vor. Jeder Einspruch wird eingetragen und muß dem Direktor zur Nachprüfung der Beschwerde vorgelegt werden. Bisher haben immer nur wenige Fälle die Berechtigung des Einspruches erwiesen. Diese Fälle geben nicht nur zur Rüge der schuldigen Beamten Anlaß, sondern sie werden vor allen Dingen zu Verbesserungen im Betriebe und zur Ersinnung besserer Prüfverfahren führen. Daher werden Einsprüche

---

[1]) Das Amt nimmt gern jede Gelegenheit wahr, die Bedürfnisse der Praxis kennen zu lernen und seine Hilfe und Erfahrungen bei Schwierigkeiten im Betriebe und im Verkehr zur Verfügung zu stellen. Es ist zu Besprechungen über solche Fälle, sowie auch über Wünsche und Anregungen für seine eigene Tätigkeit stets gerne bereit, so daß es den Interessenten möglich wird, auf die Arbeiten und Betriebsweise Einfluß zu nehmen, wenn Einzelpersonen oder Vertreter von Industriezweigen persönliche Fühlung suchen wollen. Durch solche Verhandlungen wird der Anschauungskreis der Beamten erweitert, das Verantwortlichkeitsgefühl gehoben und der Wert des Amtes für Industrie und Gewerbe gemehrt. Man wird freilich bei diesem Verkehr nicht außer acht lassen dürfen, daß das Amt sich eine gewisse Zurückhaltung auferlegen muß, weil es neben der Wohlfahrt der Erzeuger auch die Wohlfahrt der Verbraucher im Auge behalten soll. Diese Zurückhaltung ist bei dem oft scharfen Kampf zwischen einzelnen Firmen und Industriezweigen geboten, weil die Zeugnisse und Äußerungen des Amts oft einseitig in den Kampf geführt werden.

Da mehrfach gelegentliche private Meinungsäußerungen von Beamten dem Amte unterschoben wurden, so wird hiermit erklärt, daß das Amt solche Vorgänge grundsätzlich nicht anerkennt.

Für das Amt verbindliche Äußerungen sind nur Äußerungen, die vom Direktor abgegeben und schriftlich bestätigt sind. Zugleich wird auch darauf hingewiesen, daß es zweckmäßig ist, Schriftstücke nicht an einzelne Beamte (auch nicht an den Direktor), sondern an das Amt zu richten. Ordnung und schnelle Erledigung ist nur auf diese Weise zu erzielen.

im allgemeinen freundlich aufgenommen, auch wenn in ihnen etwa der Interessentenstandpunkt gar zu sehr herausgekehrt erscheint, weil jeder Einspruch die Vorsicht der Beamten fördern wird und man annehmen muß, daß ja im allgemeinen ein Kaufmann nicht ohne Not zu unbegründeten Vorstellungen schreiten wird, die alsdann freilich zur Abwehr führen müssen und der Sache nicht förderlich sind. Dazu muß aber, wie im Jahresbericht 1910, bemerkt werden: Werden Fehler als solche erkannt, so werden sie stets freimütig eingeräumt und das ursprüngliche Zeugnis wird richtig gestellt, wobei zu beachten bleibt, daß in den öffentlichen Prüfämtern alle technischen Fächer, Chemie, Physik, Maschinenbau, Bauwesen, Metallurgie, Metallographie, Textil- und Papiertechnik durch Sonderfachleute vertreten sind, die das Prüfungswesen zu ihrer alleinigen Aufgabe machen, vielfach führend in ihrem Fache hervorgetreten sind, und kein Interesse daran haben, irgend jemand wehe zu tun. Die Staatsämter stehen ferner noch viel mehr unter öffentlicher Kontrolle als die sonstigen Prüfstellen, um so mehr als sie ohnehin ja auch diese noch zu ihren Aufpassern haben. Darin wird man volle Gewähr für gute Leistung begründet finden.

Zuweilen wird Einspruch gegen Zeugnisse erhoben, weil eine andere Prüfstelle ein anderes, für den Antragsteller günstigeres Ergebnis gefunden haben.

Das Amt prüft alsdann, ob nach Lage der Vorgänge im eigenen Betriebe eine Wahrscheinlichkeit für einen Fehler oder ein Versehen vorliegt, teilt den Befund dem Antragsteller mit und bietet die Wiederholung der Prüfung mit dem zur ersten Prüfung benutzten in seinen Händen befindlichem Material an, unter der Bedingung, daß der Antragsteller die Kosten der Nachprüfung zu tragen hat, wenn die Nachprüfung innerhalb der Fehlergrenzen des Verfahrens das erste Ergebnis bestätigt. Häufig wird aber auch verlangt, daß die Nachprüfung an einem Material, das einer zweiten Prüfstelle vorgelegen hat, erfolgen möge. Dies lehnt das Amt ab, wenn nicht die Gewißheit besteht, daß die Proben zuverlässig identisch sind mit den vom Amt früher geprüften.

Zuweilen wird von Antragstellern gefordert oder erwartet, daß das Amt in seinen Zeugnissen die eine oder die andere Angabe aus dem Schriftwechsel aufnehmen möge. Deswegen muß auch hier aus dem Bericht 1910 wiederholt werden, daß das Amt, um seine objektive Stellung zu wahren, ganz allgemein nicht ohne weiteres Angaben über Zusammensetzung und Eigenschaften der von ihm geprüften Materialien als tatsächlich zutreffend annehmen darf. In diesem Falle würde sich die Prüfung erübrigen und es genügen, wenn das Amt seine Zeugnisse auf Grund der Angaben seiner Auftraggeber anfertigen wollte. Diesen Zustand wird aber niemand befürworten wollen.

Das Vorgehen des Amtes bei solchem Ansinnen ist aus seinen Erfahrungen gezeitigt, die es leider veranlassen müssen, auf Zeugenaussagen in Dingen, die sich objektiv nachweisen lassen, wenig Gewicht zu legen, und es ist wohl anzunehmen, daß ein gleicher Standpunkt von allen staatlichen Ämtern eingenommen wird.

Das Amt Berlin-Lichterfelde weist auf Grund seiner Erfahrungen Feststellungen aus Fabrikationsbüchern oder von Angestellten der Auftraggeber stets zurück, denn diese Zeugenaussagen beweisen im Grunde nichts, als daß die Absicht bestanden hat, eine bestimmte Zusammensetzung zu erzeugen; sie können aber nicht beweisen, daß diese Absicht tatsächlich auch erreicht worden ist. Derjenige, der den Befehl gegeben hat, weiß in der Regel nicht, ob dieser tatsächlich ausgeführt worden ist; er weiß sehr oft auch nicht, welche Veränderungen der Fabrikationsgang tatsächlich ausgeübt hat.

Die Prüfstelle, die solche Angaben gelten läßt und ohne Nachprüfung als Grundlage für ihre Zeugnisse benutzt, würde leichtsinnig handeln und öffentlichen Glauben nicht verdienen.

Beeinflussung
der Zeugnisse.

2

Vermittelung bei Streitigkeiten. Die Materialprüfungsämter können, wenn sie sich ihre freie Stellung zu wahren wissen, besonderd gut und erfolgreich die Vermittelung der Interessen zwischen Erzeuger und Verbraucher übernehmen und können leichter vermitteln, besonders auch zwischen Staatsbehörden und Lieferern, als irgend eine andere Stelle. Auf freie interesselose Stellung der Ämter wird also besonderer Wert zu legen sein; sie kann ein beachtenswerter Faktor im Verkehrsleben werden. Die Ämter werden daher mit größtem Eifer bestrebt sein, diese Stellung zu wahren und ihre Leistungsfähigkeit stetig zu verbessern. Die Industrie und die Kreise, denen die Ämter zu dienen haben, werden gut tun, ihrerseits dieses Streben zu unterstützen und die Ämter in ihrem eigenen Interesse voll auszunutzen.

Fühlungnahme mit der Industrie. Es wird allerorts eifrig dafür gesorgt werden, daß die führenden Männer der Anstalten mit den technischen Hochschulen sowie mit der Industrie in engster Fühlung bleiben; bisher ist denn auch gleiches Streben bei allen Materialprüfungsämtern zu bemerken gewesen. Die Ämter und ihr Personal nehmen gern jede Gelegenheit wahr, Nutzen für die Förderung des Materialprüfungswesens aus möglichst engem Verkehr mit der Praxis zu ziehen; die Industrie hat dieses Streben bisher immer unterstützt. Industrie und Handel erkennen sehr wohl die Vorteile, die sie aus enger Beziehung zum staatlichen Materialprüfungswesen schöpfen können; sie benutzen die Ämter vielfach und die Beziehungen werden von Jahr zu Jahr enger; oft ist der Rat der Anstalten für die Ausbildung des Prüfungswesens in Fabriken erbeten worden.

Abfällige Urteile. Wie ich in früheren Berichten die Herren Kritiker freundlichst bat, aus eigenem Augenschein die Ämter in ihren Einrichtungen und ihrem Wesen kennen zu lernen, damit sie zu gerechter Beurteilung der Verhältnisse in der Lage sind, so möchte ich diese Einladung, den Ämtern ihren Besuch zu schenken, auch an die Herren gerichtet haben, die in den Volksvertretungen der Bundesstaaten sich mit dem öffentlichen Materialprüfungswesen befassen. Sie können der öffentlichen Wohlfahrt viel mehr dienen, wenn sie die Ämter und ihre Einrichtungen aus eigener Anschauung kennen, als wenn sie sich durch mehr oder weniger interessierte Privatquellen unterrichten lassen. Die Herren könnten sich um das deutsche Wirtschaftsleben hoch verdient machen, wenn sie durch ihren Einfluß es den Ämtern erleichtern wollten, den Bedürfnissen von Gewerbe und Handel immer mehr gerecht zu werden, indem sie auf Grund eigener Erkenntnis vorhandenes Streben kräftigen. Ich stehe nicht an, namens der deutschen Prüfämter die Versicherung abzugeben, daß sie aus allen Kräften das Beste für das Land leisten wollen.

Höhe der Gebührensätze. Zuweilen wird über die Höhe der Gebühren für die Prüfungen im Amt geklagt und Anträge werden zurückgezogen, wenn die Verhandlungen über die Gebühren beginnen.

Man geht meistens von einer falschen Voraussetzung aus, indem man erwartet, daß der Staat seine Leistungen umsonst hergeben müsse, wenn es auf die Förderung von Handel und Gewerbe ankommt. Es wird gut sein, hier darauf aufmerksam zu machen, daß die Staatsverwaltung in Zukunft die Deckung des bisher für das Amt erforderlichen Staatszuschusses durch das Amt erwartet; das Amt soll sich aus seinen Einnahmen erhalten. Das ist aber nur erreichbar, wenn die Gebührensätze so bemessen werden, daß sie nicht nur die unmittelbaren Aufwendungen an Gehältern und Löhnen decken, sondern auch die Generalunkosten, die aus der allgemeinen Verwaltung des Amtes, aus den Betriebsunkosten, aus der Erhaltung der Anlage und der Verzinsung des Anlagekapitals sich ergeben. Solange dieser Grundsatz besteht und solange nicht zugestanden wird, daß dem Amt auch seine idealen Leistungen, die in der Förderung von Handel und Gewerbe bestehen, als Einnahmen gutgeschrieben werden, wird es nicht möglich sein, die Gebühren herabzusetzen[1]), denn das Verhältnis zwischen Einnahme und Ausgabe bewegt sich bisher immer nach den Linien Abb. 1. Das ist zwar ein äußerst günstiges Verhältnis, wenn man die Abschlüsse anderer Anstalten dagegen hält, aber von dem verlangten Zustande der nackten Selbsterhaltung weicht es dennoch beträchtlich ab.

Das Amt würde schwerlich mit den bestehenden staatlichen und privaten Anstalten konkurrieren können, wenn es plötzlich seine Gebühren erhöhen müßte, das

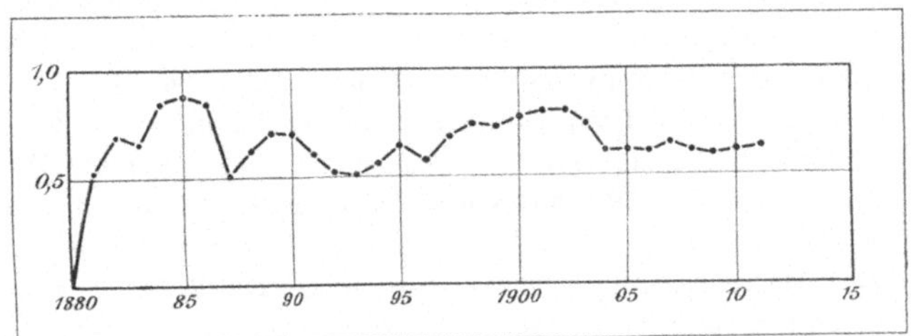

Abb. 1. Verhältnis zwischen Einnahmen und Ausgaben in den Jahren 1880—1911.

wäre auch selbst dann nicht zu erwarten, wenn seine Leistungen und der Nutzen seiner Prüfungen wesentlich höher veranschlagt würden, als diejenigen anderer Prüfstellen; der kaufmännische Geist der Auftraggeber würde doch die Stellen bevorzugen, die billiger arbeiten. Daß die Gebührenhöhe mit den Leistungen des Amtes im richtigen Verhältnis steht, beweist Abb. 1. Das Verhältnis zwischen Einnahme und Ausgabe hat sich immer auf gleicher Höhe erhalten; die Personalkosten sind zwar durch die inzwischen eingetretene allgemeine Aufbesserung der Gehälter im Staatsbetrieb erheblich gestiegen, aber das Verhältnis $\frac{\text{Einnahme}}{\text{Personenzahl}}$ hat sich doch ständig günstig gestaltet.

Die Leitung des Amtes muß m. E. den Gesichtspunkt der besten Ausnutzung des Personals höher stellen, als den rein finanziellen. Sie muß dahin streben, daß bei Erhaltung des gegenwärtigen Standes und bei seiner langsamen Besserung vom Amt stets die beste Arbeit im Lande geleistet wird; daraus wird mehr Nutzen geschaffen werden, als aus billiger und oberflächlicher Arbeit um jeden Preis. Solange beim Streben nach dieser Richtung die Aufträge stetig wachsen, muß man doch wohl schließen, daß der Wert der Amtstätigkeit im Lande Anerkennung findet. Ich schöpfe aus dieser Erkenntnis die Kraft zum weiteren Ringen in dieser Richtung, und gewinne die Hoffnung, daß das Amt sich immer mehr zum Nutzen der Allgemeinheit entwickeln wird, weil ich auch weiß und sehe, daß die führenden Männer im Amt mein Streben teilen.

Zur vollkommenen Durchführung von aufgestellten Normalien wird es in den meisten Fällen notwendig, auch bestimmte Prüfungsverfahren zu vereinbaren und womöglich die Kontrolle auf eine oder wenige Stellen zu verlegen. Es bedarf durchaus auch der Vereinbarungen über die Art der Probeentnahme; und um diese anzuregen, will ich hier abdrucken, was ich in meiner Arbeit über den „Zuverlässigkeitsgrad" aussprach.

„Die Kunst der Probenahme will achtsam geübt sein und bedarf wohlerwogener Maßnahmen, die ebenso sorgsam durchdacht sein müssen als das Vorgehen bei der Versuchsausführung selbst. Und doch ist gerade die Probenahme derjenige Teil im Materialprüfungswesen, der heute am stiefmütterlichsten behandelt wird. Man begnügt sich allenfalls damit, daß ein Beamter bei der Probeentnahme zugegen ist und die Bescheinigung abgibt, daß die Proben aus einem bestimmten Betriebe stammen, vielleicht

Amtliche Probenentnahme

---

[1]) Gegenüber den oft einlaufenden Anträgen auf Gebührenermäßigung muß bemerkt werden, daß dem Amt das Recht hierzu nicht zusteht.

2*

mit dem Hinzufügen, daß sie in seiner Gegenwart entnommen wurden. Daß die Proben mit Sachverstand und unter welchen Vorsichtsmaßregeln sie entnommen wurden, wird meistens gar nicht erwähnt. Es ist nicht wahrscheinlich, daß ein Notar, Amtsvorsteher oder Polizeibeamter für sich ein besonderes Maß von Sachverständnis in Anspruch nehmen wird. Nachdem von den deutschen Staatsregierungen die Zweckmäßigkeit, wenn nicht die Notwendigkeit erkannt worden ist, das Materialprüfungswesen in besonderen Prüfämtern ausführen zu lassen, um der Bevölkerung die Möglichkeit zu geben, den Wert der Materialien unbeeinflußt von Sonderinteressen feststellen zu lassen, ist es eigentlich eine ebenso große Notwendigkeit und für den technischen Fortschritt in jeder Weise förderlich, daß die Probeentnahme unter die gleiche Möglichkeit gestellt wird. Das Materialprüfungsamt in Berlin-Lichterfelde, und sicherlich auch die übrigen Staatsanstalten, entsenden daher auf Antrag und unter Berechnung der hierfür angesetzten Gebühren ihre sachverständigen Beamten, um die Proben aus den Betrieben oder aus den Lieferungen entnehmen zu lassen.“

Kontrolle der Fabrikerzeugnisse.

Es gibt eine Reihe von Erzeugnissen, bei denen der Nachweis, daß die Lieferung gewissen Bedingungen entspricht, vielleicht noch sicherer und erfolgreicher erbracht werden kann, als es bisher geschehen ist. Es wird zuweilen möglich sein, aus einer großen Masse von Waren, die einheitlich nach bestimmten Vorschriften erzeugt worden sind, durch amtliche Probeentnahme und Prüfung den mittleren Zustand der Ware festzustellen, dann die Ware Stück für Stück mit einem amtlichen Kennzeichen zu versehen, aus dem die Tatsache der Kontrolle hervorgeht, so daß die Ware, mit diesem Kennzeichen auf den Markt gebracht, öffentlichen Glauben findet. Auch hierdurch könnte wohl deutschen Erzeugnissen ein guter Weg erschlossen werden. Der deutsche Normensand für die Zementprüfungen wird bereits nach diesem Verfahren vom Amt geprüft und in von ihm plombierten Säcken in den Handel gebracht.

Zuverlässigkeit von Festigkeitsprüfungen.

Die zahlreichen Prüfungen, die im Laufe der Jahre für den märkischen Ziegeleibesitzerbund E. V. zu Berlin sowie für den Verein deutscher Kalksandsteinfabrikanten ausgeführt worden sind, gaben nicht nur die Gelegenheit, die Leistungen der Einzelbetriebe miteinander zu vergleichen, sie gaben dem Amt vielmehr auch Anlaß, einige gute Lehren für das Materialprüfungswesen daraus zu ziehen, worüber im Jahrgang 1911 der „Mitteilungen“ berichtet worden ist[1]).

Das Amt kann nach der durch diese Arbeit gewonnenen Erkenntnis in Zukunft nicht Prüfungen mit weniger als 10 Ziegel- oder Kalksandsteinen übernehmen und wird jedenfalls im Zeugnis auf die Unzulänglichkeit der Mittelwerte aus einer geringeren Zahl hinweisen, da dann keinerlei Gewähr dafür übernommen werden kann, daß die wiederholte Prüfung der Steine gleicher Fabrikation angenähert gleiche Mittelwerte liefern wird. Es ergibt sich auch die Überzeugung, daß außer auf den im Zeugnis angegebenen Mittelwert auch auf den Gleichförmigkeitsgrad bei der Beurteilung der Druckfestigkeit von Bausteinen zu achten ist.

Festigkeit des Mauerwerks.

Wenn es vielleicht auch für die Entwicklung der Mauerfestigkeit nicht von allzu großer Bedeutung sein mag, ob der eine oder der andere Stein von dem Mittelwert der Druckfestigkeit mehr oder weniger abweicht, so kann es doch kaum einem Zweifel unterliegen, daß man immer gut tun wird, auf ein gleichmäßiges Material Wert zu legen. Jedenfalls sollte man die Festigkeitsfrage durch den Versuch mit großen Mauerwerkskörpern

---

[1]) A. Martens, Zuverlässigkeitsgrad von Festigkeitsversuchen Mitt. 1911 Heft 5 S. 249.

klären. Die deutschen Prüfämter sind sehr wohl darauf eingerichtet, solche Versuche zu übernehmen.

Bis dies geschehen sein wird, hat das Amt die Anordnung getroffen, daß in seinen Zeugnissen die Mittelwerte der Druckfestigkeit in Klammer gesetzt werden, sobald in einer Versuchsreihe mit 10 Proben Abweichungen von mehr als $\pm\,25\%$ gegen das Mittel vorkommen, oder sobald der mittlere Fehler Δ_m größer als $\pm\,12\%$ wird. Außerdem wird der Mittelwert noch rot durchstrichen, wenn die **Abweichung vom Mittelwert** $\pm\Delta$ mehrmals größer als $\pm\,25\%$ wird. Das Amt hofft, hiermit seine Schuldigkeit gegenüber der Bauwelt zu tun und hofft auch, daß es der Industrie immer mehr gelingen wird, diese Maßnahmen überflüssig zu machen.

Dem Amt wird häufig Gelegenheit geboten, sich zu der **Frage der Eichung der Prüfungsmaschinen und der Prüfungseinrichtungen zu äußern.**

Ich verweise auf das hierüber in den Jahresberichten 1908 S. 3—5 und 1909 S. 13 („Mitteilungen" 1909 S. 377 f. und 1910 S. 369) Gesagte und besonders auf das, was ich in meiner Arbeit über den „Zuverlässigkeitsgrad von Festigkeitsprüfungen" in Heft 5 1911 anführte. Die Erfahrungen des Amtes haben die dort gegebenen Gründe nur verstärkt und ihm die Überzeugung geliefert, daß die empfohlenen Maßregeln auf die Dauer nicht zu umgehen sind, weil sie eine logische Notwendigkeit sind. Ich bin überzeugt, daß gerade die Industrie es sein wird, die oft wiederholte Kontrolle der Maschinen und ihre Eichung fordern wird, je mehr die Behörden und die Großabnehmer dazu übergehen werden, die Prüfung der Lieferungen auf eigenen Maschinen vorzunehmen.

Was nützen alle Vorschriften über die Festigkeitseigenschaften der Materialien, wenn es jedermann freisteht, diese Eigenschaften mit falschen Maschinen festzustellen?

Die Einsicht von der Unzuträglichkeit dieses Zustandes und der Wunsch, sich aus ihm herauszuziehen, hat merkwürdige Gedanken gezeitigt. Es wurde im Ernst überlegt, daß, um Widersprüchen bei der Nachprüfung zu begegnen, vorzuschreiben sei, daß die Prüfung auf Erfüllung der Lieferbedingungen auf derselben Maschine geschehen müsse, die zur Prüfung der Angebotsprobe diente. Was nun, wenn beide Prüfungen in gleichem Maße falsch sind, weil die Maschine vielleicht um 10 bis 20% falsche Anzeige lieferte? Wäre es dann nicht besser, die Festigkeitsversuche überhaupt fallen zu lassen?

Man kann es den Verbrauchern, insbesondere auch den Staatsbehörden ganz gewiß nicht verdenken, wenn sie sich über den Grad der Erfüllung der mit den Erzeugern von Waren eingegangenen Lieferbedingungen kurzerhand selbst überzeugen wollen. Das Handelsrecht kennt ja die Verpflichtung zur Nachprüfung innerhalb bestimmter Frist. Durch die Nachprüfung am Erfüllungsort (Lieferstelle, Bauplatz usw.) wird außer Verhütung von Unaufrichtigkeiten im Liefergeschäft, sowie von Schäden und Unzuträglichkeiten, ohne allen Zweifel die Erfahrung der jungen Beamten vermehrt und das kann einen Fortschritt zur Folge haben. Aber ein anderes ist es, wenn außer auf den Baustellen auch bei den höheren Verwaltungsstellen noch Prüfungsinstanzen geschaffen werden, und wenn deren Ergebnisse ausschlaggebend gemacht werden für die Entscheidung von Meinungsverschiedenheiten über Liefergeschäfte. Damit macht man dann die Behörde zum Richter in eigener Sache, was gesunden Rechtsgrundsätzen kaum entsprechen dürfte; außerdem ist zu beachten, daß derselbe Staat, der die öffentlichen Materialprüfungsämter ins Leben rief, um seinen Bürgern unbeeinflußte Stellen zu schaffen, an denen jedermann sich mit vollem Vertrauen Entscheidung bei Meinungsverschiedenheiten über die Materialbeschaffenheit holen kann, seinen Materialprüfungsämtern durch Errichtung der Prüfstellen bei den Behörden starken Abbruch schafft. Auf die Sicherheit der Prüfungen kann außerdem bei den öffentlichen Prüfämtern weit zuverlässiger gerechnet werden, als bei den Prüfstellen der Behörden, weil diese im Nebenamt verwaltet werden und weil die Kontrolle über die Richtigkeit der Maschinen, Meßwerkzeuge und Prüfverfahren und auch über die Zuverlässigkeit der Personen hier nicht in gleich sorgfältiger Weise durchgeführt zu werden pflegt, wie dies bei den öffentlichen Ämtern geschieht.

Die Verwaltungen pflegen für den Bestand ihrer Prüfstellen geltend zu machen, daß sie durch diese Stellen wertvolle Erfahrungen gewinnen, daß sie schneller und billiger arbeiten als die öffentlichen Ämter.

Das läßt sich aber leicht widerlegen. Die Erfahrungen könnte man mit größerer Sicherheit und wesentlich vollkommener sammeln, wenn man alle Nachprüfungen den öffentlichen Ämtern übertrüge und durch engen Verkehr mit diesen sich die Erfahrungen ihrer im Materialprüfwesen praktisch und wissenschaftlich ausgebildeten Männer zu nutze machen wollte. Die Ergiebigkeit an Erfahrungen würde bei geringerem Geld- und Zeitaufwand weit umfangreicher und größer sein, als es im eigenen Betriebe der Behörden möglich ist. Daß ein solches Vorgehen im Staatsbetriebe wirtschaftlicher sein würde als im jetzigen Zustand, liegt für den kaufmännisch Denkenden auf der Hand. Zu dem für die Einrichtung von 20 bis 30 Stellen aufgewendeten Anlagekapital und dessen Verzinsung hat man Verwaltungskosten, Löhne und Auslagen hinzuzurechnen, die, wenn sie nach kaufmännischen Grundsätzen in Anrechnung gebracht werden, die Erhaltungskosten der öffentlichen Ämter, die der Staat außerdem noch unterhalten muß, erheblich übersteigen werden. Dazu kommt, daß die Einnahmen der letzteren dem Staat direkt wieder zufließen, während bei den Behördenprüfstellen nur Ausgaben, aber keine Einnahmen in Rechnung gestellt werden. Die Einheitlichkeit und Zuverlässigkeit der Prüfverfahren werden von den öffentlichen Ämtern mit Selbstverständlichkeit und in weit höherem Maße gefördert als von den Behördenprüfstellen, weil erstere der Öffentlichkeit in weit höherem Maße verantwortlich gegenüber stehen als die Prüfstellen der Behörden, die in erster Linie deren Interesse zu wahren haben. Die Behörden werden unwillkürlich geneigt sein, Einsprüchen ihrer Gegenpartei nicht die gleiche Aufmerksamkeit zu schenken, wie dies bei den öffentlichen Ämtern die Regel sein muß, weil ihr Ruf und ihr Eigennutz dies fordert.

Ich muß aber in Verteidigung der Interessen der öffentlichen Prüfämter hier auch noch die Fragen aufwerfen: Was nützt es der Industrie, dem Lieferer, wenn er die etwa für Streitfälle als obere Instanz eingesetzte öffentliche Prüfstelle gegen die Entscheidung der Behördenprüfstelle anruft? Wird der Lieferer nicht zum mindesten das Gefühl haben, daß er sich damit schadet, auch wenn er obsiegt? Wird nicht den Behörden das Eingehen auf die Beschwerden gegen die eigenen Prüfstellen schwerer werden, als wenn der Fall einem öffentlichen Prüfamt zur Nachprüfung vorgelegen hatte? Was nützt es der Behörde, wenn trotz des ihr günstigen Ergebnisses der eigenen Prüfstelle, die Entscheidung eines öffentlichen Prüfamtes angerufen wird, oder sie selbst es tun muß? Wird nicht das Ansehen ihrer oberen Prüfstelle in jedem Falle leiden müssen, wenn sie siegt und wenn sie unterliegt? Wird es nicht einen Entrüstungssturm in den betroffenen Kreisen entfesseln, wenn diese Prüfungsstellen gar wiederholt versagen sollten?

Der Direktor des Königlichen Materialprüfungsamtes.

A. Marténs.

Druck von E. Buchbinder in Neuruppin.